现代组织学技术

主　编　蔡　勇　阿依木古丽·阿不都热依木

副主编　卢建雄　乔自林　扎西英派

编　者　蔡　勇　阿依木古丽·阿不都热依木

　　　　卢建雄　乔自林　扎西英派　杨具田

　　　　王家敏　霍生东　杨妍梅　王明明

科学出版社

北　京

内 容 简 介

本书既涵盖了组织形态学中经典的切片技术，又重点介绍了近年来新发展的、具有较高实用价值的一系列新技术。全书共十三章，主要包括组织样本制备技术、石蜡切片制作技术、冰冻切片制作技术、组织染色技术、组织化学技术、免疫组织化学技术、原位杂交组织化学技术、光学显微镜技术、电子显微镜技术、显微图像分析技术、流式细胞术、组织芯片技术和细胞凋亡检测技术，涵盖了生命科学类组织形态学教学和研究中必须掌握的实验技术，并对各种技术的原理、理论意义、应用价值、操作方法及操作中可能遇到的常见问题给予了较为细致的说明。

本书可作为医学和生命科学类专业学生学习的教材，也可作为研究生、科研人员、临床检验医务工作者和实验技术人员进行科学研究的参考书。

图书在版编目（CIP）数据

现代组织学技术/蔡勇，阿依木古丽·阿不都热依木主编. —北京：科学出版社，2018.6

ISBN 978-7-03-057209-7

Ⅰ. ①现… Ⅱ. ①蔡… ②阿… Ⅲ. ①生物组织学 Ⅳ. ①Q136

中国版本图书馆 CIP 数据核字（2018）第 077116 号

责任编辑：席 慧 马程迪/责任校对：王晓茜
责任印制：吴兆东/封面设计：铭轩堂

科学出版社 出版
北京东黄城根北街 16 号
邮政编码：100717
http://www.sciencep.com

北京凌奇印刷有限责任公司印刷
科学出版社发行 各地新华书店经销

*

2018 年 6 月第 一 版 开本：787×1092 1/16
2025 年 3 月第三次印刷 印张：14
字数：340 000

定价：59.80 元

（如有印装质量问题，我社负责调换）

前　言

随着医学和生命科学的迅猛发展及各学科间的相互借鉴、相互渗透和相互融合，组织学技术的内涵在不断延伸，技术在不断发展，应用在不断拓展。组织学技术涵盖了组织形态学、细胞生物学、有机化学、生物化学、免疫学、分子生物学等学科知识，可在组织原位对研究对象的形态结构和分子表达情况进行定性、定位和定量分析，并能与研究对象的功能有机结合，可方便、客观和准确地在细胞、组织或器官水平研究生物学作用机理，是生命科学研究中不可缺少的手段和组成部分。为了满足动物医学专业本科学生课外创新和兽医学专业研究生课堂教学需要，编者在原教学讲义的基础上编写了本书。

本书以组织学研究的一般技术程序和技术发展演变历史为主线，系统地介绍了组织形态学研究技术的原理、方法和应用，既涵盖了组织形态学中经典的切片技术，又重点介绍了近年来新发展的具有较高实用价值的一系列新技术；既注重阐述实验技术原理，又突出了研究工作中的实际应用。全书包括四个部分：第一部分是组织样本制备技术；第二部分是切片制作技术，包括石蜡切片制作技术和冰冻切片制作技术；第三部分是大分子物质检测技术，包括组织染色技术、组织化学技术、免疫组织化学技术、原位杂交组织化学技术；第四部分是仪器使用技术，包括光学显微镜技术、电子显微镜技术、显微图像分析技术、流式细胞术、组织芯片技术和细胞凋亡检测技术。

全书共十三章，其中第七章、第九章、第十章、第十一章和第十二章由蔡勇编写；第三章、第四章、第五章和第六章由阿依木古丽·阿不都热依木编写；第一章由霍生东和王明明编写；第二章由扎西英派和杨具田编写；第八章由乔自林和王家敏编写；第十三章由卢建雄和杨妍梅编写。研究生李海健、齐鹜穹、廖圆圆、卢美琳和阿尔祖古丽·阿依丁承担了部分内容的文字录入和整理工作。

本书由国家自然科学基金项目（31260589、31660642）、西北民族大学研究生教育教学改革研究项目、西北民族大学本科生教育教学改革研究项目（2016XJJG-38）和规划教材专项资金资助。另外，本书在编写过程中参考了大量的论文和著作，引用了大量的图表和数据，在此对相关作者表示诚挚的谢意！

本书可作为高等院校动物医学、动物科学、生物技术和医学检验等专业的教材，也可供相关专业的学生、教师和科研工作者实验研究时参考。

由于生命科学的迅速发展、新技术的不断涌现和编者水平所限，书中难免存在不足或疏漏之处，敬请读者不吝指正。

蔡　勇　阿依木古丽·阿不都热依木

2018 年 2 月

目　　录

第一章

组织样本制备技术

组织样本的采集和处理是进行组织学研究的基础，对实验结果的正确性和准确性起到决定性作用。样本的采集要选择准确的部位和合适的时间，采用正确的方法程序。动物模型构建好后，标本采集过早或过晚都可能导致假阴性结果，采集过程要尽可能在最短时间内完成，一般情况下应保证 30min 内完成，不适当的处理时间将直接影响和干扰研究结果，应尽快降低所采集组织样本的温度并及时进行采集后处理。肿瘤组织标本的采集和处理应严格遵循生物安全处理规范，同时应根据具体的实验目的和要求，采取相应的方法和技术及时对采集的组织进行相应的处理。

第一节　组织样本采集

动物模型构建成功后，需要处死实验动物并取下所需的组织材料。常用的实验动物有猴、狗、兔、大白鼠、小白鼠、豚鼠等。动物处死的方法很多，常根据动物的大小和观察目的的不同来确定处死方法。无论采用何种处死方法，取样都一定要迅速，应在动物处死后立即进行解剖和切取组织材料，否则会引起细胞发生死后变化（如组织自溶等），进而改变甚至失去原有的结构，如果进行酶组织化学（简称酶组化）染色，将会使大量的酶失活和丢失。

一、实验动物的处死方法

1. 空气栓塞法

实验者取 50～100ml 注射器一只，从腹股沟处（股静脉）（兔子从耳静脉）迅速注入空气，一般兔和猫的致死空气量为 20～40ml，狗、猴的致死空气量为 70～150ml，空气进入心脏和大血管后形成空气栓塞，发生循环障碍而死亡。此方法迅速、方便，但各脏器瘀血明显。

2. 麻醉法

用乙醚和三氯甲烷（氯仿）首先将实验动物麻醉，固定于实验台上进行取样，这样所得材料较为新鲜，一般没有死后反应，但乙醚麻醉致死的动物常有肺部充血和呼吸道分泌物增多的病变，在观察切片时，必须注意分辨这些人为的病变。

（1）吸入麻醉法：此方法较适用于小白鼠、大白鼠、豚鼠、兔等较小的动物。将用 5～20ml 乙醚浸泡过的脱脂棉铺在玻璃容器内（容器大小视动物的大小而定），小白鼠、大白鼠、豚鼠等也装进容器内，将容器加盖，经过 1～2min，动物即可进入麻醉状态。麻醉兔时，将兔装入特制的兔盒，把头留在盒子外面，实验者将兔头按住，把事先准备好的装有麻醉脱脂棉的玻璃容器扣在兔头上，即可将之麻醉。

（2）注射麻醉法：多用于狗、猴等较大的动物，也可用于小动物。以静脉、腹腔、皮下、肌内注射的方法，注射致死量一般视动物的大小而定，根据具体情况灵活掌握。

3. 脑、脊髓破坏法

用金属探针经枕骨大孔处进入，然后搅动探针破坏脑和脊髓而使其死亡。此方法常用于蛙类的处死。

4. 断头处死法

用剪刀剪断其颈部，使头断离而死亡。此方法常用于小动物的处死或有些特殊需要的情况。

5. 颈椎脱臼法

此方法主要用于大白鼠和小白鼠。实验者先用右手抓住鼠尾根部从鼠笼中取出小白鼠，置于实验台上，右手不要放松，用左手的拇指和食指抓住小白鼠的两耳及头颈部皮肤并固定实验动物颈部，右手拽住实验动物的尾部，轻轻一拉扯断其颈椎，使其脱位，造成脊髓与脑髓断离，动物立即死亡。处死大白鼠的方法同小白鼠，在扯断颈椎时，抓鼠尾的手稍微靠近鼠身，避免鼠头回转咬伤实验者。此方法处死的动物组织结构保存较好。

6. 急性大失血处死法

在动物麻醉或不麻醉的情况下，进行大量放血而造成其急性死亡。采用此种方法致死的动物比较安静，对脏器损伤不大，是一种比较好的采集病理切片标本的动物处死方法。

（1）眼球摘除放血：常用于大白鼠和小白鼠。将大白鼠或者小白鼠的双眼全部摘除后，造成大失血使之死亡。

（2）血管切开放血：猴、狗、兔等较大动物均可采用此方法。先将动物麻醉，在动物麻醉的状态下，横向切开其腹股沟三角区，切断股动脉和股静脉，使血液立即喷出，同时用自来水冲洗出血部位，洗去血凝块，使血管出口畅通。经 3～5min，动物即死亡。

二、实验动物的解剖

实验动物被麻醉或处死后，首先要进行尸体解剖。小白鼠和大白鼠的解剖较为简单，直接将固定在动物解剖台上的实验动物从下颌下缘至耻骨联合上缘处做一条正中连线，切开皮肤及皮下组织、剪开胸肋骨，即可切取内脏组织。兔、狗、猴等较大动物的解剖方法如下。

（1）用纱布或脱脂棉蘸少量生理盐水或蒸馏水将固定在动物解剖台上的实验动物胸、腹部的被毛打湿。

（2）从下颌下缘至耻骨联合上缘处做一条正中连线，切开皮肤及皮下组织并进行分离。分离的方法：将胸壁的皮肤、皮下组织及胸部肌肉一起从胸部中线开始往后剥离至腋前处。剥离时，右手持解剖刀，左手抓紧皮肤和肌肉往后拉，为防止滑脱，可以在皮肤和肌肉外面包裹一层纱布或者一条毛巾。解剖刀的刀刃向下紧贴胸肋骨骨面，但注意不要刺穿肋间肌，以免损伤胸腔内脏器。剥离胸壁的同时切开或者剪开腹腔、盆腔。此时操作要小心仔细，用力不要过猛，更不能撕拉，注意不要损伤腹腔、盆腔内脏器。

（3）打开胸腔：用解剖刀沿肋弓至第二肋骨双侧对称切断肋软骨，用力要适中。力量过小，肋软骨难以切断；用力过猛，刀尖会将肺组织刺破。切断双侧肋骨后，将肋骨轻轻提起，用解剖刀或者剪刀沿肋骨和胸骨后壁分离纵膈和横膈，再用咬骨剪自下而上剪断左、右第一肋骨和胸锁关节，然后小心地切断周围与其相连的软组织。注意要尽量避开血管，以免切断血管后血液流入胸腔污染胸腔内脏器或者误认为胸腔积血。

（4）取下切断的胸肋骨，暴露胸腔，初步检查胸腔内脏器有无异位、畸形和病变。

三、取样方法及注意事项

1. 取出内脏器官

解剖完实验动物后，必须立即取出内脏器官进行病理检查及研究。常用的方法有以下两种。

1）整体取出脏器法　原位检查完胸、腹腔的脏器后，将胸、腹和盆腔脏器同时取出进行固定后再取小标本材料。此种方法特别适合于小白鼠、大白鼠、豚鼠等小动物，大的实验动物解剖有时也使用此方法。具体操作方法如下。

（1）用双刃尖刀从颈部切口处插入下颌骨正中的内侧缘，沿下颌骨内侧缘分别向两侧割断并剥离与口腔底部相连的软组织，从下面拉出舌头，以暴露软、硬腭，并在软、硬腭的交界处切断软腭及咽后壁。

（2）然后一手抓住舌头及气管、心、肺等胸腔脏器往下拉，另一手用解剖刀分离与其相连的软组织，直达横膈为止。用线分别结扎主动脉、下腔静脉及食管，再在结扎处的胸腔段剪断，即可将胸腔段的脏器一并取出。或者剪断横膈后，连同腹腔脏器一起取出。

2）单个脏器取出法　根据实验目的和要求，重点检查和研究哪些组织，就先分别取出该组织。这也是病理解剖技术中最常用的一种传统方法，操作起来也比较简单。

2. 切取组织块

脏器取出来之后，或者先整个器官固定后再取小组织块，或者直接切取成小组织块固定。当整体固定肝、脑、脾、肺、肾等组织时，先用长的脏器刀沿长径方向将其切开，再做数个平行切面，每个切面间大约间隔 1cm，这样有利于固定液的渗透。因脑组织比较柔软，最好用纱布将其包裹后再固定；肺组织内含较多空气，往往在固定时浮在固定液表面而影响固定，可以用一条毛巾压在肺组织的上面后再进行固定，这样效果较好。

3. 取样注意事项

（1）取样的先后：应根据动物死后组织结构改变速度的快慢而定。首先打开腹腔，取出消化管腔，因为消化管在血液循环停止后，黏膜很快发生自溶现象；其次为肝、脾等多血器官及神经组织；最后才是其他脏器。

（2）取样的大小：切取的组织块应小而薄，大小一般以 2cm×1.5cm×0.3cm 为好，但有些特殊要求的可视情况而定。

（3）取样时严禁机械损伤，不要用镊子、剪刀等去夹、剪任意部位，也不要用手去拽、拉扯组织，应先用镊子轻轻夹住所需组织周围的结缔组织，然后用锋利的手术剪和手术刀剪切下该组织。不可来回切割组织，以免损伤组织，使组织器官变形或内部细胞脱落，影响制片后的观察。

（4）管状及囊状组织（如消化管的取样）都不应斜切。先将一段肠管或食管剪下，从中剪开管腔，使之呈一片状，然后将其铺在硬纸板上，黏膜面朝上，被膜面朝下（贴纸面），用大头针或细线将四边固定，用生理盐水轻轻将黏膜表面的食物及黏液漂洗掉，然后固定。胃及胃的移行部位（贲门、幽门）的处理同样。

（5）较小且软的管状脏器如输尿管、输精管、输卵管、中等动（静）脉、神经、脊髓等应取 1～1.5cm 长，分段固定。最好平摊在吸水纸上后固定，以防因固定剂的作用而变形。

（6）有些较小的组织如淋巴结、松果体、脑垂体、神经节等应整个固定。

（7）神经组织最好同时取一纵切面和横断面，以便于观察。

（8）取样要尽量保证脏器的完整性，如要保证消化管的黏膜层、肌层及外膜的完整，注意不要破坏肝、肾和脾的被膜等，还要注意组织的切面。应根据所要观察的部位进行选择，管状器官一般横切；小肠因有环行皱襞，所以纵切较好；肾纵切；脑一般与其表面构成直角的方向做垂直切面；肝、脾、腺体，纵切、横切均可；病理材料，除切取病变部位外，还要切取病变和正常组织交界部分的区域，以利于进行正常组织与病理组织的对比观察分析。

（9）所取的组织块较多时放在同一容器内容易混淆，应加标签予以区别。

（10）取样时要注明取样时间、组织名称、固定液名称、组织块数量，以备查。

四、细胞标本采集

细胞标本包括体外培养细胞，血液、脑脊液、腹水、胸腔积液、心包积液等体液中的细胞，气管、消化管、泌尿生殖道中的脱落细胞。细胞标本取样方法主要有涂片法、爬片法和印片法。

1. 涂片法

悬浮生长的体外培养细胞和各种体液中的细胞，可用涂片法制备标本。其中培养细胞、血细胞数量较多，可直接涂片，即吸一滴于载玻片上，轻涂，干燥后固定；细胞数量少时，应先将液体自然沉淀，然后吸取离心管底部沉淀离心，弃上清后将沉淀涂片。细胞涂片也可用离心涂片机获得，即将细胞悬液加入离心涂片机内，按 1000r/min 离心 2min，细胞即可均匀分布于载玻片上。为防止细胞脱落，在涂片前，可在载玻片上涂抹黏附剂。

2. 爬片法

对贴壁生长的体外培养细胞，可将洁净的盖玻片放入培养器皿中，细胞接种后便自然爬行至盖玻片表面并贴附伸展。取样时，把盖玻片用预热的缓冲液轻轻冲洗、沥干后固定，即可获得理想的细胞标本。

3. 印片法

主要用于活组织标本、尸检标本及部分子宫颈外口等脱落细胞取样。将涂有黏附剂的载玻片轻轻压于新鲜标本的剖面或器官表面，让脱落细胞黏附在玻片上，风干后立即浸入固定液固定。其优点是取样简便、迅速，细胞内化学成分、酶活性或抗原性保存较好；缺点是细胞分布不均匀，载玻片上细胞可能因重叠而影响观察效果。

第二节　标本的固定

一、固定的目的

将新鲜组织浸泡在某种或者某几种化学试剂中，使细胞内的物质保存下来并尽量接近其生活状态时的形态结构和位置的这一过程称为固定，而这些化学试剂则称为固定剂。当机体死亡后，血液循环即停止，由于缺氧，代谢发生障碍，细胞也逐渐死亡，如不立即处理，则细胞内的组织蛋白酶（水解酶）会使蛋白质分解为氨基酸渗出细胞，使细胞被溶解破坏出现自溶现象。组织结构被破坏，有些形态也发生改变；同时微生物及细菌的繁殖会导致组织腐败。因此，需要采取有效的措施，防止组织自溶、腐败，采取这一系列措施的过程就是固定。若用于免疫组织化学染色，固定的重要意义还在于保存组织与细胞的抗原性，使抗原物质不发生弥散和丢失。若用于酶组织化学染色，则要使各种酶尽量不丢失。所以，固定的作用有以下几种。

（1）防止细胞、组织溶解及腐败，以保持细胞与活细胞时的形态相似。

（2）保存细胞内特殊的成分，使其沉淀或凝固，并定位在细胞内的原有部位，如使蛋白质、脂肪、糖、酶等结构与活细胞时相仿，尽量保持其自然完整状态。

（3）组织细胞内的不同物质经固定后可以产生不同的折光率，对染料也产生不同的亲和力，造成光学上的差异，使得在活细胞时看不清楚的结构变得清晰起来，并使得细胞各部分容易着色，有利于区别不同的组织成分。

（4）固定剂具有硬化作用，可以使组织细胞由正常的胶体状（半液体状）转变为凝胶状（半固体状），增加组织的硬度，使组织不易变形，有利于固定以后的处理（如包埋、切片等）。

二、固定的对象

固定的主要对象是蛋白质，因为构成细胞的主要物质是分散在其中的蛋白质。固定就是用化学药品使蛋白质沉淀或凝固下来，至于细胞内的其他成分（如脂肪、糖类、酶等），在一般的制片中是不考虑的，除非要专门观察研究这些物质，才用特殊的方法固定相应的成分。固定剂必须具备的性质和条件如下。

（1）必须具有相当的渗透力，并对组织各部分的渗透力相等，可使组织内、外完全固定，而且在迅速渗入组织杀死原生质这一短期过程中，细胞形态不发生变化。

（2）固定液不能因为其固定作用而引起细胞发生人为的改变。

（3）尽可能避免固定剂使组织膨胀或收缩（不改变原生质原来的体积）。

（4）能较快地使细胞内的成分（蛋白质等）凝固或沉淀。

（5）能增加细胞内含物的折光程度，易于鉴别；增加媒染作用和染色能力。

（6）固定剂要既能使组织变硬适于切片，又不至于使材料脆硬，被固定后的组织要软硬适中。

（7）固定剂必须对被固定的组织有保存的作用。

三、常用的固定剂

较好的固定剂应具有强渗透力，能迅速渗入组织内部；不会使组织发生过度收缩变形，并能使组织内拟观察的成分得以凝固为不溶性物质；还要使组织达到一定的硬度，有较好的折光率。固定剂分为单一固定剂和混合固定剂两类。

（一）单一固定剂

单一固定剂由一种化学试剂组成，其种类繁多，特点各异。根据固定原理，单一固定剂可分为交联固定剂、凝固沉淀固定剂和其他固定剂三类。

1. 交联固定剂

交联固定剂主要有甲醛（formaldehyde）、多聚甲醛（paraformaldehyde）、戊二醛（glutaraldehyde）等醛类固定剂。醛类固定剂通过使蛋白质分子相互交联而起固定作用，将抗原保存在原位，具有组织穿透性强、收缩性小等优点。但由于广泛的交联作用，标本中的抗原表位常被醛基封闭，细胞膜通透性较差，不利于抗体渗透到细胞内部，因此在进行免疫组织化学染色时，常需要进行抗原修复，并用细胞膜通透剂如 TritonX-100 等对细胞膜进行通透处理。使用交联固定剂应注意：①固定时间不宜过长，以免交联过度；②固定液体积至少为组织体积的 20 倍，每次更换时应用新鲜的固定剂；③组织块不宜过厚；④固定后组织块要充分用水或缓冲液冲洗，以减少非特异性染色。

（1）甲醛：甲醛是一种气体，其饱和水溶液（37%～40%）称为福尔马林（formalin）。常用按 1 份甲醛加 9 份水的比例配成的 10%甲醛溶液作为固定液，用于一般组织学标本的固定。若固定组织化学与细胞化学标本，则用 0.1mol/L 的磷酸盐缓冲液（phosphate buffer，PB，pH 7.2～7.4）代替水配制成 10%的中性甲醛固定液。因福尔马林除含有甲醛外，还含有甲醇、甲酸、乙醛和酮等较多杂质，所以常会影响免疫组织化学标本的固定效果。

（2）多聚甲醛：甲醛能以固体的聚合物形式存在，即白色粉末状的多聚甲醛。将多聚甲醛溶于 PB，加热至 60℃（加热可使多聚甲醛解聚为单体，必要时可滴加少量 1mol/L NaOH 促进其解聚），边搅拌边加温至液体透明为止。常用的多聚甲醛浓度为 4%。该固定液较温和，广泛用于免疫组织化学研究。

（3）戊二醛：戊二醛分子含有两个醛基，具有比甲醛更强的交联作用，因此对细胞的超微结构尤其是内质网等膜性系统的固定效果较甲醛或多聚甲醛好，常用 PB 或 0.1mol/L 的二甲砷酸盐缓冲液（pH 7.2～7.4）配成 2.5%的戊二醛，用于电子显微镜（简称"电镜"）标本的固定。其不足之处是对组织的渗透较慢，因此用戊二醛固定的标本，其大小不宜超过 1mm^3。若与多聚甲醛混合使用，如 2.5%戊二醛-2%多聚甲醛磷酸盐缓冲液，可克服戊二醛渗透慢的缺点。由于戊二醛的强交联作用可抑制抗原活性和降低细胞膜通透性，因此在固定免疫电镜标本时应降低戊二醛浓度。例如，在 4%多聚甲醛磷酸盐缓冲液中加入少量戊二醛，配制成含 0.25%～1%戊二醛的 4%多聚甲醛磷酸盐缓冲液，用其固定免疫电镜标本，既能较好地保护超微结构，又能较好地保护抗原活性，也不使细胞膜通透性明显降低。

2. 凝固沉淀固定剂

其固定组织细胞的原理主要是使组织细胞中的蛋白质、糖等物质凝固，而在原位形成沉淀物。用此类固定剂固定的组织细胞穿透力强，抗原活性保存较好，但对小分子蛋白质、多肽、类脂等物质的保存效果较差，常与其他固定剂联合使用。此类固定剂可破坏细胞内成分的分子结构，如通过破坏疏水键使蛋白质丧失原有的三维结构，使生物膜上的脂类分解为微胶粒等；在固定期间和后续处理组织细胞时，细胞内分子会流失到细胞外，不能保持生活状态的细胞结构。尽管这些固定剂已使用多年，但是如果细胞形态结构对实验结果至关重要，则不选用此类固定剂。

（1）丙酮：丙酮（acetone）为无色极易挥发和易燃液体，渗透力很强，具有较强的脱水作用，能使蛋白质沉淀凝固，但不影响蛋白质的功能基团而保存酶的活性，用于固定磷酸酶和氧化酶效果较好。常用于冷冻切片和细胞涂片标本的固定，抗原性保存效果好。丙酮置 4℃备用，临用时将冷冻切片或细胞涂片置于 4℃丙酮内 10～20min，取出后自然干燥。缺点是固定快，易使组织细胞收缩，结构保存欠佳。

（2）甲醇/乙醇：其性能与丙酮基本相同，兼有固定和脱水双重作用，能沉淀蛋白质，对高分子蛋白质的固定效果好，渗透性强，但组织块硬化、收缩明显，易使组织变脆。用冷甲醇（methanol）或乙醇（alcohol）能较好地保存酶活性和抗原活性，但对小分子蛋白质、多肽保存效果较差。

（3）苦味酸：苦味酸（picric acid）能沉淀蛋白质，其乙醇饱和液可固定糖类物质，对脂肪、类脂质无固定作用，经其固定的核酸在随后的 70%乙醇中易被水溶解，因此不适于 DNA 或 RNA 的固定。苦味酸很少单独使用，通常将其配制成饱和水溶液保存，作为混合固定剂的成分之一。用苦味酸固定的标本常有黄色，可在低浓度乙醇中脱去。

（4）乙酸：乙酸（acetic acid）能沉淀细胞核内蛋白质，并较好地保存染色体结构，但不能凝固细胞质内蛋白质，也不保存糖类、脂肪及类脂质，因此在固定高尔基体、线粒体等细胞器时不能用高浓度的乙酸，以 0.3%以下为宜。乙酸的最大特点是对组织有膨胀作用及防硬化作用，同时穿透力较强，因此与乙醇、甲醛、铬酸等易引起组织硬化与收缩的液体混合使用，具有相互平衡的作用。乙酸作为单独固定剂使用时，常用浓度为 5%。

（5）三氯乙酸：三氯乙酸（trichloroacetic acid）的作用与乙酸相似，能使蛋白质凝固沉淀，常在混合固定液中对组织起膨化作用。除作为固定剂外，还可作为一种良好的脱钙剂。

（6）氯化汞：氯化汞（mercury dichloride）也称为升汞，常用其饱和水溶液（5%～7%）作为固定剂，能使蛋白质凝固和沉淀，使组织迅速硬化，但对碳水化合物和类脂无固定作用。由于升汞具有较强的组织收缩作用，因此常与其他固定剂联合使用，如与乙酸联合使用，一则乙酸对组织的膨化作用可平衡升汞的收缩作用，二则乙酸固定核蛋白而升汞固定细胞质蛋白，二者相得益彰。

用升汞固定的组织往往有许多汞盐沉积，其切片在染色前需要进行脱汞处理，可将切片用 1%碘酒处理 10min，再用 5%硫代硫酸钠水溶液去碘。

3. 其他固定剂

除了上述交联固定剂和凝固沉淀固定剂外，还有一类固定剂可用于组织标本固定，其固定原理不完全清楚。这类固定剂多为强氧化剂，不能用于免疫组织化学标本的固定。

（1）铬酸：铬酸（chromic acid）即三氧化铬（chromium trioxide），为强氧化剂，能沉淀蛋白质，但对脂肪及类脂无明显作用，能固定高尔基体、线粒体及糖原。铬酸对组织的穿透力较弱，固定时间较长，一般需 12～24h；对组织有一定硬化作用，且收缩作用较强。由于铬酸具有较强烈的沉淀作用，因此不宜单独使用。经含铬酸固定液固定的组织需经流水彻底冲洗（不少于 24h），否则会影响后续切片染色。

（2）重铬酸钾：重铬酸钾（potassium dichromate）对组织的固定作用随固定液的 pH 不同而异。未酸化的重铬酸钾（pH 5.2 以上）虽不能沉淀蛋白质，但可使蛋白质具有不溶性，使细胞质得到较好的固定，同时还能固定类脂，使其不溶于脂溶性试剂，因此可保存高尔基体和线粒体。而一旦加入乙酸使固定液酸化后（pH 4.2 以下），能产生铬酸，便对染色体也有固定作用，并使细胞质和染色体的蛋白质沉淀呈网状，但线粒体被破坏。重铬酸钾作为固定剂的常用浓度为 1%～3%。

重铬酸钾也是一种强氧化剂，因此不能与还原剂混用，与甲醛混合后不能长久稳定保存。

（3）四氧化锇：四氧化锇（osmium tetroxide）俗称锇酸（osmic acid），是一种非电解质强氧化剂，与氮原子有较强的亲和力，能与各种氨基酸、肽及蛋白质发生反应，在蛋白质分子间形成交联，稳定蛋白质的各种结构成分且不产生沉淀，因此能较好地保存细胞的微细结构。锇酸对脂类也有良好的保护作用，是固定脂类的唯一固定剂，特别是对磷脂蛋白膜性结构有良好的固定作用。此外，锇酸对组织细胞的收缩和膨胀影响极微，使组织软硬适度，利于超薄切片，是电镜技术中广泛使用的固定剂。其缺点是分子大，渗透缓慢，固定不均匀，对糖原、核酸的固定效果不佳。配制时，先用蒸馏水配成2%的浓度，使用前用PB或二甲砷酸盐缓冲液稀释成1%。

（二）混合固定剂

单一固定剂有时很难达到理想的固定效果，为了弥补彼此之间的缺点，通常可将几种固定剂混合使用。

1. Bouin固定液

Bouin固定液由甲醛、冰醋酸和饱和苦味酸按一定比例组成，是一种最常用的混合固定剂，具有穿透速度快、收缩作用小、固定均匀等特性。冰醋酸的渗透力很强，能很好地沉淀核蛋白，细胞核染色效果好；苦味酸能使组织保持适当的硬度；甲醛能平衡另外两种试剂对组织的膨胀作用，防止冰醋酸对细胞核内染色体及苦味酸对细胞质强烈作用所产生的粗大颗粒。与单甲酸固定液比较，更适合免疫组织化学标本固定，加入少量戊二醛，也可用于免疫电镜标本的固定。但因该固定液偏酸性（pH 3.0～3.5），对抗原性有一定损害，在常规免疫组织化学技术中使用较4%多聚甲醛磷酸盐缓冲液有局限，也不适于组织标本的长期保存。

2. Carnoy固定液

Carnoy固定液由冰醋酸、氯仿和无水乙醇（1:3:6）组成，能固定细胞质和细胞核，尤其适于染色体、DNA和RNA的固定，也适于糖原和尼氏体的固定；可防止乙醇对组织的硬化及收缩作用，渗透能力强，特别适合外膜致密不易透入的组织固定，常用于组织化学标本固定。固定后的组织块可直接放入95%乙醇脱水。

3. Zamboni固定液

Zamboni固定液由多聚甲醛、饱和苦味酸和Karasson-Schwlt磷酸盐缓冲液组成，作用原理和特点类似于Bouin固定液。该固定液对超微结构的保存优于Bouin固定液，既可用于光镜免疫组织化学标本的固定，也能用于免疫电镜标本的固定。

4. PLP固定液

PLP固定液是由过碘酸、赖氨酸和多聚甲醛混合组成的过碘酸-赖氨酸-多聚甲醛（periodate-lysine-paraformaldehyde，PLP）磷酸盐缓冲液。该固定液适合于固定富含糖类的组织，对超微结构及许多抗原的保存均较好。其作用机制是过碘酸能使组织中的糖基氧化成为醛基，赖氨酸的双价氨基与醛基结合，从而与糖形成交联。由于组织抗原大多由蛋白质和糖类构成，抗原表位位于蛋白质部分，因此该固定剂可选择性地使糖类固定，这样既稳定了抗原，又不影响其在组织中的位置关系。

5. Karnovsky固定液

Karnovsky固定液由多聚甲醛、戊二醛、氯化钙和磷酸盐缓冲液或二甲砷酸盐缓冲液组成，pH为7.3。该固定液中的戊二醛能较好地保存细胞内的膜性结构，因此常用于免疫电镜标本的固定。

6. PFG固定液

PFG固定液即对苯醌-甲醛-戊二醛（parabenzoquinone-formaldehyde-glutaraldehyde，PFG）的二甲砷酸盐缓冲液，适于多种肽类抗原的固定，尤其适于免疫电镜标本的固定。

7. Clarke 改良固定剂

Clarke 改良固定剂由无水乙醇和冰醋酸配制而成，常用于冷冻切片的后固定。

8. Zenker 固定液

Zenker 固定液由升汞、重铬酸钾、冰醋酸和蒸馏水组成，适合于免疫球蛋白检测的固定，染色前必须用 0.5%碘酒脱汞。

9. Helly 固定液

Helly 固定液由重铬酸钾、升汞、甲醛和蒸馏水组成，对细胞质固定效果好，特别适于显示某些特殊颗粒，并对胰岛和腺垂体各种细胞的显示具有良好效果，也可用于造血器官，如骨髓、脾、肝等器官组织的固定。

10. Maximov 固定液

Maximov 固定液由甲酸代替 Zenker 液中的冰醋酸，因此不产生铬酸成分。因重铬酸钾未酸化，对细胞质固定较好，升汞对细胞核的染色较好。

11. AFA 固定液

AFA 固定液由 95%乙醇、甲醛和冰醋酸混合而成，三者的比例为 85∶10∶5，多用于冷冻切片的后固定。

用于免疫组织化学的固定剂种类很多，不同的抗原和标本均可首选酸类固定液，如效果不佳，再试用其他固定液。选择最佳固定液的标准：一是能较好地保持组织细胞的形态结构；二是最大限度地保存抗原免疫活性和使被检物不丢失。一些含重金属的固定液可用于组织化学标本的固定，但在免疫组织化学染色中禁用。

四、组织固定方法

固定方法很多，常用的有浸渍法、灌注法、蒸气法、微波法、原位法、滴片法等，其中以浸渍固定和灌注固定最常用。

（一）浸渍法

浸渍法（immersion method）是组织化学和免疫组织化学最常用的固定方法，临床标本基本采用此法。固定前，将固定液分装于小容器内，并标记组别和取样时间；在容器上粘贴记录组织类型的标签，以便包埋时辨认；固定液的用量应是样品体积的 40 倍，以保证组织充分固定。固定时间可根据所选固定液和组织类型而定。若进行酶组织化学染色，应在 4℃短时间固定，长时间固定会导致酶活性减弱，甚至消失。固定剂会使组织块收缩，有时甚至会完全变形，为减少组织块变形，在固定神经、肌肉组织等之前，应将其两端用细线固定在硬纸片或者木片上。

（二）灌注法

灌注法（perfusion method）是经血管途径将固定液灌注到待固定的器官内，使活细胞在原位迅速固定。灌注固定的标本取出后，一般均再浸入相同的固定液内继续固定（后固定）。灌注固定时，大动物多采用输液方式，将固定液从一侧颈总动脉或股动脉输入，从另一侧切开静脉放血，输入固定液与放血同时进行。固定液的输入量因个体不同而异，为 500～2000ml。大白鼠、小白鼠等小动物多采用经心脏-主动脉灌注固定，即在吸入乙醚深度麻醉情况下，将动物四肢固定在手术木板上，打开胸腔，充分暴露心脏，纵向切开心包膜，然后用静脉输液针从左心室向主动脉方向刺入。针尖刺入后，用止血钳固定输液针，再将右心耳剪开放血。在灌注固定液前，先用含抗凝剂的 37℃生理盐水灌注，快速冲洗血管内的血液，防止血液凝固阻塞血管。抗凝剂常用肝素，剂量为 40mg/L 冲洗液。肝由鲜红颜色变为浅白色时，即可灌注固定液，先快速灌注，待动物肌肉抽搐现象完全消失后，改为慢速滴入，20～30min 结束灌注并取样，而后将组织浸入相同的固定液中后固定 1～3h。灌注固定对组织结构和酶活性保存较好。

（三）蒸气法

为避免组织细胞内可溶性物质在固定时被固定液溶解而丢失，可利用挥发性固定剂如甲醛或锇酸在加热时产生的蒸气对标本进行固定。方法是将标本置于盛有挥发性固定剂的密闭容器内，标本不直接接触固定剂，加热（如锇酸加热至 37℃，甲醛加热至 50℃）容器使固定剂挥发产生蒸气。该方法主要用于小而薄的标本固定，如某些薄膜组织、细胞涂片等。由于固定剂的蒸气对人体产生危害，故蒸气固定法目前较少使用，但在某些免疫组织化学标本固定时，蒸气法固定效果较好。

（四）微波法

微波是一种非电离辐射电磁波，其频率约为 2450MHz。微波照射标本时，通过其高频振荡使标本内部的分子由无规则排列变为有规则排列，且随微波的振荡频率进行正负交替变化达到每秒上亿次的快速运动，在极短时间内产生热量。分子的热运动与相邻分子之间的碰撞加速固定剂对标本的浸透，从而使标本在短时间被固定。

五、培养细胞的固定方法

培养细胞常用固定剂有 4%多聚甲醛磷酸盐缓冲液、甲醇、丙酮、95%乙醇和乙醚（或氯仿)-乙醇等量混合液。在固定之前，需用 37℃预热的 PBS 漂洗细胞。

（1）4%多聚甲醛磷酸盐缓冲液固定 10～20min，干燥。

（2）–10℃甲醇固定 5～20min，自然干燥。

（3）4℃冷丙酮抗原保存好，常用于培养细胞和细胞涂片的固定。平时丙酮 4℃低温保存备用，临用时，将载玻片插入冷丙酮内 5～10min，取出后自然干燥。

（4）95%乙醇脱水性强，易引起细胞收缩，因而固定时间不宜过长（2h 内）。乙醇使蛋白质变性程度轻，固定后蛋白质可再溶解，在染色中孵育时间长的情况下，抗原可流失，并减弱反应强度。

（5）乙醚（或氯仿)-乙醇等量混合液穿透性极强，即使涂片上含较多的黏液，固定效果仍较好，是理想的细胞固定液。

培养细胞固定之后晾干，可使细胞牢固地黏附在载玻片上，故对于容易脱落的细胞应延长晾干时间。晾干之后用 PBS 漂洗 3 次，然后进行组织化学或免疫组织化学染色。

六、固定时应注意的事项

（1）固定液及被固定的组织必须新鲜，组织离体后，夏天经过 4h，冬天经过 24h，体积就要收缩变形或发生自溶现象。所以，对离体后的组织器官要尽快固定。

（2）固定液的用量一般为组织块体积的 15～20 倍，容器不要过小，样品材料不要太多，避免组织内水分在固定时渗出，影响固定液的浓度。应避免组织紧贴瓶底或瓶壁，以免影响固定液的渗入，必要时可以在瓶底垫上一层棉花，使固定液均匀渗入。

（3）固定的时间视组织块的种类、性质、大小，固定液的种类、性质、渗透力的强弱，固定时的温度高低而定。可从 12h 到二十几小时，也可长达几天，而有些小组织块仅需十几分钟。对需要较长时间固定的组织（12h 以上），中途要更换新固定液，否则易产生沉淀或者因固定液失效而导致固定失败。

（4）固定液要避免接触阳光，必要时需装在棕色瓶内（或者在一般试剂瓶外包黑色纸），放置在阴凉避光处，以免发生化学变化，失去固定作用。

七、组织固定后的洗涤

固定的标本在进入下一步制片程序之前必须进行充分洗涤，以除去标本中残留的固定液或因固定而形成的沉淀物和结晶等杂质，以免影响后期的染色和观察。通常依据固定液的种类不同而选择不同的洗涤方法。用水配制的固定液固定的标本，应使用自来水流水冲洗，用乙醇配制的固定液固定的标本应采用同浓度的乙醇漂洗。漂洗的时间因不同的固定液而异，经甲醛固定的标本应漂洗 24h 以上，用含有铬酸、重铬酸钾和汞等重金属离子的固定液固定的组织，应漂洗 12～24h，带色固定液固定的组织在漂洗时需经特别处理，如用含苦味酸固定液固定的标本，可用含少量碳酸锂的 70%乙醇漂洗以除去黄色；用含汞固定液固定的标本，可先用含 0.5%碘伏的 70%乙醇洗涤，再用 5%硫代硫酸钠漂洗以除去碘留下的黄色。此外，骨、牙等标本在固定后，还需进行脱钙处理，然后经水冲洗 24h。

第二章

石蜡切片制作技术

石蜡切片（paraffin section）是组织学常规制片技术中应用最为广泛的一种方法。无论是正常细胞组织还是病理学组织，均可应用石蜡切片技术进行观察和判断细胞组织的形态变化，该方法广泛应用于许多学科领域的研究。在组织学和病理学教学中，光镜下观察的切片标本多数也是石蜡切片法制备的。石蜡切片不仅是最基本的方法，也是经典的方法，它与其他新的技术方法相结合，扩大了传统技术的应用范围，开辟了许多新领域，增加了许多新的研究内容。例如，与免疫学技术结合发展为免疫组织（细胞）化学技术，用于组织切片中细胞组织多肽、蛋白质等大分子物质的定位、定性和定量研究；与流式细胞术（flow cytometry，FCM）结合使用，发展为石蜡包埋组织流式细胞仪 DNA 含量分析技术，用于组织细胞中 DNA 含量及倍体分析；与分子杂交技术结合，发展为原位分子杂交技术，用于样品组织中 DNA 分子定位、定量和基因表达（mRNA）水平分析；与聚合酶链反应（polymerase chain reaction，PCR）技术结合，发展为原位 PCR 技术，用于组织切片、细胞涂片或培养细胞中低拷贝甚至单拷贝的 DNA 或 RNA 的检测和定位。石蜡切片法包括取材、固定、洗涤和脱水、透明、透蜡（浸蜡）、包埋、切片、贴片、脱蜡、染色、脱水、透明、封片等步骤，石蜡切片制作虽然复杂，但标本可以长期保存使用，为永久性显微标本。

第一节　组织固定后的处理

经过固定以后的组织块并不能直接进行石蜡切片、染色，还需要经过组织块修整、洗涤、脱水、透明、透蜡（浸蜡）与包埋等一系列过程，制作成蜡块后，才能进行切片、染色。

一、组织块修整

由于固定剂的影响，固定后的组织块可能会在外部形状上有些改变，或者由于组织在还未固定时就取样，组织器官较软，取样不容易切平。经过固定后的组织有一定的硬度，此时就可以做一些修整，但改变不要太大，只是将组织材料切取平整，修掉一些不规则的部位。过大、过厚的组织要改小、改薄，另外，有些小组织原衬的纸片也要去除进行整理。修整组织块时，手术刀片一定要锋利（最好用新刀片），钝刀会损坏组织结构。

二、洗涤

1. 洗涤的目的

通过固定液的渗入来达到固定组织块的目的。但是如果固定液长期留在组织内又会影响组织的染色，有的可以在组织内产生沉淀物或结晶而影响观察，有些固定液甚至还可以继续发生作用使组织发生某些化学改变。因此，洗涤就是用自来水、碘酒等将残留在组织内的固定液清洗干净，以免影响对组织内结构的观察、分析、研究。洗涤的方法，视固定剂种类、固定时间的不同而不同。

2. 洗涤的方法

固定后组织块的冲洗，一般情况下是置于水龙头下以自来水流水冲洗，这样可以使组织中的固定液随时溢出，洗得更干净彻底。有些还需要进行特殊的洗涤。

（1）各种以水配制的固定液与所有含铬酸、重铬酸钾的固定液，都必须用流水冲洗。经重铬酸钾固定的组织须流水冲洗 12～24h，或经亚硫酸钠溶液浸泡后再流水冲洗，或用 1%氨水溶液漂洗几次后再流水冲洗。如果用甲醛固定液固定组织，固定时间不长，可以不用流水冲洗，只要多冲洗几次后直接放进 60%～70%乙醇内脱水即可。如果固定的时间较长，就必须流水冲洗后再脱水，否则容易形成福尔马林结晶残留在组织内，造成人为的假象，影响切片结果的观察。

（2）固定液为乙醇或乙醇混合液时，一般不需要用水冲洗，直接用与固定液浓度相等的乙醇换洗或者直接进行脱水程序。如果是乙醇-福尔马林（alcohol-formalin，AF）固定液固定的组织块，可以直接从固定液内转入 95%乙醇进行脱水，而不需要经过水洗这一步。

（3）经含有苦味酸的固定液固定的组织块，无论其固定液是水溶性还是酒精溶性，都应充分冲洗。对于水溶性固定液固定的组织块，一般须冲洗 12h，再放入 70%乙醇溶液洗涤，对于酒精溶性固定液固定的组织块，直接放入 50%乙醇溶液洗涤，该溶液可以脱掉苦味酸的黄色。

（4）若固定液中含有氯化汞，应根据固定液的性质（水溶性或酒精溶性）用水或者乙醇洗涤，洗涤完后，都必须将组织块放入在 70%乙醇内加入一定量的碘（加至乙醇的颜色呈酒红色，约为 0.5%）的碘酒内脱汞，因为汞在组织内容易形成针状或无定形的汞盐（氯化亚汞、金属汞）沉淀物，可以使组织变脆影响切片，并且还会形成假象，影响观察。碘的黄色可以通过脱水乙醇逐步脱去，也可以用 5%硫代硫酸钠水溶液浸泡 5～10min，脱掉碘的黄色后再自来水冲洗后进行下一步。

（5）用锇酸及含有锇酸的固定液固定的组织，必须用流水彻底冲洗干净（流水冲洗 10～24h 或更长时间），因为锇酸使组织发黑影响染色，并且锇酸与乙醇可在组织内产生沉淀，易造成人工假象。

自来水冲洗的方法：将组织块放入广口瓶内置于水池中，瓶口塞一软木塞，塞上分别接一进水管和一出水管，进水管一头接水龙头，一头插进瓶中近底部，调节好水的流量（水流量太大会使标本受损，太小又冲洗不干净，以水能将标本微微冲动为好），冲洗过的水由出水管流出，使得瓶内的自来水不断更新，而达到冲洗的目的。

三、脱水

借助某些溶剂脱出组织内水分的过程称为脱水。固定、水洗后的组织不能直接进行石蜡切片，其内含有大量水分，而水与组织支持剂石蜡不能混合，即使是少量的水分也会妨碍石蜡的进入而影响组织切片及染色效果，所以必须尽量脱去组织内的水分后才能进行下面的步骤。同时，如果水长期存在于组织内可以使组织细胞分解，不利于组织结构永久保存。因此，脱去标本组织中的水分是进行石蜡切片的必要程序。

1. 脱水剂的种类

脱水剂必须是与水在任何比例下都能混合的液体，一般分为以下两种类型。

（1）非石蜡溶剂的脱水剂：为组织块在经脱水后不能直接与石蜡融合，必须再经过二甲苯透明后才可以允许石蜡进入（浸蜡）的一类脱水剂，如乙醇、丙酮等。该类溶剂不能溶解石蜡，它们必须经过二甲苯这一中间溶剂。

（2）脱水兼石蜡溶剂的脱水剂：为组织块经脱水后，不需经过中间溶剂二甲苯透明，可以溶解石蜡，允许石蜡直接进入组织（浸蜡）的一类脱水剂，如正丁醇、叔丁醇等。这类脱水剂有脱水和透明双重作用。

2. 常用脱水剂及其使用方法

（1）乙醇：为组织块和组织切片最常用的脱水剂，沸点为 78.4℃。其特点是脱水能力较强，可以与任何比例的水随意混合，可硬化组织，穿透力强。但是由于乙醇的穿透速度快，因此对组织有较明显的收缩作用和脆化组织的缺点，将影响组织的切片。为了避免组织过度收缩，在用乙醇作脱水剂时，常常水洗后从低浓度乙醇开始，然后再依次增加其浓度，逐渐过渡到无水乙醇。一般是从 70%乙醇开始，对一些柔软组织如胚胎组织、胎儿的组织器官、低等无脊椎动物组织需从 30%乙醇开始脱水，否则组织收缩将更大。另外，乙醇还有固定作用，对于一些需特殊处理的标本，如进行糖原和尿酸结晶染色的标本，为了较好地保存物质的结构（它们在水中会溶解消失），应直接用无水乙醇固定。经无水乙醇固定后的组织，更换一次无水乙醇（脱水）即可。

一般情况下，组织经上述处理后即可达到脱水要求。如大量组织块同时进行脱水时，常需用 95%乙醇和无水乙醇各脱水两次，方可达到满意的脱水效果。

组织块在高浓度，特别是无水乙醇内不能放置太长时间。无水乙醇吸水能力太强，容易造成组织块的过度硬化，使得切片时组织易碎裂。每一浓度的脱水剂都可以重复应用，但使用过几次后乙醇颜色会变黄，浓度也会发生改变，必须更换新的乙醇，否则以后的组织脱水会不彻底。

脱水时间与组织块的大小、组织的内部结构、室内的温度、乙醇的浓度均有关。组织块大时脱水时间长，反之则时间短。某些结构致密的组织块脱水时间长，有些组织（卵巢、肾上腺）脱水时间短，含脂肪组织、纤维组织的应延长脱水时间，要在 95%乙醇内将脂肪溶解掉（不必要特别证明脂肪时），否则石蜡不能渗入脂肪细胞和纤维组织。室内温度低时脱水时间长，室内温度高时脱水时间短。脱水剂浓度低脱水时间可以长，脱水剂浓度高脱水时间则短。如果脱水不彻底，将影响后面的透明和石蜡的浸入，也就无法切出好的切片，而且染色时容易脱片。组织蜡块中如果含有水分，经与空气接触后即干燥出现凹陷而使得整个实验失败，前功尽弃。

在脱水的过程中，如需中途停顿，可以将组织块停留在 80%乙醇内（电镜的样品可停留在 70%乙醇内），并且 70%～80%乙醇可以作为组织的长久保存液。

（2）丙酮：沸点为 56℃，脱水作用与乙醇相似，脱水能力较乙醇强，对组织的收缩和硬化作用要比乙醇强，能使蛋白质沉淀，能和水、醚、乙醇、氯仿、苯及二甲苯以任何比例混合，但不能与树胶、石蜡相混合，所以仍需要经过透明剂处理后才能包埋。一般很少单独使用丙酮作脱水剂，它也不适于较大块的组织脱水，多用于快速脱水和固定兼脱水、火棉胶包埋脱水等，也可作为染色后的脱水剂，还用于显示 DNA、RNA 及电镜标本的脱水。

（3）正丁醇（butanol）：沸点为 100～118℃，脱水能力较弱，可与水、乙醇、石蜡混合，也可以直接浸蜡和包埋。

（4）叔丁醇（tert-butanol）：熔点为 25℃，需保存在温箱，无毒，可与水、乙醇、二甲苯等混合，既可单独使用，也可与乙醇混合使用，比正丁醇效果更好。该液一般不会使组织收缩和变硬，不必经过透明剂，直接浸蜡。近年来在电镜标本制作中常用此剂作为中间脱水剂。

除上述脱水剂以外，还有一些脱水剂，虽然脱水效果较好，但有的毒性较大，对人体损伤较大（如二氧己环），有的和染料不溶（如异丙醇），有的价格较高，所以在常规制片中应用较少。最常使用的仍然是乙醇。

无论使用哪种脱水剂，每次更换新的脱水剂时（组织块从低浓度到高浓度），都要把组织块放在吸水纸（滤纸）上吸干，装组织块的容器也要控干水分，以免将水及低浓度脱水剂带入高浓度脱水剂中，影响脱水效果。

四、透明

在石蜡切片技术中，"透明"是一个非常重要的步骤。组织块脱水后，大多数脱水剂都必须被一种溶剂置换出来，通过一种既能与脱水剂相混合、又能溶解石蜡的溶剂的媒介作用后，才能使石蜡顺利浸入组织块。而这种溶剂将脱水剂置换彻底后，光线可以透过组织，此时对着光观察，可见组织块呈现不同程度的半透明或透明状态。因此，在制作石蜡切片的过程中，为了便于石蜡浸入组织，通过一种溶剂置换组织中的脱水剂，并常常在置换彻底后，组织块呈现半透明或透明状态，这一过程被称为组织"透明"。

如果组织脱水不彻底，当组织块浸入透明液时透明液立即将呈浑浊状，组织块不管浸泡多长时间，表面都像蒙了一层薄雾一样不透明。因此，组织块脱水不干净，则影响组织块的透明，如果组织透明不彻底，石蜡就不容易渗透进组织，必将影响组织切片的进行。尽管脱水、透明不彻底时都可以返回重新再来，但是效果都不十分理想。

如果组织脱水、透明时间过长，组织就会变脆，再也无法补救。所以在透明的过程中要注意观察，只要发现光线基本能透过组织，组织呈透明或半透明状则立即将组织从透明剂中取出，以免时间过长。有些组织（如脑、脾、血凝块）在二甲苯内绝对不能放置太长时间；而另一些组织（如肌组织、消化管腔）则要在二甲苯内适当延长时间。

除组织块脱水后需要透明，在组织切片染色后也需要透明。前者是为组织浸蜡架起桥梁，后者是为了使组织结构更清晰地显示出来以利于更好地观察组织结构。

冬天气温较低，脱水、透明所需要的时间较长，如要加快脱水、透明速度，可以在 60℃ 温箱中进行。

脱水剂的浓度级差不能太大，两者之间最多相差 5%～10%。对有些组织结构比较致密的组织如脾、淋巴结、皮肤等更是如此。

脱水剂和透明剂都有较强的吸水能力，在进行操作时，要随手盖紧试剂瓶的盖子，以免空气中的水分被吸进瓶内，降低试剂的浓度，影响实验效果。特别在湿度较大的南方和阴雨天，空气中的湿度大，更是要注意。

常用透明剂如下。

（1）二甲苯：沸点为 144℃，折光率为 1.497，是目前应用最广的一种常规透明剂，为无色透明液体，易挥发，易溶于乙醇又能溶解石蜡，也能与封藏剂树胶混合，但不能和水混合，遇水则变成乳白色浑浊，因此必须完全脱水后才能使用。优点是透明力强、作用快，最大的缺点是容易使组织收缩变硬、变脆，所以组织不能在内久置，否则会给切片带来困难。一般为半小时左右，视组织块的大小、性质而定。

二甲苯还被用作组织切片染色后的透明剂、加拿大树胶（中性树胶）的稀释剂。

（2）苯：沸点为80℃，性质与二甲苯相似，对组织收缩也较小，与二甲苯相比，组织也不易变脆，但透明较慢且挥发快，毒性较大，人吸入苯后易出现头昏、白细胞降低等中毒症状。

（3）甲苯：沸点为110.8℃，性质同二甲苯，价格也较便宜，可作为二甲苯的代用品。但透明较二甲苯慢，组织在其内可以滞留12～24h，多用于切片染色后的透明。

（4）氯仿：经氯仿透明的组织一般不易变硬变脆，收缩也不太厉害，但透明能力比二甲苯差，极易挥发和吸收水分，一般不作常规透明用。

以上几种透明剂都有一定的毒性，但目前还没有找到更好的代用品，所以仍然在实验室内使用，现在使用最多的是二甲苯。在操作时一定要做好防护工作，如尽量在毒气柜中进行操作，操作时眼、鼻和嘴不要正面直对试剂，一定要戴上手套等。

五、透蜡（浸蜡）与包埋

1. 透蜡（浸蜡）

组织经过脱水、透明后，要让支持剂石蜡透入组织内部，而将组织内部的透明剂（二甲苯等）置换出来，为下一步的包埋做准备。将透明过的组织块浸泡在熔化的石蜡内进行适当浸渍的过程通常称为透蜡（浸蜡）。

石蜡是从石油中分离出来的一种甲烷系固体碳化氢，呈半透明的结晶块状，有软蜡和硬蜡之分。软蜡熔点低，当温度为42～45℃、45～50℃时熔化。硬蜡熔点高，当温度为52～54℃、54～56℃、56～58℃、56～60℃、60～62℃时熔化。在石蜡切片的过程中，常用来作为组织的支撑（填充）剂。

为了使石蜡充分进入组织块，一般需经过2或3次浸蜡,常规用于浸蜡的石蜡熔点为54～56℃、56～58℃。浸蜡时，一般是从低熔点石蜡到高熔点石蜡。总的时间为3～4h，应根据组织块的大小和组织的性质具体掌握。如果浸蜡不够，组织内部容易形成空洞，如肺组织；如果浸蜡时间过长，组织块容易脆硬，切片不能成片，甚至成粉末。

浸蜡的具体操作如下。

（1）将事先准备好的几只浸蜡杯放置于温度恒定在60℃的恒温箱中，然后将52～54℃、54～56℃、56～58℃固体状的"切片石蜡"分别置于不同的浸蜡杯中，并在杯上用记号笔做上标记以示区别，或者标上"浸蜡Ⅰ""浸蜡Ⅱ""浸蜡Ⅲ"等字样。有的实验室习惯于在"浸蜡Ⅰ"内加少许二甲苯。

（2）将经过透明后的组织块从二甲苯中取出直接投进已经熔化的"浸蜡Ⅰ"中浸泡30～60min（时间视组织块的大小而定）后，再顺序浸入已熔化的"浸蜡Ⅱ"和"浸蜡Ⅲ"内，每次各1～2h后即可进行包埋。如果来不及包埋，可以将已经完成浸蜡的组织块取出放在温箱外的容器内第二天包埋。硬脂酸也可以作为乙醇和石蜡间的中介剂，它使组织具有适宜的硬度，有利于切片，而且可以省去二甲苯透明这一步骤。常将硬脂酸与石蜡配制成硬脂酸石蜡合用，具体配制和使用方法如下：将 5g 硬脂酸和 100ml 已熔化的 58～60℃的石蜡充分搅匀，置于温箱中，组织块经固定和充分脱水后，直接浸入硬脂酸石蜡内，透明和浸蜡同时完成，时间为 8～10h，时间延长也不影响切片质量。再浸入纯石蜡内浸蜡 1h 左右，即可进行包埋。

2. 包埋

组织块经过固定、脱水、透明、浸蜡后，需要用一种支持剂将组织块包埋进去，使得组织有一定的硬度，有利于切片，组织被埋进支持剂的过程称为"包埋"。以石蜡为支持剂（包埋剂）的包埋过程，又称为石蜡包埋。

1）优点　　石蜡包埋法是现在组织形态学技术中使用最多的一种制片方法，其优点很多：较火棉胶切片节省时间，操作容易，易切成极薄的切片，能连续切片，包埋在石蜡中的组织块可以永远保存，目前还未有更好的方法可以代替。

2）缺点　　组织在脱水、透明的过程中会产生收缩、容易变硬变脆、制片时间仍然较长，不能做快速诊断。

3）包埋的步骤

（1）在 60℃温箱内将包埋蜡完全熔化，点燃酒精灯，将已熔好的包埋蜡装在有柄容器内，置于酒精灯上加热。

（2）准备好包埋框。包埋框一般为金属框，呈"梳子"形。将两个"梳子"形的包埋框按所需要的大小紧密拼装起来即成一长方形"口"，平置于一表面平整的平板上（如玻璃板），或者用硬纸板折成所需要大小的方盒子或平底的碟子、培养皿等均可作为包埋框（图 2-1）。

（3）将熔化的石蜡倒入包埋框内，用加温后的钳子速将浸蜡后的组织块放入包埋框内，当石蜡即将凝固而还未凝固时，插入写有标本编号的小标签纸，等待包有组织的石蜡块自然冷却凝固变硬后，取下包埋框，就完成了组织块的包埋，得到了其内包有组织的"蜡块"（图 2-2）。

图 2-1　包埋框

图 2-2　包埋好的石蜡块

4）注意事项

（1）包埋时一定要注意有无特殊的包埋面，所需要的或者病变较重的一面朝下，这样在切片时就可以首先切到所需要的部位。

（2）包埋面必须平整，破碎的组织应聚集平铺包埋，不要混入杂物；太细小的组织可以在脱水、透明时就开始用伊红（eosin）染料稍微染色或者用擦镜纸包裹，以免在制作蜡块时丢失。

（3）包埋时的温度要适宜，包埋温度过高会烫伤组织，影响观察；温度过低，容易引起组织与包埋蜡脱裂。一般用温度为 58～60℃的石蜡，但在不同的季节和气温条件下，要做出相应的调整。冬天温度低，一般用 54～56℃、56～58℃的蜡包埋；夏天温度高，用 58～60℃、60～62℃的蜡包埋；春、秋两季可以用 56～58℃、58～60℃的蜡包埋。

（4）包埋速度要快，特别是冬天气温低，石蜡凝固快，在操作时动作更要迅速，否则组织块容易与石蜡脱裂，在组织块周围与蜡之间形成一圈白色裂痕，造成切片时组织块从蜡块中脱出。

组织从取样到包埋制成蜡块的流程图（时间仅作参考），见图 2-3。

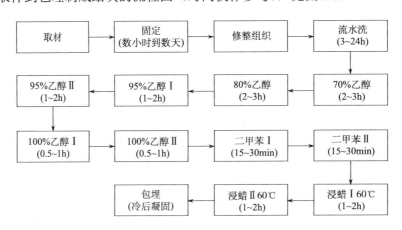

图 2-3　组织从取样到包埋制成蜡块的流程图

第二节　石　蜡　切　片

一、石蜡切片前的准备

组织经石蜡包埋后制成蜡块，在切片机上将组织蜡块用切片刀切成极薄的切片的过程称为石蜡切片。切片前要做好如下准备。

（1）磨刀：如果使用大的切片刀切片，应事先将切片刀磨锋利（可以用磨刀机，也可以用磨刀石，磨刀石多为油石，现在大多使用自动磨刀机），刀口要求平整、无缺口；如果是使用刀片切片，即可省去磨刀这一步。磨好的切片必要时要放在显微镜下检查刀刃，刀刃在显微镜下应该是一条透亮的直线，如果线条有弯曲，表明刀口不平或者有缺口。选择无缺口且平整处用记号笔标记下来，再用此处切片。

（2）修整蜡块：将包埋好的蜡块进行修整。先切去组织标本周围过多的石蜡，但也不能留得太少，否则容易造成组织破损，连续切片时分片困难。一般情况下，在组织周围应留有1～2mm 的石蜡边，蜡块的两对边必须平行，否则就会造成切出来的蜡带不整齐或者歪向一边或者根本切不成带。也可以一对边留有石蜡边，另一对边不留石蜡边，修整时修到紧贴组织即可。

（3）蜡块的固定：蜡块修整好后，为了便于将蜡块牢固地固定在切片机上，有的时候应先将蜡块固定在事先准备好的小方木块或者金属块底座上。固定方法是把蜡铲先在酒精灯上加热，再将蜡块底部烙熔，迅速烙粘在小方木块或者金属块底座上（图 2-4）。此种固定方法多用于组织标本蜡块较

图 2-4　蜡块与底座固定示意图

少，而每个蜡块切片数量较多的情况。当标本蜡块较多而切片数量较少（每个蜡块切1～2张）时，为了方便保存，只是在包埋蜡块时，蜡块有一定的厚度即可，不需要再另外加上底座。固定好的蜡块在切片前应预先放在冰箱内冷却。

（4）载玻片事先擦洗干净，表面涂上黏附剂蛋白甘油。蛋白甘油的涂法：用一根小玻璃棒蘸取一小滴蛋白甘油，滴在事先擦洗干净的载玻片上，然后用玻璃棒将其轻轻均匀地抹开即可，遮灰尘备用。

（5）准备好毛笔、镊子、存放蜡带的木盘或纸盘、染色架，调好展片器内水的温度（45℃左右）。

二、切片方法

（1）将切片刀安装在切片机的刀架上并固定紧，固定蜡块底座或蜡块，并移动刀架或蜡块固定装置，使蜡块与刀刃接触，调整蜡块和刀至合适的位置，刀刃与蜡块表面呈5°夹角，刀刃倾斜过大或过小都不能进行切片。

（2）切片多使用轮转式切片机，使用时，左手执毛笔，右手转动切片机转轮，先修出标本，直到组织全部暴露于切面为止，但是小标本不要修得太多，以免将所需要的组织修掉，大标本可以多修一些，使组织在切面暴露完整。

（3）调整切片机上的切片厚度刻度指针。切片厚度一般为3～5μm，特殊情况下，可切薄至1～2μm厚，也可切得更厚（6～8μm）。

（4）切片。切片方法同上，右手匀速转动切片机转轮，左手持毛笔轻轻挑起蜡带并托住，转轮转动一圈即切出一张切片，此时将蜡带轻轻托起拉开。如果要制作大量切片或者连续切片，可连续转动切片机的转轮，速度一定要均匀，不能时快时慢，以免切片厚薄不一。但是，在相同的切片厚度确定后，有时也会出现相邻的切片之间厚薄不一的现象，主要受以下几个因素的影响：①切片速度，切片速度快，得到的切片较薄；切片速度慢，得到的切片则较厚。②切片时的环境温度，当室内温度高或者石蜡块温度较高时，不易得到较薄的组织切片，因此在切片前要将组织石蜡块事先放置在冰箱内预冷1～3h。③其他因素，如组织的种类、固定剂的浓度、固定的时间等。使用轮转式切片机切片时，是由下向上切，为得到完整的切片，防止组织出现刀纹裂缝，应将组织硬、脆等难切的部分放在上端，皮肤组织应将表皮部分向上，肠胃等组织应将浆膜面朝上（图2-5）。

切片刀与组织块在切片过程中容易产生部分热量，影响蜡块的硬度。为了保持蜡块合适的硬度，切片时应经常用冰块冷却切片刀和蜡块，特别是在夏天气温较高时。

（5）切片可以是切单张，也可以连续切几张，几张切片连在一起形成一条较长的带子称为蜡带。切片完成后，如暂时不染色，可以一边用右手拿镊子夹住第一张切片的一角，左手用毛笔先从切片刀上将切片蜡带扫开，然后托起蜡带将其按顺序存放在木制蜡盘内，待以后需要染色时再来展片、贴片。

（6）展片。如果马上需要染色则用左手拿毛笔轻轻托起切片，右手用眼科镊夹起切片的一角，正面向上轻轻平铺放置于展片器的水面上（展片器内的水温应根据使用的石蜡熔点进行调整，一般低于石蜡熔点10～15℃）。动作要轻、要快，动作太大容易出现气泡。没有专用展片器的话可以用恒温水浴锅来代替，功能一样。

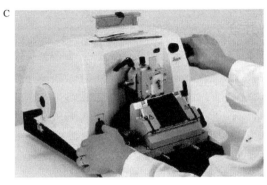
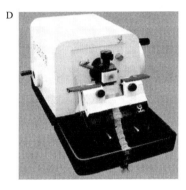

图 2-5　石蜡切片机及组织切片

A. 切片机；B. 蜡块固定器；C. 切片；D. 蜡带

扫描见彩图

（7）分片和捞片。切好的石蜡切片漂浮在温水面上受热后会自然平整地展开，必要时用小眼科镊轻轻地拨开。待切片展平后，即可进行分片（将两张相邻的切片分开）和捞片。捞片时，将涂有蛋白甘油面的载玻片伸入水浴锅内热水中把组织切片捞在涂有蛋白甘油面的载玻片中央，摆正切片，留出贴标签的位置，并及时写上编号以免混淆。如特殊需要做连续切片染色，捞片时将蜡带一起捞在载玻片上即可，不必分片。连续切片的粘片顺序一般是从左到右，组织切片较小时，可以并列粘贴 2～3 条蜡带。

有时为了省时间，载玻片上也可以不涂蛋白甘油，直接用蒸馏水或 50% 的乙醇展片，但一定是清洗干净的载玻片，不能有油脂。该展片方法适合切片量较小的时候，特别适合连续切片的展片。如果只需要紧急制作极少量的切片，可以直接在涂好蛋白甘油的载玻片上滴加几滴蒸馏水或者 30% 乙醇，将切好了的切片铺在载玻片的水面上，然后将其在酒精灯上加温，待切片完全展平后，倾斜载玻片，摆正切片，倒弃多余的水分即可送去烤干。

（8）烤片。切片捞起后，在空气中稍微干燥后即送进 37～60℃烤箱内烘烤，小片组织 30min 即可，大片组织需要烤 12～24h，否则会在染色时脱片。血凝块和皮肤组织更应及时烤片。但是脑组织要稍微晾干一些后才能烤片，否则容易产生气泡影响染色和观察。

当组织很嫩弱时，切片后烤片温度不宜过高，一般在 37～45℃温箱中烘烤 6～12h。如准备作为组织化学染色用的切片，烤片温度也不宜过高，一般在 37～40℃温箱中烘烤 1h 左右，因为长时间地处于高温中，容易使酶失活或丢失。

三、切片中容易出现的问题、原因及解决方法

切片中容易出现的问题、原因及解决方法见表 2-1。

表 2-1　切片中容易出现的问题、原因及解决方法

出现的问题	原因	解决方法
① 组织脆性增加，切片时易碎成粉末状	组织在高浓度乙醇内脱水时间太长，在透明剂内时间过长，浸蜡不足或浸蜡温度过高	切片时用手指局部加温组织块后再切片
② 切片卷曲、上翻、皱缩、呈乳糜状，切片粘刀，切片随刀跑	蜡块硬度不够，室内温度过高，切片刀不锋利，刀的角度过小	磨刀，用硬蜡包埋，调整刀的角度，降低蜡块温度
③ 切片厚薄不一，跳片	切片刀及刀架和组织块未固定紧，切片机发生故障或老化磨损，转动切片机用力不均匀	检查并加固切片刀、刀架、组织块，维修切片机，匀速切片
④ 切片只能切成单张，连不成蜡带	包埋蜡过硬，室内温度过低，四周蜡边特别是上、下蜡边过窄	提高室内温度，降低包埋蜡的熔点重新包埋，匀速快切
⑤ 蜡带弯曲不整齐，歪向一边	四周蜡边不平行，特别是两边蜡边过宽或不对称，蜡块与刀刃不平行，组织未切全，切片刀不锋利	重新修正蜡块，调整蜡块与刀刃的角度，磨刀，组织修切完整
⑥ 切片时有"嚓嚓"声，组织块可见白色小点，切片内有网状小孔	组织脱水、透明、浸蜡不彻底，浸蜡温度过高	组织已经受损，无法补救。或用手指局部加温后可以切片，但效果不理想
⑦ 切片上出现纵行条索状痕或者有条痕的同时伴有"咔咔"声	切片刀有缺口，组织蜡块内含有较硬的物质（血凝块、瘢痕等），组织内有钙盐沉积，刀口上不干净	磨刀，或切片时移开缺口处，清洁刀口，用手指局部加温组织软化硬物质
⑧ 组织与石蜡块周围形成一圈白色印痕或者切片、展片时组织从石蜡中脱出分离，组织融化	浸蜡不彻底，包埋蜡温度过低，包埋时动作太慢，展片的水温过高	熔蜡后重新浸蜡包埋，降低展片水温
⑨ 组织块的上边或者下边形成白色，不能切成片	切片刀的角度错误，因碰撞组织块所致	调整切片刀的角度后再进行切片
⑩ 脑组织切片展片时出现气泡，含血凝块较大的组织切片不易展平	可能与组织的张力有关	将脑组织切片反铺在展片器的水面上，先将组织切片放在 30%～50%乙醇内或者冷水中稍展开后再浸热水展片

第三章

冰冻切片制作技术

冰冻切片是以水为包埋剂将组织进行冰冻，组织在冷冻状态下直接切片。冰冻切片前组织不经过任何化学药品处理或加热过程，大大缩短了制片时间。同时，由于此法不需要经过脱水、透明和浸蜡等步骤，因而较适合于脂肪、神经组织和一些组织化学的制片，如检测组织中的脂肪时必须选择冰冻切片，然后用油红O染色；在免疫组织化学研究中冰冻切片有利于组织抗原性的保存，有时为了保持某些酶的活性也需要采用冰冻切片。冰冻切片种类很多，有氯乙烷法、二氧化碳法、半导体冷冻法和低温恒温冷冻法等。低温恒温冷冻法是最理想的一种冰冻切片法，具有冷冻速度快而且稳定、不需要水源、操作简便和不受外界环境温度的影响，温度控制精确，切片厚度控制精确并且可以达到常规石蜡切片的厚度（4~6μm）等优点，被广泛用于临床病理诊断和形态学研究工作。

第一节　冰冻切片的取样及处理

一、样品的处理

新鲜标本一般不需要经过任何处理，只需用生理盐水冲洗去尽血液，直接将组织块置于组织固定器上进行冷冻。若样品不是新鲜组织，当用10%甲醛溶液固定时，需经过短时间的流水冲洗即可进行冷冻切片；当用乙醇（特别是高浓度乙醇）、甘油固定时，要将固定好的组织经流水冲洗12~24h，使组织内的乙醇或甘油完全冲洗干净，否则组织不冻结，不能进行切片。

二、组织的速冻

组织冷冻时容易形成冰晶，冰晶的形成会影响抗原的定位。当冰晶数量少但体积大时，对组织结构的影响较小，但当冰晶体积小但数量多时，其对组织结构的影响较大。用于临床快速诊断的组织一般不需要防冰晶处理，新鲜组织取材后直接冷冻切片。当冰晶影响诊断或对组织形态要求较高时需要防冰晶处理。含水多的组织容易形成冰晶，冰晶的大小与其形成速率成正比，冰晶形成的数量越多则体积越小，对组织结构影响也就越明显。速冻，就是使组织温度骤降，缩短组织温度降低所经历的时间，其能显著减少冰晶的形成。

1. 直接冷冻法

采用直接冷冻法处理的组织不能太厚，面积也不要太大，否则冷冻的时间会延长，用包埋剂包埋比较困难，包埋剂不能及时冷凝，组织上面包埋剂会流掉，出现组织裸露。如果组织没有完全埋在包埋剂中，难以切出平整的切片。所以，取材大小以1cm×0.8cm×0.5cm为宜。

打开恒温冷冻切片机，预冷适当的时间使箱内温度降至−25℃，取出组织样品夹（specimen

holder）并将组织块平放在组织样品夹上，从组织的顶端滴加包埋剂，包埋剂自然向下流到组织底部，使其将组织块完全覆盖，并防止气泡形成。迅速放到切片机的冷冻台上冷冻，组织与样品夹立即冻结在一起，即可切片。当组织块特别小时应先在组织样品夹上滴加一些包埋剂，冷冻凝结形成一个包埋剂台（堆），再把细小的组织放到包埋剂台上后滴加包埋剂，目的是将小组织块垫起，防止切片时刀刃触到样品固定器组件（specimen holder assembly）上。

　　直接冷冻法操作简单，但其冷冻速度较慢（需1～3min），组织内的水分容易析出而形成冰晶，破坏组织结构，最好先将固定过的组织浸泡在20%～30%蔗糖溶液中1d，利用高渗液吸收组织中的水分，减少组织的含水量，可以减少冰冻切片时冰晶的形成。

2. 液氮冷冻法

　　此方法可一次处理较多组织块。将组织块平放于冰冻包埋盒内，用OCT包埋剂（optimal cutting temperature compound）包埋，将包埋盒平放进液氮罐或者保温瓶内缓缓接触液氮，开始出现气化沸腾，此时包埋盒保持原位切勿将包埋盒浸入液氮中，维持10～20s，组织即可速冻成块。取出组织块立即放入-80℃冰箱贮存备用或立即使用恒温冷冻切片机切片。

3. 干冰-丙酮（乙醇）冷冻法

　　将200ml丙酮（乙醇）装入小保温杯内，逐渐加入干冰，直到饱和呈黏稠状，再加干冰不再冒泡时，温度约为-70℃。包埋盒内注入1/3容积的OCT包埋剂，将不超过1cm×0.8cm×0.5cm大小的组织浸泡在其内，用包埋剂将包埋盒填满，投入上述丙酮溶液中速冻30～60s，含组织块的包埋剂冷冻成白色的硬块，然后用恒温冷冻切片机切片或-80℃冰箱保存。

第二节　冰　冻　切　片

一、恒温冷冻切片机

　　以Shandon Cryotome ® Cryostat Series恒温冷冻切片机为例，简要介绍低温恒温冷冻切片机的组成构造。Shandon Cryotome ® Cryostat Series恒温冷冻切片机的箱面上有电子控制板，装有快速冷冻键和除霜键，选择快速冷冻键，机器马上进入工作状态，并可持续10min。选择除霜键，可除掉工作间顶部后面制冷栅上的霜，并可持续工作15min。选择照明键，可照明工作间，有利于切片及观察组织的冰冻状况。面板还有一个消毒键，当进行一周的工作或者一天的工作后，选择该键可对工作间进行消毒。每天工作完毕时，可启动密锁键，锁住工作间。除此之外，箱面的左边有4个按键，两个为快速自动进退键，两个为微调进退键，还有一个手动旋钮，控制修整组织块时的进退。

　　冷冻箱内左边的冷冻台，温度可达-60℃左右，冷冻箱的中间为一台切片机，工作间的温度可在0～30℃任意调节，并在面板的显示屏显示当前温度（图3-1和图3-2）。

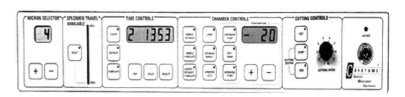

图3-1　恒温冷冻切片机　　　　　　　　图3-2　恒温冷冻切片机箱体控制面板

二、切片方法及步骤

恒温冷冻切片机操作方法及步骤如下。

（1）使用时提前 2h 开启电源，并将温度设定在–25℃预冷工作间及其冷冻台。

（2）安装切片刀，调整切片刀的角度约为 15°。

（3）速冻样品组织。

（4）将冷冻好的组织包埋块夹在切片机样品固定座上。启动快速自动进退键，调整包埋块和刀刃的距离，旋转手动旋钮，修切组织。当修切出组织最大面后，停止修切。

（5）设定切片厚度（微米，数值 1 表示 1μm 厚）。根据不同的组织确定切片厚度，细胞密集的组织设定值小一些，5μm 左右。纤维多、细胞稀的组织可稍微切得厚一点，设定值可以大于 5μm，一般切片厚度为 5～10μm。

（6）将防卷板调整到合适的位置，切片能顺利通过刀和防卷板之间的缝隙。当切出平整的组织片时，组织片平整铺在刀片的前侧面，掀起防卷板，将组织片贴于载玻片上。贴片的方法主要有以下两种。

A. 直接粘片法：打开防卷板，用毛笔展平组织切片，将载玻片对准切好的切片直接贴附在载玻片上，然后回到室温风干或吹干，必要时立即对组织切片进行固定。如果切片暂时不染色，可以固定吹干后，放在染色缸内装入干燥器内低温保存，也可以用铝箔包好后低温保存。一般情况下，在 4℃冰箱内可保存 7～10d；–25℃左右可保存 1～3 个月；–70℃左右可保存 6～12 个月甚至更长时间。

B. 漂片法：根据科研需要，有时要对组织切片进行漂染，此时将已固定的组织进行切片（不需要加防卷板进行切片）后，直接用毛笔把组织切片收集于蒸馏水中，再直接进行染色。对暂时不染色的切片，也可以贴附在载玻片上同以上方法保存。进行漂染的切片厚度可达 20～25μm，即使达到 30μm 时，染色效果也还不错。

（7）准备好需要的固定液（甲醇-冰醋酸固定液：95%甲醇 100ml，冰醋酸 3ml），常规病理诊断切片固定 30～60s，染色前水洗。

切好了的冰冻切片一般不需要像石蜡切片那样经过较长时间的烘烤，只需要在 37℃（不超过 40℃）温箱内稍微烘烤，干后即可拿出温箱，或者将电吹风开到低档风吹干即可。

冰冻切片后如果不及时染色，切片必须彻底晾干，密封保存于低温冰箱内，或短时间固定后贮存于低温冰箱。

冰冻切片组织冷冻温度见表 3-1。

表 3-1　冰冻切片组织冷冻温度选择参考表

组织	–10～–7℃	–13～–10℃	–16～–13℃	–20～–16℃	–25～–20℃	–30～–25℃
心肌				√		
肺				√		
脑	√					
皮肤			√			
肌肉			√			
骨髓					√	
肾			√			

续表

组织	–10～–7℃	–13～–10℃	–16～–13℃	–20～–16℃	–25～–20℃	–30～–25℃
淋巴组织			√			
睾丸		√				
小肠				√		
直肠			√			
脂肪					√	√
乳腺					√	
肝	√	√				
子宫内膜	√					
脾	√					
肾上腺			√			
甲状腺		√				
膀胱		√				
宫颈				√		
胰腺				√		
卵巢				√		
前列腺				√		
子宫			√			

注：√为组织冷冻的参考温度

三、冰冻切片固定液选择

常规染色选用甲醇-冰醋酸（95%甲醇 100ml，冰醋酸 3ml）固定液。

冰冻切片固定 1～2min，染色前水洗。

特殊要求按需要选择固定剂或不固定直接染色。免疫组织化学染色可选用 4%多聚甲醛，酶保存多选用冷丙酮。糖类物质选用 Carnoy 固定液或以乙醇为基础的固定液。冰冻切片固定穿透性较好的固定液仅需要数分钟就可以达到固定目的。

四、冰冻切片染色方法

冰冻切片粘贴于载玻片上，立即放入固定液固定 1min，即可染色。为了防止切片脱落，必要时用铬钒-明胶载玻片、多聚赖氨酸载玻片或 Thermo 公司生产的 Thermo Scientific Menzel-Glaser Super Frost Plus 载玻片，它们对冰冻组织切片的防脱片具有很好的效果。用于临床病理诊断的冰冻切片一般用苏木精-伊红（H-E）染色，苏木精染细胞核多采用进行性染色，尽量不浪费时间。无论采用进行性还是退行性染色，核染色适当为止。尽量不要重复分化和染色步骤，要求迅速、准确、有效地完成染色的每个步骤。

五、冰冻切片的优缺点和注意事项

（一）冰冻切片的优点

（1）操作简便，不需要对组织进行固定、脱水、透明、包埋等步骤即可进行切片。

（2）快速，实验时间短。组织材料进行切片、染色整个过程不需要经过太长的时间，从组织块到切片染色完成整个过程只需要 15～30min。

（3）组织形态变化不大。因组织样品不经溶媒处理，没有受到试剂和温度的影响，组织收缩较小，细胞形态改变不大。

（4）在进行冰冻切片的制作过程中因不需要经过有机溶剂的处理，所以能保存脂肪、类脂等成分，为证明组织中存在脂肪的首选切片方法。

（5）能够比较完好地保存各种抗原及酶类活性，特别是对于那些对有机溶剂或热耐受能力较差的细胞表面抗原和水解酶保存较好，因此常用于组织化学和细胞化学的组织切片。

（二）冰冻切片的缺点

（1）由于组织未进行包埋，切片与切片之间没有包埋剂连接，不容易做连续切片，大多为单张切片。

（2）切取的组织块不能过大，组织块过大不容易冻结或者组织冻结不均匀，影响切片及染色效果。

（3）对设备要求严格，一般冰冻切片机都不容易制作较薄的切片，其切片往往较石蜡切片厚 1～2 倍，最薄为 6～8μm，通常情况下切 10～15μm，性能优良的设备也可切出石蜡切片厚度（4～6μm）的切片而且冰冻切片也极易破碎，操作时要特别小心。

（4）由于组织块在冻结的过程中容易产生冰晶而影响细胞的形态结构及抗原物质的定位，并且组织结构也不如石蜡切片清晰。

（三）制作冰冻切片的注意事项

（1）冷冻要快（温度低，冷冻快），冷冻速度越慢冰晶形成得越多，对组织结构破坏越厉害。

（2）防卷板及切片刀和持刀架上的板块应保持干净，需经常用毛笔或柔软的纸张清除残余组织碎片。必要时每切完一张切片后就用纸擦一次，因为切片时组织很容易附贴在防卷板和切片刀之间，如果有残余的包埋剂黏附切片刀或防卷板上，切片容易出现皱折，或组织片断裂，很难获得完整的切片。

（3）组织冷冻之前，需要根据组织的形状确定包埋方向。长条形组织要横向包埋，呈"一"字形。这种方位有利于切片，切片时组织不会皱到一起。例如，一条胆囊组织纵向冷冻，纵向切片，很难克服组织上的皱折，切片时组织不容易展平。这一横和一纵产生的效果截然不同，所以长条形组织尽量横向包埋，为便于切片，组织呈"一"字形固定于组织样品夹上。

（4）用于临床快速诊断组织，不需要预先固定，而是在切片以后固定。一是为了争取时间；二是因为固定过的组织会增加冰冻切片的难度。如果组织事先已经固定，然后做冰冻切片，在做冰冻切片之前，需要经过蔗糖处理，然后再进行冰冻切片，蔗糖处理的主要目的是减少冰晶的形成。

（5）切片时温度很重要。温度过高，组织块硬度不够，切下来的切片呈乳糜状，不能成片；温度过低，组织块因硬度过高而脆性增加，切片呈粉末状，也不能切成片。根据样品组织不同要灵活掌握，选择最适温度，如脑组织则温度不宜太低，一般多在–18℃时进行切片。如果温度过高，可停下来暂缓切片，待温度降到适宜时再开始切片。如果温度过低，可将冰冻包埋的组织块连同固定器取出来，在室温停留片刻，或者用大拇指按压组织块，以软化组织，还可以把冷冻温度稍微升高一点，来缓解冷冻过度的程度，让组织尽快达到合适的切片温度。

（6）用于粘贴冰冻切片的载玻片，室温下应用，不必冷藏或冷冻。因为粘贴切片时，室温下的载玻片与冷冻箱中的切片有一定的温差，当温度较高的载玻片与温度较低切片接触时，冰冻切片很容易贴到载玻片上。而冷藏或冷冻过的载玻片就不容易贴牢，需要提高温度才能贴牢，且切片附贴时容易产生气泡。

（7）冰冻切片完成后，要待恒温冷冻切片机内回到室温后，用电吹风吹干切片机、切片刀及恒温冷冻切片机内部，以免生锈，影响器械的使用寿命。

第四章

组织染色技术

切片烤干以后未经染色时，即使显微镜有足够的分辨能力和合适的放大倍数，在显微镜下也只能看到组织结构简单的轮廓，不能达到观察和判断的目的。只有通过染色，才能使切片标本的各个部分显示不同的颜色，增大组织和细胞各部分结构折射率的差异，从而提高分辨率，进一步观察和研究组织、细胞的结构变化。因此，染色就是将染料配成溶液（染色剂），把组织浸入染色剂内，通过化学和物理的作用，使组织或细胞的某一部分染上与其他部分不同深度或者完全不同的颜色，产生不同的折光率，使组织或细胞内各部分的构造显示得更清晰，以便于利用光学显微镜进行观察、研究。染色是一个非常复杂的过程，染色技术在组织学、病理学、法医病理学等学科中占有相当重要的地位，已经逐步发展成为一门独立的学科。

第一节　染色的原理

一、染色的发展

染料最早是应用在丝、麻、棉等纺织品的印染上。染色方法在我国发展得很早，早自黄帝时代至周朝初期染色技术已相当发达。当时人类在染色剂和染色方面已经有了一些知识。据考证，1714 年荷兰人列文虎克（Antony van Leeuwenhoek）首先用天然染色剂研究肌肉组织，他试图在一单透镜的显微镜下比较一头肥母牛和一头瘦母牛的肌肉有何不同。起先未经染色，因组织切片透亮而观察不清，后用番红花酒溶液浸染切片观察，肌纤维中的微粒显示较好，结果甚为理想。当时，人们用的全是从动植物和矿物中提炼的天然染料，如靛青、朱砂、胭脂红（洋红）、苏木精[又称苏木素（hematoxylin）]等。继列文虎克之后，又有人使用染料来染微生物及组织。例如，Ehrenberg（1838）用胭脂及靛青染活的微生物，Goppert 和 Cohn（1849）、Flinger（1854）最早用银盐浸染组织显示细胞间隙等。

正是由于前人的工作，加快了染色技术在组织学上的发展。1856 年，Perkins 又发现了苯胺紫，从此开创了人工合成染料的时代。目前，合成染料已成为广泛而有价值的染料，在染料中占有主体地位。

二、染料

染料是一类有色的有机化合物，其不但要有鲜艳的色彩，而且还必须对于纤维、细胞、组织有亲和力。如果只有颜色，而与被染物质间没有亲和力，则不能称为染料，只能称为有色物质。化合物的颜色和亲和力都是由分子结构决定的，主要由两种特殊的基团所产生：发色团和助色团（与组织产生亲和力）。发色团产生颜色，又称为色原，其种类并不多，在一个化合物中含有一个或数个发色团，含发色团多的化合物颜色深，少者则颜色浅。发色团虽然有颜色，但还不是染料，不能直接染色，因为它对组织没有亲和力，颜色会像它扩散进组织那样，很快又从组织里扩散出来。特别是当组织被浸于能溶解相应颜色的溶剂中时，组织脱色会更快。通过助色团的辅助作用，使不能染色的有色物质变为一种带电荷的离子，使之能与酸或碱合成盐类，以便加深染料颜色的深度和加强染料与被染物质、组织、细胞等的亲和力，从而使组织、细胞被染上各种不同的颜色。

染料的分类：染料的分类方法有很多种，可根据其来源分，也可按其化学反应来分，还可按其使用目的不同来分。

1. 根据染料来源分类

1）天然染料　　此类染料是从动植物的组织中提取出来的，目前常用的有苏木精（它是从南美洲的一种名为"苏木"的树的干枝中提取出来的）、胭脂红（又叫作卡红，是从一种叫作"胭脂虫"的昆虫的组织中提取出来的），此外靛青、地衣红、番红花等都属于天然染料。

2）合成染料　　此类染料是以化学的方法人工合成的，多半都是从煤焦油中提取出来的苯的衍生物，所以又称为煤焦油染料。目前所应用的大多数为人工合成染料，这类染料种类繁多，根据其化学结构（发色团）可分为10类。

（1）亚硝基染料：它的发色团是亚硝基（—NO），如萘酚绿B。

（2）硝基染料：发色团是硝基（—NO$_2$），如苦味酸、萘酚黄-S、马汀黄等。

（3）偶氮染料：是在苯环和萘环之间有一个或数个偶氮基（—N＝N—）发色团，这一类染色剂很多，常用的有偶氮红、甲基橙、橙黄G、俾士麦棕-Y，刚果红、苏丹Ⅲ、苏丹Ⅳ、油红O、苏丹黑、偶氮蓝、萘红等。

（4）醌亚胺类染料：这类染料含有两个发色团，一个是亚胺基（—N＝），另一个是醌基，如甲苯胺蓝、硫堇、亚甲蓝、结晶紫、中性红、沙黄、焦油紫、天青石蓝、尼罗蓝、倍酸青蓝、天青、亚甲紫等。

（5）苯甲烷类：发色团为醌基，分子结构中一个碳原子上连有两个苯基和一个醌基，具有与苯甲烷相似的结构而得名为苯甲烷类染料。此类染料用得多，如酸性品红、碱性品红、苯胺蓝、亮绿、孔雀绿、甲基紫、甲基绿、结晶紫等。

（6）叮类：发色团也为醌基，主要有派洛宁Y、伊红Y、伊红B、藻红等。另外，作荧光染色的荧光染料多属此类。

（7）蒽醌类染料：发色团为醌基，主要有茜素红、茜素蓝、茜素绿、苏丹紫等。

（8）噻唑类染料：发色团为胺基、偶氮基等，常用的有噻唑黄G、钛黄、樱草黄等。

（9）喹啉类染料：发色团为醌型结构喹啉环，如花青素（喹啉蓝）。

（10）重氮盐类染料：重氮盐本身无色或者颜色浅，但它们都含有重氮基，当它与被染物质分子的某种结构发生偶联反应形成偶氮化合物时显色，如坚牢红-B盐（重氮盐）、坚牢蓝-B盐（四重氮盐）、氯化硝基四氮唑蓝（NBT）等。

2. 根据化学反应分类

可以分为酸性染料、碱性染料、中性染料，主要是根据染料中助色团的酸碱性而分，并非染料本身有酸碱性。

（1）酸性染料：不是指其水溶液一定显酸性，而是指染料内含有酸性助色团，是一类色酸盐，与碱作用生成钠盐、钾盐、钙盐、铵盐，一般溶于水和乙醇，多作为胞质染色剂。常用的有苦味酸、伊红、酸性品红、刚果红、水溶性苯胺蓝、甲基蓝、坚牢绿 FC、橙黄 G 等。

（2）碱性染料：是一类色碱，含有碱性助色团，其水溶液不一定显碱性，只是与酸能生成盐，大多是氯化物、硫酸盐、乙酸盐，能溶于水和乙醇，多作为细胞核的染色剂，如苏木精、中性红、亚甲蓝、甲基绿、孔雀绿、沙黄、甲苯胺蓝、尼罗蓝（耐尔蓝等）。

（3）中性染料：此类染料由酸性和碱性染料混合后中和而成，也称为复合染料，能溶于水和乙醇。血液学中常以此染料作为先染色剂，其中各种不同的成分可使细胞核、细胞质和颗粒分别着色，如染血涂片的瑞特（Wright）染料和吉姆萨（Giemsa）染色剂等。

3. 根据使用目的分类

（1）细胞核染料：组织或细胞内，细胞核的主要化学成分是核酸（DNA、RNA）和组蛋白，核酸内所含的酸性物质对碱性染料有较强的亲和力，又称为"嗜碱性"。所以，染细胞核的主要是一类碱性染料，如天然染料苏木精、胭脂红，人工合成染料沙黄、结晶紫、亚甲蓝、甲基绿、孔雀绿、焦油紫、俾士麦棕-Y、硫堇等。但是实际上并非所有的细胞核仁上都带正电荷，如神经细胞的核仁则具有两重性，既可被酸性染料着色，又可与碱性染料结合，这可能是因为其内碱性蛋白和核酸的含量差不多，则显酸、碱两性。

（2）细胞质染料：细胞质的主要化学成分是蛋白质，其次为 RNA 和脂蛋白等，多为两性化合物。细胞质的染色与 pH 密切相关，当 pH 为 3.6～4.7 时，细胞质带正电荷，被酸性染料着色，又称为"嗜酸性"。所谓细胞质染料，不仅染细胞质，还包括染肌纤维、胶原纤维和细胞质内一些颗粒成分，如细胞的嗜酸性颗粒及软骨基质。常用的这类染料有伊红 Y、淡绿、橙黄 G、酸性品红、苦味酸、苯胺蓝等。

（3）脂肪染料：主要用于脂肪类染色。这类染料极性弱，很难溶于水，微溶于乙醇，不能作为普通染色剂，但它能溶于脂肪类，以它们的鲜艳色彩通过物理作用使脂肪着色。这类染料有苏丹Ⅲ、苏丹Ⅳ、苏丹黑、硫酸尼罗蓝、油红 O 等。

三、染色的原理

动植物组织的染色和工业植物染色的原理相似，只是工业植物染色要看出它的大体作用，组织染色要显示出它的微细构造。染料与被染物结合着色的过程是相当复杂的，染料与被染物之间、染料与助染剂之间、染料与溶剂之间、被染物与溶剂之间等，都存在一定的相互作用和影响。但总体来讲，无外乎物理作用和化学作用。在历史上曾有染色作用的物理学说和染色作用的化学学说之争。实际上，在整个染色过程中，既存在物理作用，也存在化学作用。单用物理作用或化学作用不能对染色做出全面的解释，特别是近年来对染色的情况了解得越多，越感觉到生物组织中染色步骤的复杂，所以越难用某一种单纯的理论来圆满地解释。目前倾向认为生物的组织、细胞之所以能被染上各种不同的颜色，主要还是物理与化学综合作用的结果。

（一）染色的物理作用

染色的物理作用包括毛细现象、吸附作用、吸收作用和分子间作用力，通过这 4 种作用中的一种或者几种，使染料进入细胞或组织内，使组织或细胞染上颜色。

（1）毛细现象（又称为毛细管作用、渗透作用）：含有细微缝隙的物体与液体相接触时，液体靠表面张力沿细微缝隙上升或扩散的现象叫作毛细现象。缝隙越细，毛细现象越显著。内径小到足够引起毛细现象的管子叫作毛细管，所以又称为毛细管作用。例如，纸张和棉布的吸水作用、灯芯吸油及地下水沿土壤缝隙上升、植物借助根系（相当于毛细管）将环境中的水送到枝叶等，都是毛细作用的结果。另外，由于组织有许多微细的小孔，染料可以通过小孔渗透进组织，使之着色。这是纯粹的物理作用，只是相当于混合，染料与组织结合得不牢，还不能算染色，因染色必须是染料留储于组织内，与组织有较稳固的结合，但是在染色过程中它是第一步。

（2）吸附作用：吸附作用是团体物理的特性。一种物质把它周围的另一种物质的分子、原子、离子集中在界面上的过程叫作吸附作用。也就是说，物质从周围溶液中吸住一些细小的物质微粒，这些微粒可能是溶于溶液中的化合物，也可能只是在溶液中单独存在的离子，如染液中分散的色素颗粒进入被染物质的间隙内，由于分子的引力作用，色素粒子被吸附而染色。也由于各种蛋白质或胶体有不同的吸附面，可以吸附不同的离子，形成不同的颜色，可用作鉴别染色。具有吸附作用的物质叫作吸附剂，被吸附的物质叫作吸附质或吸附物。例如，在配制 Schiff 试剂中，活性炭吸附色素，则活性炭为吸附剂。

吸附作用又分为物理吸附和化学吸附。在低温下进行的吸附一般都是物理吸附；化学吸附常在较高的温度下进行。物理吸附是由范德瓦耳斯力引起的，作用力弱，为多分子层吸附，无选择性，吸附热小，吸附速度快。化学吸附是由于形成化学键的结果，作用力强，是单分子层吸附，有选择性，吸附热大，吸附速度慢。

（3）吸收作用：吸附质如果进入了吸附剂的内部并均匀地分布在其中，这种现象称为吸收。此时组织和细胞与染料结合牢固，着色与溶液的颜色相同，但不一定和干燥染料的颜色相同，如品红溶液为红色，所染组织也为红色，而干的品红为绿色。

（4）分子间作用力：组织在固定时经固定液的作用，细胞各成分凝结和沉淀，这些沉淀和凝结大部分是一些分子质量很大的高分子物质。组织染色时，染液中染料分子随着溶剂分子向细胞各部分渗透、扩散，当它接近于这些细胞大分子达到一定的距离时，分子间产生了作用力。这些作用力的性质、大小主要取决于分子的结构。

（二）染色的化学作用

在组织和细胞内一般都含有酸性、碱性和两性基团。含有酸性基团的部分能与溶液中的阳离子结合，如细胞核，特别是核内的染色质，一般认为是由酸性物质组成的（主要为核酸），因此它和碱性染料（如苏木精）的亲和力强，称为"嗜碱性"。而含有碱性基团的部分能与溶液中的阴离子结合，如细胞质，其主要化学成分是蛋白质，含有的碱性物质较多，即和酸性染料（如伊红）的亲和力强，称为"嗜酸性"。

染色的化学学说认为蛋白质是两性物质，嗜酸性、嗜碱性是相对的而不是绝对的，并且染液中的 pH 也很重要。当 pH 高于组织的等电点时，则组织为酸性，被碱性染料着色；当 pH 低于组织的等电点时，则组织为碱性，被酸性染料着色。例如，长久保存在甲醛液中的组织，就是由于甲醛因氧化而生成甲酸，而使得组织不容易染色（特别是细胞核不易被染上颜色）。

组织细胞的染色主要是染色剂与细胞成分的结合，使它的结构显示出来。不同的染色剂对不同的组织细胞结构显示出不同的颜色，这种结合是一个较为复杂的问题。

第二节 染 色 方 法

由于被染色的材料不同，所要研究的目的各异，因此选用的方法也各不相同，实验室常用的主要有整体染色法、组织块染色法、蜡带染色法、切片染色法、涂片染色法和活体染色法。

一、整体染色法

不需要将组织材料切取成小块再制作成切片而进行染色的染色方法，称为整体染色法。例如，对微小的生物体，不需要取样，也不需要制作成切片，而是直接将整个个体投进染液进行染色后观察，多用于微生物、寄生虫的研究。在大体组织标本的制作中，为了区分大体标本病变器官的不同成分及病变特点，借助于组织学特殊染色的方法，对机体的某一脏器整体进行染色观察，如证明心脏、肝、肾脂肪变性的脂肪染色，实验动物模型早期心肌梗死的染色，鸡胚胎的染色等。

二、组织块染色法

组织块染色法是将固定、修整后的组织块直接投入染液内进行先染色再包埋切片的方法，多用于制作金属盐溶液浸润组织，如研究神经组织的镀金、镀银法。此法的优点是可以节约药品和时间；缺点是染色不均匀，容易出现组织周围染色深、中间染色浅等的边缘现象。

三、蜡带染色法

蜡带染色法是将组织经石蜡切片后，每片不分开，直接把蜡带投入染液进行染色的方法。

四、切片染色法

切片染色法是组织块经固定、脱水、包埋、切片、贴片等后进行染色的方法，是实验室研究中最常使用的一种方法。不论是石蜡切片、火棉胶切片，还是冰冻切片，均可应用此法进行染色。切片染色法根据染色步骤和染色需要，可分为单一染色法、双重染色法和多重染色法。

单一染色法选用一种染料对组织细胞进行染色，如肥大细胞的甲苯胺蓝染色法、睾丸生精细胞的铁苏木精染色等。

双重染色法（对比染色法）是用两种不同性质的染料进行不同颜色对比染色的方法，如常用的苏木精-伊红染色法，它使细胞核和细胞质分别被染成蓝色和红色，形成颜色上的对比。

多重染色法是选用两种以上的染料进行染色的方法。此种染色方法应用较为广泛，方法也较多，如染结缔组织的 Mallory 三重染色法、Masson 三色法和 Van-Gieson 染色法等。

五、涂片染色法

在正常或病理情况下，从组织中自然脱落下来的细胞随分泌物、排泄物排出体外，称为脱落细胞。当为恶性肿瘤时，组织细胞之间结合力下降，再加上常有出血、坏死等情况，致使肿瘤细胞更容易脱落。因此，做分泌物、排泄物的涂片染色以观察脱落细胞的形态结构变化，对于肿瘤的诊断是很有帮助的。

涂片染色有脱落细胞涂片（痰、胸腹水、尿液、宫颈涂片）染色、穿刺组织涂片（淋巴结穿刺、甲状腺穿刺、乳腺包块穿刺、骨髓穿刺）染色和血涂片染色等几种。

六、活体染色法

将无毒或毒性很小的染液直接注入动物体内，使染料被细胞所吸收而着色的方法称为活体染色法，如巨噬细胞的 Goldmann 台盼蓝活体注射染色。选取的样品组织在生活状况下进行染色的称为活组织染色，如把染液加入培养液内使被培养的组织、细胞染色。

第三节　苏木精-伊红染色法

苏木精-伊红染色法简称为 H-E 染色法，此法为双重染色法，是最经典的、用途最广的染色方法，绝大多数的组织都可以用此法染色。对组织细胞的各种成分也可以进行染色，便于对组织结构的全面观察。无论是以何种固定液固定的组织、何种切片方法制备的组织切片，都不影响其染色和观察。并且，用 H-E 染色的标本不易褪色，可以长期保存，是目前生物学和医学领域中研究细胞与组织学应用最为广泛的染色方法之一，在组织学、病理学、法医病理学的实验室中常常被称为"常规染色法"。

一、苏木精-伊红染色的基本原理

苏木精染细胞核的染色原理是苏木精经氧化后成为苏木红（氧化苏木素，haematin），加入媒染剂后成为带正电荷的紫蓝色的强盐基性色素，为碱性染料，是一种染细胞核的优良染料。细胞核内的染色质主要是脱氧核糖核酸（DNA），DNA 的双螺旋结构中，两条链上的磷酸基向外，带负电荷，呈酸性，很容易与带正电荷的苏木精染料以离子键或氢键结合而被染色。苏木精在碱性溶液中呈蓝色，所以细胞核被染成蓝色。

伊红染细胞质的染色原理是细胞质内的主要成分是蛋白质，为两性化合物，细胞质的染色与 pH 有密切关系，蛋白质等电点的 pH 为 4.7～5.0，此时细胞质对外不显电性，既不被碱性染料着色，也不被酸性染料着色。当染液中的 pH 低于胞质等电点时，使胞质在酸性液体中带正电荷（阳离子），就可被带负电荷（阴离子）的染料着色。伊红是一种人工合成的酸性染料，在水中离解成带负电荷的阴离子，与蛋白质的氨基正电荷结合而使细胞质染色。

细胞质、红细胞、肌肉、结缔组织、红细胞嗜伊红颗粒等均可被染成深浅程度不同的红色或粉红色，与细胞核的蓝色形成鲜明的对比。

二、苏木精-伊红染色的基本方法

将在温箱内烘烤干的组织切片取出，再按以下步骤进行染色，其中时间仅供参考，应根据实验条件进行调整。

（一）染色步骤

H-E 染色步骤见图 4-1。

伊红染液为蒸馏水配制时，染细胞质后先经水洗，再用吸水纸稍吸干组织周围的水分后即可进入下面的程序。当伊红染液为乙醇配制时，只要用吸水纸稍吸干组织周围的水分并将浮在组织周围的伊红染液擦拭干净后就直接进入下面的程序。

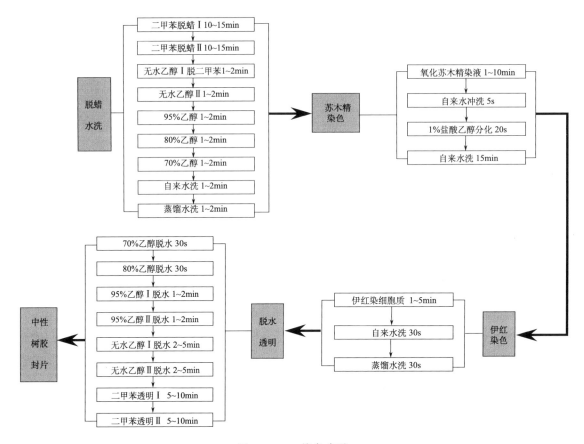

图 4-1　H-E 染色步骤

二甲苯透明是不可省略的一个步骤，否则切片透明效果较差，不利于显微镜观察。

组织切片染色完成后，要进行封片。常用的封片方法有两种：①将带有组织切片的载玻片平放在实验台上，有组织切片的面朝上，在组织切片面上滴一小滴封固剂，然后用眼科镊夹住盖玻片的一边，对边从组织的左边紧贴载玻片，使得盖玻片的一侧先与封固剂接触，再让其斜着缓缓下降，放平，这样可以避免产生气泡（图 4-2A）。②盖玻片平放在实验台上，在载玻片上有组织切片的面上滴一小滴封固剂，然后翻转载玻片，把滴有封固剂的面朝下，用封固剂的界面去接触平放在实验台上的盖玻片（盖玻片在下），迅速将载玻片翻转，此时盖玻片被封固剂粘住翻到上面，完成封片（图 4-2B）。

封片时，树胶不可太稀或者太稠，也不可滴加得太多或太少。太稀、太少的话，封片过程中容易出现气泡或封盖不住组织；太稠的话树胶不容易溢开，不便于操作；太多又会溢出盖玻片四周，影响美观。

封片的作用：一是为了保护载玻片上的组织不被损坏，便于观察。经二甲苯透明后的组织如不封固，二甲苯很快就会在空气中挥发，此时组织就会因干裂而不能观察，所以必须封固。二是为了使组织切片长期保存，一张处理得当的组织切片可以保存十至数十年。H-E 染色常用的封固剂为中性树胶。

切片染色完成后，应在载玻片上统一的位置粘贴标签。

一张好的切片应该是切片完整，厚薄均匀，厚度为 4～6μm；无皱褶，无刀痕，无干裂，无气泡，无人工产物；细胞核、细胞质染色分明，结构清晰，红、蓝适度；切片透明，洁净整齐，封片美观。

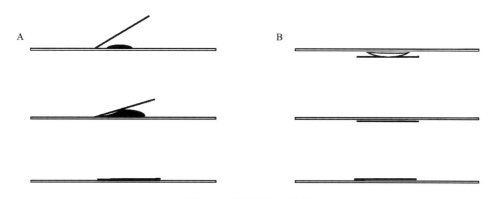

图 4-2　组织封片示意图

A. 盖玻片在上封片法；B. 盖玻片在下封片法

（二）染色结果

细胞核：蓝色。

细胞质、肌肉、结缔组织、红细胞嗜伊红颗粒：深浅不同的红色。

甲醛结晶、各种微生物：蓝色或紫蓝色。

（三）注意事项

（1）染色步骤中，细胞核的染色主要是看使用的是什么配方的苏木精染液，有些配方的染液染色后是不需要分化（分色）处理的，如使用 Mayer 苏木精染液和改良的 Mayer 苏木精染液染细胞核即不需要对组织切片进行分化处理。对于未经过分化处理的切片，伊红染色后可以省去自来水和蒸馏水洗的步骤。另外，有些方法配制的苏木精染液（如 Hansen 甲矾苏木精染液）染色后，不需要将组织切片蓝化。

（2）染色过程中所用的时间仅供参考，还要根据染色时的温度、染液新鲜程度、实验室的实际情况等灵活掌握。在室温高、切片薄、染液又是新配制的情况下，染色时间就短，反之时间就长。

（3）在脱水透明过程中，如果所使用的伊红染液为酒精溶性，应使用与溶解伊红等浓度的乙醇开始脱水。

三、二甲苯在 H-E 染色中的作用

（1）脱蜡作用。二甲苯能溶解石蜡切片中的石蜡，有利于染料对组织、细胞的染色。在常规的石蜡切片染色过程中，如果不将组织中的石蜡溶解掉，石蜡将会妨碍染料进入组织、细胞不易着色。而二甲苯可以溶解石蜡，所以通常在组织染色前先经过二甲苯脱蜡处理切片后，才能进行后面的染色步骤。

经过烘烤后的石蜡切片，组织与玻璃片粘贴牢固，同时石蜡也牢固地粘贴在玻璃片上，是否能将组织切片内的石蜡彻底脱净，其脱蜡的好坏主要取决于切片在二甲苯内放置的时间和脱蜡时的温度及二甲苯的使用次数。染色方法中所给予的脱蜡时间，一般是指新开封的二

甲苯在室温为 25℃ 左右时的时间，如果二甲苯使用过多次，切片又较厚（超过 6μm）并且室温较低，应延长脱蜡时间，否则脱蜡不干净，影响染色效果。在室温高且切片较薄的情况下，应缩短脱蜡时间。

（2）透明作用。前面已经讲过，二甲苯能够透明组织，同样也能透明组织切片，以利于光线透过切片组织，便于观察组织和细胞的结构。切片经过染色后，如不经过透明处理，透过切片的光线就会很少，所看到的组织、细胞的结构图像非常模糊或根本无法观察。只有经过透明处理后，光线透过切片组织时产生一定的折光率，才便于显微镜观察。

（3）溶解作用。封片用的中性树胶不能溶于水和乙醇，而能溶于二甲苯。因此，二甲苯也起到了"桥梁"作用。另外，在封片过程中如果中性树胶过于浓稠，可以滴加几滴二甲苯稀释。

四、乙醇在 H-E 染色中的作用

（1）脱二甲苯。用二甲苯溶去石蜡后，切片内含有二甲苯，而二甲苯是不能与染料内的水相溶的，所以此时染料还是不能进入组织细胞而着色，因此必须洗去二甲苯，才能进行染色。无水乙醇可以和二甲苯互溶。经过两次无水乙醇的清洗后，基本上可以洗净切片内的二甲苯，再经过 95%、80% 和 70% 的下行梯度乙醇直到水洗，是为了使乙醇浓度逐步降低，水分逐渐进入组织切片，不至于因组织突然从高浓度乙醇一下子进入水，使得组织由于乙醇浓度的跨度改变太大，导致细胞形态结构的改变而造成人工假象。

（2）脱水。组织经伊红染色后，都有一个经 70%、80%、95% 和无水乙醇上行梯度洗脱的过程。因为伊红一般是用水（或含水的乙醇）配制的，而切片的透明剂大多为二甲苯，二甲苯遇水变混浊，因此必须彻底脱水，否则二甲苯就不能进入组织细胞，组织切片也难以达到透明要求，在显微镜下就不能清晰地显示组织、细胞的各种结构。从低浓度乙醇到高浓度乙醇逐步清洗也是为了避免细胞形态结构发生人工改变。

染色后的切片经从低到高的梯度乙醇脱水时，低浓度的乙醇有分化作用，时间不宜过长，只是一过而已，在高浓度（90% 以上）的乙醇内，要逐步延长脱水时间，方能将组织切片中所含的水分脱干净。如脱水不彻底，后面步骤中的二甲苯透明效果也不会好，将导致组织切片模糊如蒙雾、显微镜下组织结构不清晰、视野中可见无数圆形小水珠等情形而无法观察。

五、水洗的作用

（1）洗去乙醇。组织切片经二甲苯脱蜡、乙醇清洗后，为了使苏木精染液在进入切片时不受乙醇的干扰顺利进入细胞核而着色，常常用自来水和蒸馏水清洗组织切片。

（2）洗去多余染料（苏木精）。组织切片经苏木精染色后，有一部分染料并没有与细胞核结合，或者是在分化（分色）时脱落的染料，此时水洗的作用是洗去未与切片结合和被分化液脱下的多余染液。另外，在碱性的自来水中冲洗还有蓝化（返蓝）切片的作用。

（3）洗去多余伊红。经伊红染色后水洗，是为了洗去未被结合的多余伊红染液，以防止大量伊红液进入脱水的乙醇中，使得本来没有颜色的脱水乙醇变成红色而影响以后的染色效果。

六、分化和蓝化

（一）分化

通常，经过苏木精染细胞核以后，有一个分化（分色）的处理过程。分化的目的是通过分化处理使切片组织染色更清晰明亮、背景适中，为下一步的染色打下良好的基础。组织切片经苏木精染色后，尽管用水可以洗去多余的未结合的染液，但是在细胞核中还存在结合过多的染料而使得细胞核因浓染而结构不清楚，以及细胞质中也会吸附部分染料，使不该着色的部分着色，背景过于深暗，这些都会影响下一步细胞质的着色，特别是经有些配方的染液染色后更是如此。因此，必须用一种试剂将这些不该着色的颜色褪去，才能保证细胞核、细胞质及组织切片背景的颜色分明和清晰。这个褪去多余颜色的过程称为染色的分化过程，所用的液体称为分化液。

由于酸能破坏苏木精的醌型结构，使色素与组织解离而达到脱色的目的，因此常用的分化液为 0.5%～1%盐酸乙醇或者是盐酸水溶液。值得注意的是，分化时间一定要掌握好，一定要注意在酸性分化液内停留的时间不要过长，分化不可过度，否则细胞核内该染上颜色的结构也会被脱色。一般要在显微镜下掌握分化的程度，当细胞核着色、细胞质透亮、背景底色灰淡时则为佳。另外，有些配方的苏木精染色后不需要做分化处理，如 Mayer 苏木精染液。使用此类不需要分化处理的苏木精染液染色时更要掌握好染色时间，以防止组织切片染色背景过深或细胞核、细胞质染色不足，以致造成人工假象。

（二）蓝化

苏木精在酸性环境下为红色，在碱性环境下则呈蓝色，切片组织由红色变为蓝色的过程称为组织的蓝化（返蓝）。切片组织经苏木精染细胞核分化之后，因处于酸性环境，所以细胞核为红色，而伊红染细胞质本身也是红色，如不加以蓝化，则很难将两者加以区分。因此，在苏木精染色后对组织进行蓝化处理是必不可少的步骤。用弱碱性水能使经苏木精染色后的细胞核变成蓝色，因此处理的方法常为自来水冲洗。经分化或者不分化的切片，先用水洗去酸液终止分化。一般情况下，苏木精染色的组织切片只需要用自来水轻轻地冲洗 15min 左右即可变蓝。因为自来水的 pH 一般在 7.0 左右，必要时也可以用稀氨水或温自来水冲洗，但经稀氨水蓝化处理的切片，伊红染色不鲜艳，颜色发灰，所以能不使用稀氨水时尽量不要使用。

七、切片制作中出现的问题、原因及解决方法

H-E 染色虽为常规染色的方法，操作并不复杂，但要制作出漂亮的切片也并不容易。只能在掌握基本方法后，在实际工作中摸索自己的经验灵活应用，才能获得较为满意的结果。同时，有些关键处也一定要把握好。在制片过程中容易出现的问题、产生原因及解决方法见表 4-1。

表 4-1　制片过程中易出现的问题、产生原因及解决方法

问题	产生原因	解决方法
显微镜观察组织不在同一平面	切片厚薄不均匀，粘片不平	无法补救，或在切片封片时稍压盖玻片（效果不理想）
切片上有纵行锯齿状破痕	切片刀刀刃有毛口、缺口、硬物	磨刀后重新切片，清洁切片刀，清除异物

续表

问题	产生原因	解决方法
切片脱落	粘片不牢，切片水洗时水流过大，烤片不及时或烤片时间不够	无法补救，重新切片，调小水洗时的水流速度，及时烤片或延长烤片时间
切片染色不均匀、片状、岛状、不着色	脱蜡时间过短，脱蜡不干净	延长脱蜡时间或将切片倒退至第一步重新脱蜡或重新切片
细胞核染色不蓝	染色时间不够，分化过度，甲醛固定时间过长，组织酸化	更换新染液，延长染色时间，减少分色时间，延长固定后组织的水洗时间
切片中出现气泡	展片、封片动作过大	无法补救，操作时应注意避免
切片中出现水珠	切片脱水不干净，脱水时间短，透明二甲苯中含水	延长脱水时间，更换二甲苯，用纱布包裹无水硫酸铜放入二甲苯缸内吸去水分
切片组织结构染色模糊、不清晰	组织固定液不当，固定时间不足或固定不及时，组织自溶、腐败	无法补救，重新取材

第四节　特殊染色方法

有些细胞、组织因常规染色（H-E）方法不能满足研究的需要，需要专门对某一部位、某结构进行染色，以便更好地观察、研究，根据特殊的目的建立的一些染色方法，称为特殊染色方法。

一、瑞特染色法

瑞特（Wright）染色粉溶于甲醇后发生离解，分为酸性染料和碱性染料。酸性染料可和带正电荷的物质结合形成红色（嗜酸性物质），如嗜酸性颗粒；碱性染料可和带负电荷的物质相结合形成蓝色（嗜碱性物质），如嗜碱性颗粒；中性粒细胞等蛋白质在弱酸性时呈等电状态，就起着像缓冲盐样的作用，既能和酸性染料结合，又能和碱性染料结合，形成红蓝相混的紫红色（中性颗粒）。经瑞特染色法染色后细胞核呈紫红色，核仁呈淡蓝色或近似细胞质的颜色，细胞质呈灰蓝色、紫蓝色或多色性。

瑞特染色法操作简单，所染细胞结构清晰，特别对细胞质及其中的颗粒显示较好，但对核染色质及核膜结构的显示不如巴氏染色效果好。而且该方法不需要乙醇固定，细胞收缩较少，其染色后细胞的体积是相同细胞经 H-E 染色后的 1.5 倍，特别适合于血细胞涂片染色，也可作为胸腹水涂片和尿涂片染色；穿刺细胞怀疑淋巴瘤时，也可以用该染色法做鉴别诊断，但对于较厚的痰和宫颈涂片染色效果不佳。

甲醇是瑞特染色粉的良好溶剂，也是良好的固定剂，脱水力强。它可将细胞固定在一定的形态，使蛋白质被沉淀为粒状、网状等结构，增加细胞表面积，提高对染料的吸附作用，增强染色效果。

二、巴氏染色法

巴氏染色法是脱落细胞染色中最好的染色方法。细胞核内的染色质主要是脱氧核糖核酸（DNA），DNA 的双螺旋结构中，两条链上的磷酸基向外，带负电荷，呈酸性，很容易与带正电荷的苏木精碱性染料以离子或氢键结合而被染色。苏木精在碱性溶液中呈蓝色，所以细胞核被染成蓝色。苏木精染色之后，用水洗去未结合在细胞上的染液，细胞核中结合过多的染料和细胞质中吸附的染料用分化液（1%盐酸乙醇）脱去，保证细胞核和细胞质染色分明。酸能破坏苏木精的醌型结构，使色素与组织解离，分化之后苏木精在酸性条件下处于红色离子状态，在碱性条件下处于蓝色离子状态，而呈蓝色，所以分化之后用水洗去酸而中止分化，再用弱碱性水使苏木精染上的细胞核呈蓝色，称为蓝化作用，一般多用自来水浸洗即可变蓝，也可用温水（50℃最佳）浸洗变蓝。伊红、亮绿、橘黄等属于酸性染料，在溶液中其发色团是负离子部分，发色团可与蛋白质中带正电的氨基结合，从而使细胞质显蓝色、绿色、橘黄色或红色。由于蛋白质所带正负电荷的多少是随溶液的 pH 而改变的，在偏碱环境中，蛋白质的羧基游离增多，带负电；在偏酸环境中蛋白质氨基游离增多，带正电。磷钨酸在染色过程中，不但作为媒染剂可增加染料的着色力，同时磷钨酸与碳酸锂还是一对弱酸弱碱缓冲剂，可中和分化和蓝化过程中留下的少量酸或碱，保证染色达到理想效果，其适用于上皮细胞及间皮组织的标本染色，是阴道涂片、宫颈涂片、痰涂片检查中最常用的染色方法，该染色法显示细胞核结构清晰、分色明显、透明度好，细胞质着色鲜艳。

用巴氏染色法染色后的细胞核呈深蓝色，鳞状上皮底层、中层及表层角化前细胞的细胞质呈绿色，表层不全角化细胞的细胞质呈粉红色，完全角化细胞的细胞质呈橘黄色；细菌呈灰色，滴虫呈淡蓝灰色，黏液呈淡蓝色或粉红色，中性粒细胞和淋巴细胞、吞噬细胞的细胞质均呈蓝色，红细胞呈粉红色，高分化鳞癌细胞可染成粉红色或橘黄色，腺癌细胞质呈灰蓝色。

三、迈-格-吉染色方法

迈-格-吉染料（May-Grunwald-Giemsa，MGG）由曙红亚甲蓝Ⅱ（May-Grunwald）染料和吉姆萨（Giemsa）染料组成。前者又由伊红和亚甲蓝组成，对细胞质着色效果好；而后者对核着色效果好。MGG 染色后细胞核呈紫红色，细胞质和核仁呈蓝紫色，兼有瑞特、吉姆萨两种染色的优点，并且涂片可保存十多年而不褪色。MGG 染色对细胞质、细胞核染色效果均较好，结构清晰，所染细胞也比 H-E 染色的细胞大；同时对细菌、霉菌及胆固醇结晶的显示也很清楚。因此，适用于淋巴造血系统的细胞标本、胸腹水标本、穿刺标本等，尤其对鉴别恶性淋巴瘤的类型更有帮助。

第五章

组织化学技术

组织化学（histochemistry）（简称"组化"）或细胞化学（cytochemistry）是在组织或细胞中原位显示相应物质并研究其化学性质及功能关系的一门技术。借助这一技术不仅能直接观察到组织或细胞的形态结构，还可以了解到该组织或细胞的化学组成，并进行定位和定量分析，达到探索组织或细胞形态、化学组成及功能的综合关系的目的。组织化学技术的特点是不依赖经验染色方法（如常规染色和特殊染色技术），而是必须根据已知的化学或物理反应原理，在组织或细胞中原位进行化学或物理反应，显示出该组织或细胞中的化学成分、性质及变化。在组织化学技术中，能检测的物质有核酸类（核糖核酸、脱氧核糖核酸）、蛋白质类（蛋白质、某些氨基酸或功能基团等）、脂类（脂肪、类脂等）、碳水化合物类（糖原、黏液物质等）、酶类（水解酶、氧化还原酶、合成酶等）、生物胺类（5-羟色胺、组胺等）、无机盐和微量元素类（铁、铜、锌、钴、镁等）。

第一节　蛋白质和氨基酸的组织化学技术

蛋白质是细胞和细胞间质的主要化学成分，可分为简单蛋白质和复合蛋白质两大类。α-氨基酸（amino acid）是构成蛋白质的基本单位。组织化学法在蛋白质研究中并不占重要位置，因为目前蛋白质的显示主要用免疫组织化学方法，但有时仍需用组化法证明某种蛋白质的存在或者检测某种蛋白质的性质。蛋白质的组化显示主要是根据其所含多数氨基酸的酸碱性和所含氨基酸的某种特定基团或特定化学键类型设计的。根据所含多数氨基酸的酸碱性把蛋白质分为碱性蛋白质和酸性蛋白质，前者分子中含有较多的自由氨基，可与酸性染料如伊红等结合而显色；后者含有较多的自由羧基，可与碱性染料如亚甲蓝等结合而着色。氨基酸主要靠肽键相互连接，此外还有氢键、二硫键、盐键、酯键及酰胺键等，故也可通过显示某种特定的基团或化学键来显示不同的氨基酸，从而间接地显示相应的蛋白质，如半胱氨酸的巯基、精氨酸的胍基、色氨酸的吲哚基和胱氨酸的二硫键等。

一、蛋白质的组成及分类

蛋白质是组成细胞的最主要成分，是细胞结构的基础，细胞的各部分都含有蛋白质，细胞的一切功能活动都是在蛋白质的参与下完成的，所以它是生命活动中必不可少的物质。蛋白质是由氨基酸构成的，即由若干氨基酸结合形成的一条或多条折叠、盘曲而有一定空间构型的巨大多肽链分子。蛋白质的结构非常复杂，一般可分为两大类：①单纯蛋白质，其水解后产物主要是 α-氨基酸及其衍生物，如白蛋白；②结合蛋白质，是单纯蛋白质与另一种物质的结合。若结合的物质是糖，则为糖蛋白；若是核酸，则为核蛋白；若是脂类，则为脂蛋白。氨基酸根据其分子中所含羧基及氨基数量，或是否含有其他碱性基团而分为酸性、碱性及中性 3 类：以酸性氨基酸成分为主的蛋白质属于酸性蛋白质；若以碱性氨基酸为主，则属于碱性蛋白质；若以中性氨基酸成分为主，或所含氨基与羧基相平衡，则属中性蛋白质。

组织化学方法鉴定蛋白质主要是鉴定自由氨基和自由羧基，以及通过检查氨基酸的特殊活性基团来鉴定其所含氨基酸的类别，如酪氨酸的酚羟基等。另外，蛋白质是两性电解质，其末端氨基及侧链的 ε-氨基、胍基、咪唑基等碱性基团游离时，蛋白质带正电荷，末端羧基及 γ-羧基游离时则带负电荷。游离度取决于溶液的 pH，在酸性溶液中，羧基的游离度减小，氨基的游离度增大，蛋白质带正电荷，容易与带负电荷的酸性染料结合；若仍与碱性染料结合，说明蛋白质分子内含有更多的羧基，属于酸性蛋白质，如谷氨酸的 γ-羧基。在碱性溶液中，羧基的游离度增大，氨基的游离度减小，致使蛋白质带负电荷；若仍然与酸性染料结合，说明蛋白质分子中除末端氨基外，还含有其他阳离子基团，如 ε-氨基等，属于碱性蛋白质。因此，对组织中蛋白质的鉴定可按以下步骤进行。

（1）在酸性溶液中（pH 4.2 以下），用酸性染料染色后出现阳性结果即表明有蛋白质存在，并进一步用显示氨基或羧基法予以证实。常用的酸性染料有溴酚蓝、坚牢绿、丽春红-2R 及萘酚黄等。

（2）在碱性溶液中（pH 8.0 以上），用酸性染料染色后呈阳性结果者，表明它是碱性蛋白质，可进而分析其所含碱性氨基酸的种类。

若第（2）步呈阴性，则改为酸性溶液中用碱性染料染色。出现阳性结果后，需进一步用 5% 三氯乙酸（trichloroacetic acid，TCA）于 95℃ 处理切片 15min 以除去核酸。然后再用碱性染料重复染色，不受三氯乙酸影响仍出现阳性者，即为酸性蛋白质；而呈阴性反应者，即为含有核酸的核蛋白。常用的碱性染料有亚甲蓝等。

若第（1）步和第（2）步均为阴性，则可能是中性蛋白质，应进一步检查是否含有酪氨酸及色氨酸等氨基酸。

由此可知，用组织化学技术显示蛋白质是利用某些氨基酸的反应，且显示某种蛋白质分子的氨基酸也只是根据氨基酸的某种反应或特有的键来表明它是某类蛋白质。

二、蛋白质和氨基酸的染色方法

1. 二硝基氟苯法（dinitrofluorobenzene，DNFB）检测蛋白质

1）染色原理　二硝基氟苯法是检测蛋白质末端氨基酸较通用的组织化学方法，可供蛋白质的一般染色。它能与赖氨酸、—SH、组氨酸及酪氨酸的 ε-氨基起反应，与—NH_2 及—SH 反应产生很弱的淡黄色，但与组氨酸和酪氨酸反应则无色。

在经 DNFB 处理之前，有选择地封阻—NH_2 及—SH，可致此法对酪氨酸具特异性。可用封阻剂碘乙酰胺封阻—SH，用亚硝酸封阻—NH_2。此外，若用萘醌则可立即将—NH_2 及—SH 全部封阻。

某些还原剂可用于还原已掺入 DNFB 的硝基。常用的是氯化亚锡（$SnCl_2$），也可用氯化亚铬（$CrCl_2$）或连二亚硫酸钠（$Na_2S_2O_4 \cdot 2H_2O$）等。但这些化合物的作用均较弱，而利用氯化亚钛的还原作用则较理想。

重氮化作用时，须将组织切片置冰浴上用亚硝酸钠的酸性溶液处理，以 α-萘醌或 β-萘醌

偶联，但以用 H-酸（1-amino-8-naphthol-3, 6-disulfonic acid，1-氨基-8-萘酚-3, 6-二磺酸）或 S-酸（8-amino-1-naphthol-5-sulfonic acid，氨基萘酚磺酸）较适宜，因为二者均很容易溶于水溶液。

2）染色程序

（1）固定与切片：5%乙酸无水乙醇溶液、Carnoy 液或丙酮固定，石蜡切片、恒温冷冻切片均可。

（2）石蜡切片下行至 70%乙醇，入 DNFB 液，室温 2h。

（3）70%乙醇换洗 3 次以洗除 DNFB。

（4）入 20%连二亚硫酸钠溶液，37℃，10min。

（5）蒸馏水换洗 2 次，每次 3min。

（6）入亚硫酸液，0℃，5min。

（7）酸化蒸馏水换洗 3 次，每次 1min，0℃。

（8）入 H-酸溶液 15min，0～4℃。

（9）流水冲洗 3min。

（10）上行乙醇脱水，二甲苯透明，合成树脂封片。

3）染色结果　　DNFB 阳性反应呈紫红色。

2. 汞-溴酚蓝法检测蛋白质

1）染色原理　　汞-溴酚蓝法是 Mzaia、Brewer 和 Alfert 于 1961 年创立的，染色时蛋白质中的氨基酸首先与汞结合，然后再与染料溴酚蓝结合而显色。蛋白质中的氨基是关键，如果去掉氨基则此反应无法进行，因此该方法是蛋白质的一般鉴定方法，染色后蛋白质和多肽被染成鲜艳的蓝色。

2）染色程序

（1）固定与切片：10%甲醛溶液等各种固定剂均可（避免用锇酸液固定），石蜡切片。

（2）切片按常规脱蜡，经下行乙醇脱水。

（3）用 0.1%汞-溴酚蓝液染色 15min～2h。

0.1%汞-溴酚蓝的配制：升汞 5g 溶于 50ml 蒸馏水中，加温促溶使其饱和（或者将升汞 5g 溶于 50ml 90%乙醇中），再缓慢加入溴酚蓝 0.05g，充分溶解后使用。

（4）0.5%乙酸水溶液换洗 3 次，每次 5min。

（5）直接入叔丁醇（tertiary-butylalcohol）1min。

（6）再置叔丁醇中，3h 或过夜，换液 2 或 3 次。

（7）二甲苯透明，封片。

3）染色结果　　所有蛋白质均被染成蓝色。

3. 坚牢绿法检测碱性蛋白质

1）染色原理　　坚牢绿又称为固绿，是深绿色粉末或带金属光泽的颗粒，能溶于水（溶解度为 4%）和乙醇（溶解度为 9%），显绿色，为酸性染料。坚牢绿是一种染含有浆质的纤维素细胞组织的染色剂，在染细胞和植物组织上应用极广，它和苏木精、番红并列为植物组织学上 3 种最常用的染料。

2）染色程序

（1）10%中性甲醛缓冲液固定 3～6h，石蜡切片。

（2）切片下行入水，流水冲洗 0.5～2h。

（3）新配 5%三氯乙酸盛于染色缸，置沸水浴 15～20min。

（4）用冷 5%三氯乙酸漂洗，再换蒸馏水洗 3 次，每次 5min。

（5）置坚牢绿染液内，室温染色 30min。

坚牢绿染液的配制：1%坚牢绿 10ml，0.005mol/L 磷酸二氢钠（NaH$_2$PO$_4$·H$_2$O）缓冲液（调 pH 8.0～8.1）90ml。

（6）蒸馏水漂洗，滤纸吸干后入 95%乙醇 2～5min。

（7）入无水乙醇 2 次，每次 5min，二甲苯透明，合成树脂封片。

3）染色结果　碱性蛋白质呈蓝绿色。

4. 蛋白质各种活性基团封阻法

（1）脱氨基：切片脱蜡入水后，用新配制的以下溶液室温浸泡 1～12h。

溶液配制：亚硝酸钠 6g，冰醋酸 5ml，蒸馏水 35ml。

（2）甲基化封阻羧基：切片脱蜡入无水乙醇，转入含 1% HCl 的无水甲醇液，25℃下放置 2～3d。

（3）苯甲酰化封阻酚羟基及吲哚基：切片常规脱蜡，入石油醚 3min，晾干或甩干。在 10%苯甲酰氯的无水吡啶溶液内，室温处理 10～16h（福尔马林固定者可止于上限）。经无水乙醇下行入水。

（4）二硝基苯化封阻酚羟基、咪唑基及巯基：切片脱蜡入无水乙醇，转入 1% DNFB 液中，室温处理 16～20h，90%乙醇换洗 3 次，再下行入水。

（5）过甲酸氧化封阻吲哚基：切片入水后用新配制的如下溶液于室温处理 15～60min，再水洗。

溶液配制：甲酸（98%）40ml，30% H$_2$O$_2$ 4ml，浓硫酸 0.5ml。

（6）碘乙酸封阻巯基：入 0.1mol/L 碘乙酸（pH 8.0），于 37℃处理 20h。

第二节　脂类（脂质）的组织化学技术

脂类包括脂肪、类脂和固醇类。脂肪主要储存于脂肪细胞内；在细胞内分布的类脂主要为磷脂，它能与蛋白质结合形成脂蛋白；固醇类包括胆固醇、胆汁酸和维生素 D 原，它们也能与蛋白质结合形成脂蛋白，也可转化为其他固醇类化合物。对脂类的切片，一般均采用冰冻切片或不经固定以恒冷箱切片。

一、锇酸法显示非饱和脂质

1. 操作程序

（1）固定：甲醛-钙液短期固定或不经固定恒温冷冻切片，厚度为 12～15μm。

（2）切片经漂浮水洗后贴片，或不用贴片剂将切片贴于载玻片上水洗，晾干防脱落。

（3）入 1%锇酸水溶液，密封，室温 1h。

（4）切片水洗 5 次，每次 2min。

（5）切片在载玻片上用滤纸吸干。

（6）水溶性封片剂封片；或入二氧六环，换液两次，每次 4min，略摇荡脱水，入四氯化碳透明，换液两次，合成树脂封片。

2. 结果

非饱和脂类呈棕黑色，饱和脂类及胆固醇等无反应。

二、苏丹黑 B 染色法显示脂类

1. 操作程序

（1）固定与切片：取新鲜组织于 0.9%氯化钠水溶液稀释的 5%甲醛溶液（取该液 35ml，加 2%锇酸水溶液 10ml）固定 24h。

（2）流水洗 1d，石蜡切片或冷冻切片。

（3）蒸馏水洗数次。

（4）入 50%乙醇 2～3min。

（5）入 70%乙醇 2～3min。

（6）置苏丹黑染液内 5～10min。

苏丹黑染液：70%乙醇 100ml 中加入苏丹黑 B 0.5g，加温溶解，待冷却后，过滤使用。

（7）50%乙醇换洗 3 次，每次 30～60s。

（8）蒸馏水洗。

（9）用明矾卡红染细胞核，甘油明胶封片。

2. 结果

类脂质及髓磷脂呈黑色，核呈红色。

三、Fischler 脂肪酸染色法

1. 操作程序

（1）将材料固定于 10%甲醛溶液中，冰冻切片厚 10μm。

（2）入乙酸铜饱和水溶液于 37℃浸染 24h。

（3）用蒸馏水充分洗，入 Weigert 苏木精染液 10～20min。

（4）Weigert 硼砂铁氰化钾混合液鉴别。

Weigert 硼砂铁氰化钾混合液的配制：铁氰化钾 2.5g，硼砂 2g，蒸馏水 100ml。

（5）用自来水充分洗涤，然后再用蒸馏水洗，甘油明胶封片。

2. 结果

脂肪酸呈蓝黑色。若再染中性脂肪，则可用蒸馏水洗，苏丹Ⅲ或苏丹Ⅳ复染数分钟，迅速经 70%乙醇冲洗、蒸馏水洗，湿性封片。

四、Daddi 酒精性苏丹Ⅲ法

1. 操作程序

（1）取新鲜组织于 10%甲醛液中固定，冰冻切片。

（2）入 50%乙醇数分钟。

（3）入苏丹Ⅲ染色液中 15～30min（放置 56～60℃温箱中）。

苏丹Ⅲ染色液的配制：苏丹Ⅲ 0.2～0.3g 溶于 100ml 70%乙醇，放置 60℃温箱中 1h，冷后过滤，用时取 20ml 加蒸馏水 2～3ml。

（4）入 50%～70%乙醇洗 3min，蒸馏水洗数次。

（5）Hansen 苏木精染细胞核，蒸馏水洗数次。

（6）纯甘油透明，湿性封片。

2. 结果

脂肪呈深橘黄色，细胞核呈蓝色，胆脂素呈淡红色，脂肪酸不染色。此方法为最常用的脂肪染色法，对各种组织均适用。

五、高氯酸-萘醌（PAN）法显示胆固醇

高氯酸可致胆固醇缩合成胆甾（基）-3,5 二烯（烃）（cholesta-3,5-diene），后者与萘醌（1∶2）反应生成红或蓝色素。这种颜色的差别，可反映胆固醇的物理状态，即蓝色为晶态脂类，红色为其液态。

1. 操作程序

（1）固定与切片：组织块固定于钙-福尔马林液后冰冻切片；或不经固定由恒冷箱切片，再将切片固定于钙-福尔马林液内至少 1 周（最好是 3～4 周），以充分促进胆固醇的氧化作用。

（2）粘贴切片于载玻片上，晾干。

（3）试剂配制。

溶液Ⅰ：95%乙醇 50ml，60%高氯酸 25ml，40%甲醛 2.5ml，蒸馏水 22.5ml。

溶液Ⅱ：萘醌-4-磺酸 10mg，溶液Ⅰ 10ml。

溶液Ⅱ，临用时配制，当日使用。

（4）将溶液Ⅱ滴加在切片上，或用软毛笔轻涂布，加热至 65～70℃，5～10min。随时滴加溶液Ⅱ保持切片湿润，直至组织由红色完全转成蓝色为止。

（5）加 60%高氯酸 2 或 3 滴，盖片，并将溢于盖片周围的高氯酸液用滤纸吸干。

2. 结果

胆固醇及少量紧密相关的类固醇均染成深蓝色，背底呈淡红色。颜色可稳定地保持数小时。

3. 单独显示游离胆固醇可按以下步骤处理

（1）按本法中 1.（1）和（2）切片并晾干。

（2）切片入 0.5%毛地黄皂苷（digitonin）的 40%乙醇溶液中，室温放置 3h。

（3）切片入丙酮，室温 1h 以抽提胆固醇。

（4）蒸馏水漂洗。

（5）按本法中（4）及（5）两步骤处理（即经萘醌反应液及高氯酸），封片。

（6）结果：游离胆固醇呈蓝色或红色。

六、酸性苏木红法显示磷脂

1. 操作程序

（1）固定与切片：小块组织固定于钙-福尔马林液，室温 6h，冰冻切片；或恒温冷冻切片后，在 4℃钙-福尔马林液固定 1h。

（2）切片粘贴于载玻片上，充分晾干。

（3）切片入重铬酸钾-氯化钙液，室温 18h，或 60℃时 2h。

重铬酸钾-氯化钙液的配制：重铬酸钾 5g，氯化钙 1g，蒸馏水 100ml。

（4）流水冲洗 6h，再换蒸馏水充分洗涤。

（5）酸性苏木红染色，37℃，5h。

酸性苏木红液的配制：0.1%苏木精水溶液 50ml，1%过碘酸钠（$NaIO_4$）水溶液 1ml，加热煮沸，待冷后加冰醋酸 1ml。此液不稳定，须当日配制。

（6）流水充分冲洗，再换蒸馏水漂洗。

（7）在以下分色液内分色（37℃，18h）：硼砂（四硼酸钠，$NaB_4O_7 \cdot 10H_2O$）0.25g，铁氰化钾 0.25g，蒸馏水 100ml。此液在 4℃可保持长久稳定。

（8）蒸馏水换洗 3 或 4 次。

（9）甘油明胶封片；或按常规上行乙醇脱水，二甲苯透明，合成树脂封片。

2. 结果

卵磷脂、神经鞘磷脂及核蛋白均呈深蓝色或黑色，细胞质淡黄色或无色。

3. 附注

（1）若在第（5）步的酸性苏木红染色后，再经常规油红 O 染色，其余仍按各步骤处理，则可同时区分正常与溃变的神经髓鞘，且染成红色的胆固醇酯类与甘油三酯均可与蓝色的卵磷脂、神经鞘磷脂及核蛋白清晰对比，但须用甘油明胶封片。

（2）对照切片的吡啶（pyridine）抽提法：①组织块在稀释的 Bouin 液固定过夜。②组织块浸入 70%乙醇 1h。③50%乙醇换洗 30min。④入吡啶于室温 1h，换吡啶一次再浸 1h，经常摇荡容器。⑤又入吡啶（换液）内 24h，60℃。⑥流水冲洗 2h。⑦再按第（3）步入重铬酸钾-氯化钙液，并按其后各步骤处理。⑧结果是磷脂无色，核仁深染。

第三节　酶组织化学技术

酶（enzyme）是具有催化功能的一种特殊蛋白质，有些酶是单纯蛋白质，仅由氨基酸组成，如一些水解酶；另一些酶是结合蛋白质，在其分子组成中，除氨基酸外，还含有金属离子或其他小分子的有机化合物作为酶的辅基。酶是生物细胞内合成的具有专一性的生物催化剂，生物体的各种机能活动都与酶的活性有密切关系，生物体内的一切新陈代谢都是在酶的催化作用下进行的。酶的种类很多，其结构与功能也有很大差别，当前借组织化学技术所能显示的酶已有 100 多种。

一、酶的分类

1. 水解酶

水解酶是催化水解反应的酶，它们借水的有或无以催化水解底物的反应，如磷酸酶、酯酶、肽酶等。

2. 氧化还原酶

氧化还原酶是催化氧化-还原反应的酶类，包括脱氢酶、氧化酶、过氧化物酶和单氧酶。其中，脱氢酶催化底物脱氢，如琥珀酸脱氢酶；氧化酶是直接或间接借氧催化接受电子的酶，如细胞色素氧化酶。

3. 转化酶

转化酶是催化功能基团转移形成另一新化合物的酶。

4. 连接酶

连接酶又称为合成酶，借两个其他分子共同结合催化形成新分子。

5. 裂解酶

裂解酶是促进一种化合物分解成两种化合物，或由两种化合物合成一种化合物的酶类，可以从其底物除去基团并遗留双键。

6. 异构酶

异构酶催化同分异构体的相互转化。

二、酶的组织化学反应法

1. 偶氮染料法

酶的活性使一部分萘酚释放，以"同时"（"同时偶联"）或"稍后"（"后孵育偶联"）与某重氮盐结合。重氮盐是原发性芳香族胺与亚硝酸的反应产物经重氮化作用过程所形成的。重氮盐与某芳香化合物（如萘酚）形成的反应产物成为不溶性偶氮染料，其显示处即标识出酶的活性所在。

2. 吲哚酚法

酶活性促使吲哚酚底质释放吲哚基并很快被氧化为不溶性靛蓝产物。

3. 金属-金属盐法

金属、金属盐及其化合物都具有颜色，容易发生呈色反应。酶的分解产物和金属一般都可以结合，因此酶的活性可使孵育底物分解，生成的基团与金属离子结合而沉淀，最后使酶的活性所在处形成不溶性的有色盐。

4. 氧化-还原反应法

在氧化-还原反应后，氢被移除出某物质（氧化作用），转移到另一物质（还原作用）。例如，氧化酶的显示是酶的活性催化底物将氨转移到四唑盐，使之还原成为非水溶性蓝紫色色素于该酶活性所在处。

5. 色素形成法

色素形成法是显示酶定位的反应法。

三、影响显示酶的因素

1. 温度

酶促反应有一个最适温度，最适温度可使酶充分显示其活性。动物体组织细胞最适温度一般超过37℃，如果温度达到56℃，酶的活性即遭破坏。

2. pH

pH在酶反应过程中有重要影响，酶活性均需在其最适pH。最适pH可因底物种类、浓度，缓冲液的类型、离子强度、成分的不同而发生改变。最适pH一般均近于中性，但也有例外，如酸性及碱性磷酸酶的显示法。

3. 浓度

某一酶的反应速度要受到酶含量、底物量及反应产物量的影响。

4. 抑制剂

某些物质在不引起酶蛋白变性的情况下，可引起酶活性减弱，抑制酶的活力，甚至消失，这样的物质称为抑制剂。抑制剂可致酶活性降低或消除。常用的抑制剂如酸和固定液等，可对所有酶起作用。

5. 激活剂

凡能提高酶活性的物质都称为激活剂，常用的激活剂有镁、锰、钙等二价阳离子。

四、水解酶的显示

1. 碱性磷酸酶的钙-钴显示法

用磷酸酯作为作用物，因磷酸酯酶能分解磷酸酯，磷酸酯被磷酸酯酶水解后释放出磷酸基，磷酸基与钙盐起作用，形成磷酸钙。因磷酸钙无色，必须变成磷酸钴，再与硫化铵作用，最终形成硫化钴的黑色沉淀物。操作步骤如下。

（1）取 2～3mm 厚的新鲜组织，直接用恒温冷冻切片，切片置入孵育液。也可将新鲜组织（3mm 厚）经中性缓冲甲醛液固定，或用甲醛-钙液于 4℃固定 24h。恒温冷冻切片或一般冰冻切片。

也可进行石蜡包埋，取小块新鲜组织用丙酮于 4℃固定 24h，再在室温换丙酮两次，每次 1h。经二甲苯透明，换液两次，每次 30min。石蜡包埋（或减压石蜡浸埋），切片 5μm。石蜡切片下行入水。

（2）切片水洗后入 37℃孵育液，孵育 1～3h。

孵育液的配制（pH 9.0～9.4；9.2 最佳）：2% β-甘油磷酸钠 10ml，2%巴比妥钠 10ml，2%氯化钙（或硝酸钙）20ml，2%硫酸镁 1ml，蒸馏水 1ml。

（3）蒸馏水洗 1 次，1～2min。

（4）入 2%硝酸钴水溶液 2min。

（5）蒸馏水洗 1min。

（6）入 1%硫化铵水溶液 1min。

（7）流水洗后可复染细胞核，脱水，透明，封片如常。

结果：碱性磷酸酶所在处呈褐色甚至黑色。

2. 酸性磷酸酶的铅沉淀显示法

（1）组织处理：不经固定液的恒温冷冻切片效果最好，也可用中性缓冲甲醛液于 4℃固定 12～18h，做一般冰冻切片，然后将切片用水换洗 3 或 4 次。

（2）切片入 37℃孵育液，孵育 30min（可稍延长）。

孵育液配制（此液可在室温保存数日）如下。

溶液Ⅰ：硝酸铅[Pb(NO$_3$)$_2$] 132mg，0.2mol/L 乙酸铅-乙酸缓冲液（pH 4.7）25ml。

溶液Ⅱ：β-甘油磷酸钠 315mg，蒸馏水 75ml。

将溶液Ⅰ和溶液Ⅱ混合，临用前加热至 37℃。

（3）用水换洗 4 次，每次 1min。

（4）入硫化铵液（用时现配）30s，然后用水换洗 3 次。

硫化铵水溶液的配制：硫化铵（黄色）0.5ml，蒸馏水 100ml。

（5）水洗后以水溶性透明胶封片。

结果：酶反应处呈黑色硫化铅沉淀。

注：①切片若需经合成树脂封片，也可经硫化铵及水洗处理后，即用无水乙醇（不用低浓度乙醇开始上行脱水）急洗数次，再经无水乙醇：二甲苯（1：1），最后经二甲苯透明，用人工合成树脂封片。②对照片可不经过孵育液，其他各步依次进行；也可各步骤依次进行，

在孵育液内加 0.01mol/L 的氟化钠（sodium fluoride）抑制酶的活性。

3. 酸性磷酸酶的重氮盐偶联显示法

（1）组织块冰冻切片。若用石蜡切片可选择下列固定剂：冷丙酮、甲醛甲醇液（即 40% 甲醛 10ml，甲醇 90ml）或甲醛-钙液固定，固定温度为 4℃。

（2）切片脱蜡下行至水；冰冻切片入蒸馏水。

（3）浸入 37℃孵育液孵育 1～4h。

孵育液配制：0.1～0.2mol/L 乙酸盐缓冲溶液（pH 5.0～5.2）10ml，α-萘酚磷酸钠 10mg，坚牢石榴红 GBC（fast garnet GBC）10mg。先将 α-萘酚磷酸钠溶于乙酸盐缓冲液，再加坚牢石榴红 GBC 搅拌，过滤后使用。

（4）蒸馏水速洗。

（5）入 25%甲基绿水溶液复染 3～5min。

（6）切片用滤纸吸干。

（7）经 95%乙醇分色脱水 30s～60min，入无水乙醇 30s～60min。

（8）二甲苯透明，中性树胶封片。若冰冻切片则用甘油明胶封片或 PVP 封片。

结果：酸性磷酸酶呈红色，细胞核呈绿色。

注：对照片用 8.4mg 氟化钠溶于 20ml 蒸馏水，将切片在室温处理 1～2h，结果酸性磷酸酶呈阴性。

五、胆碱酯酶的显示

1. 硫代胆碱法显示胆碱酯酶

1）原理　　应用硫代乙酰胆碱为底物，通过乙酰胆碱酯酶水解产生硫代胆碱，再经过硫酸铜作用生成白色的硫代胆碱铜沉淀，最后经硫化钠作用，将其转变为黑色的硫化铜沉淀。

2）操作程序

（1）实验动物用 4℃ 10%中性甲醛生理盐水溶液灌注，取出组织再固定于 10%中性甲醛生理盐水新液中 4～24h。

（2）用蒸馏水、生理盐水或流水冲洗 4～12h。

（3）冰冻切片厚 20～40μm。将切片收集于盛有无底物的孵育液或 0.1mol/L 乙酸盐缓冲液（pH 5.0）的小培养皿中或直接将切片粘贴于载玻片上。

（4）将切片移入孵育液 5～30min。脑组织一般室温孵育 2h。

孵育液配制：1mol/L 乙酸钠 2.0ml，1mol/L 乙酸 0.5ml，铜-甘氨酸 2.0ml，底物溶液 3.2ml，加蒸馏水至 40ml。

铜-甘氨酸溶液配制：取甘氨酸 0.75mg 溶于 20ml 0.1mol/L 的硫酸铜溶液中。

底物溶液（用前配制）配制方法如下：取碘化乙酰硫代胆碱 40mg，溶于蒸馏水 1.6ml，逐滴加入 1.6% $CuSO_4$ 2.8ml，产生沉淀，离心后的上清液即底物溶液。

（5）将切片移入硫化钠溶液约 1min，镜检染色满意即可。

硫化钠溶液配制：取 3g 硫化钠溶于 100ml 0.2mol/L 的盐酸，pH 6.5～7.0。

（6）切片经蒸馏水冲洗 3 次。

（7）切片在 1%明胶水溶液中贴片，晾干，常规脱水，二甲苯透明，中性树胶或者甘油明胶封片。

3）结果　有胆碱酯酶活性部位显示棕色或棕黑色沉淀。

4）对照片　毒扁豆碱为常用抑制剂，对真伪胆碱酯酶均起抑制作用，常用浓度为 $3×10^{-5}$mol/L。将切片置于加有 $3×10^{-5}$mol/L 毒扁豆碱的无底物孵育液 1h 后，再移入加有 $3×10^{-5}$mol/L 毒扁豆碱的有底物孵育液中，再按上述第（5）～（7）步处理，结果呈阴性。也可将切片置无底物孵育液 1h 后，直接用硫化钠处理，结果亦呈阴性。

毒扁豆碱的配制：将水杨酸毒扁豆碱 12.4mg 溶于蒸馏水 100ml 中，则为 $3×10^{-4}$mol/L 溶液，置于棕色瓶内，保存于冰箱中，使用时用无底物孵育液将其稀释成 $3×10^{-5}$mol/L 毒扁豆碱。

5）注意事项　①此法用于不经固定的新鲜脑组织也可得同样结果。②孵育时的 pH、时间和温度都可能影响最后结果。高活性组织以 pH 5.0 为宜，低活性组织以 pH 6.0 为宜。温度太高酶易失活，太低则孵育时间需要延长，一般室温下进行较宜。③分析纯的 $Na_2S·9H_2O$ 大结晶体极易潮解，所以配前可用制备好的 0.05～0.1mol/L 盐酸迅速洗去 $Na_2S·9H_2O$（取多于 3g 的量）表面的氧化层，用滤纸吸干后迅速称取 3g 配制溶液。

2. Koelle 块染法显示胆碱酯酶

1）操作程序

（1）组织块厚度以不超过 2mm 为宜，用于制作胚胎脑组织连续切片，可获满意效果。固定，水洗同上。

（2）入孵育液，配法同上，但需注意 pH、温度和时间。以大鼠胚胎脑组织为例，取乙酰硫代胆碱为底物时，pH 为 4.9；以丁酰硫代胆碱为底物时，pH 为 4.3。孵育温度为 4℃，时间视组织块大小而定，一般 24～48h，最长可达 2 周。

（3）用 4℃蒸馏水洗 2 次后，在 4℃冰箱过夜。

（4）入硫化钠（配法同上）6～8h。

（5）经自来水快速冲洗后，入 10%甲醛生理盐水溶液（含 5%冰醋酸），在室温过夜。

（6）经脱水、透明、石蜡包埋。切片厚 10～20μm，连续贴片，常规脱蜡、透明、封片。

2）结果　酶活性部位显示棕黑色沉淀。

3）对照片　组织块在进行第（2）步前，先移入加有 $3×10^{-5}$mol/L 毒扁豆碱的无底物孵育液中孵育 1～2h，再移入加有 $3×10^{-5}$mol/L 毒扁豆碱的有底物孵育液中，其 pH、温度及时间与第（2）步的相同，以下按第(3)～(6)步进行。结果呈阴性。

3. Gomori 法显示乙酰胆碱酯酶

1）原理　作用液含硫代乙酰胆碱、硫酸铜和甘氨酸。切片中的酶水解乙酰胆碱，将硫代胆碱释放出来与铜离子结合成不易溶解的白色硫代胆碱铜，再经硫化铵处理，变为硫化铜的棕色沉淀。

2）操作程序

（1）取新鲜组织，冰冻切片厚 10～15μm。

（2）切片入乙酰硫代胆碱作用液，37℃，16～20min。

乙酰硫代胆碱作用液的配制：乙酰硫代胆碱（碘化盐或乙酸盐）0.02g，蒸馏水 1ml，硫酸钠饱和水溶液 170ml，硫酸铜 0.3g，甘氨酸 0.375g，氯化镁 1g，顺丁烯二酸 1.75g，4%氢氧化钠 30ml。

（3）入硫酸钠饱和水溶液洗 2 次，每次 1min。

（4）入 80%、90%乙醇各 2min。

（5）入硫酸钠饱和水溶液 20min。

（6）切片于室温干燥，DPX 封片剂封片。或经脱水、二甲苯透明后用中性树胶封片。

3）结果　乙酰胆碱酯酶活性部位显示棕色沉淀。

4）对照片　步骤同前，但配制孵育液时不加乙酰硫代胆碱。

5）注意事项　由于孵育液配制后只能保持稳定 4h，因此必须现用现配。若孵育液所用时间已超过 4h，需更换新孵育液。掌握孵育液的 pH、时间和温度是本法成功的关键。

六、氧化酶及过氧化物酶

1. Moog 细胞色素氧化酶显示法

1）原理　细胞色素氧化酶可使还原性细胞色素氧化。切片放入含有 α-萘酚和二甲基对苯二胺的作用液中，细胞内的细胞色素氧化酶使其氧化形成蓝色的靛酚颗粒，从而证明酶的活性。

2）操作程序

（1）取新鲜组织块，冰冻切片。

（2）入如下的孵育液中于 37℃孵育 3～5min，室温需 10～60min。

孵育液配制：0.1mol/L 磷酸缓冲液（pH 7.2～7.6）25ml，1% α-萘酚 1～2ml，1%二甲基对苯二胺盐酸盐水溶液 1～2ml。

（3）用 0.85%氯化钠溶液洗。

（4）必要时用钾矾-卡红复染细胞核 30min。

（5）用 5%乙酸钾水溶液封片，盖玻片周围用石蜡封闭，标本不能长期保存。

3）结果　细胞色素氧化酶活性处呈蓝色或紫色。

2. Cjunkin 过氧化物酶显示法

1）原理　过氧化物酶催化的反应中有两种底物，即受氢体和供氢体，前者的代表为过氧化氢，后者的代表为联苯胺系列试剂。细胞内的过氧化物酶氧化联苯胺而呈蓝色或棕色，根据颜色的反应确定酶的含量。

2）操作程序

（1）新鲜小块组织固定于 10%甲醛溶液 8h。

（2）入 70%丙酮 1h，入 100%丙酮 30min。

（3）经二甲苯透明，石蜡包埋，切片厚 5μm。

（4）脱蜡经丙酮至水，入过氧化物酶作用液 5min。

过氧化物酶作用液的配制：联苯胺 10ml，80%甲醇 25ml，3%过氧化氢水溶液 2 滴。用前加 1～2 倍蒸馏水稀释，保存于暗处。

（5）蒸馏水速洗，入 Harris 苏木精 2min，水洗，入伊红染 20s。

（6）脱水、透明、封片。

3）结果　过氧化物酶呈黄色颗粒。

七、Sato 显示骨髓、血液涂片的过氧化物酶法

1. 试剂配制

（1）联苯胺混合液：联苯胺 0.2g，蒸馏水 100ml，0.3%过氧化氢水溶液 2 滴。

（2）0.5%硫酸铜水溶液。

2. 操作程序

（1）涂片固定于 0.5%硫酸铜水溶液 30s。

（2）涂片从 0.5%硫酸铜水溶液取出后，直接入联苯胺混合液 2min。

（3）蒸馏水洗。

（4）1%沙黄水溶液复染核 2min。

（5）水洗，封片。

3. 结果

过氧化物酶活性部位呈蓝色的粗颗粒状。

八、琥珀酸脱氢酶

1. 原理

琥珀酸脱氢酶使琥珀酸钠脱氢，氢使亚甲蓝还原，形成无色的亚甲蓝，因此亚甲蓝消失处即琥珀酸脱氢酶的部位。

2. 操作步骤

（1）取新鲜组织冰冻切片。

（2）切片放入如下溶液作用 10～15min。

溶液配制：10%琥珀酸钠 2ml，0.05%亚甲蓝水溶液 2ml，0.1mol/L 磷酸缓冲液（pH 7.6～8.0）10ml。

（3）湿性封片。

3. 结果

蓝色消失处即酶的活性部位。

4. 对照片

对照片中的作用液不加琥珀酸钠。

第四节　多糖组织化学技术

凡化学结构上含有糖分子的物质都称为多糖类。多糖类物质分布很广，其中主要有糖原、黏多糖、糖蛋白和糖脂类。机体的肝、肌肉、消化道、呼吸道、唾液腺的上皮黏液、甲状腺滤泡胶质、软骨基质、垂体嗜碱性细胞、基底膜、纤维蛋白、胶原纤维和中枢神经系统等都含有糖。有较多的方法可以显示多糖类的成分，最常用的是过碘酸-Schiff 反应（periodic acid Schiff reaction，PAS 反应）。

一、过碘酸-Schiff 反应

1. 原理

过碘酸的氧化作用先使糖分子的乙二醇基变为乙二醛基，乙二醛基与 Schiff 试剂反应生

成红色不溶性复合物。

2. 操作程序

（1）组织用 10%甲醛固定，冰冻切片或恒温冷冻切片，必须充分水洗，洗去所有的游离醛。

（2）自来水洗，入 5%过碘酸水溶液 5min。

（3）自来水洗 3min，入 Schiff 试剂染色 20min。

（4）自来水洗 20min。

（5）用苏木精复染 5min。

（6）自来水洗，经 1%盐酸乙醇分化 5s。

（7）无水乙醇脱水，二甲苯透明，中性树胶封面。

3. 结果

糖原、糖脂和黏蛋白等呈红色，核呈蓝色。

4. 注意事项

注意事项：①为避免多糖类物质溶解，不用水溶性固定剂。对于糖原的固定，则需选用 Carnoy 固定液等。②偏重亚硫酸钠的质量要好，不能使用陈旧无硫的、有刺激性气味的药品。③用 Schiff 试剂染色后，不可用自来水冲洗过久，防止返红，应注意切片变红适中后立即封片。

二、阿尔辛蓝-PAS 法

阿尔辛蓝-PAS 法利用阿尔辛蓝和 PAS 反应共同染色，显示中性和酸性黏多糖，效果较好。

1. 作用原理

PAS 反应的作用原理如前所述。阿尔辛蓝作用于酸性黏多糖的原理目前不是很清楚，可能的机制是：阿尔辛蓝是一种水溶性氰化亚钛铜盐，它能与组织内含有的羧基和硫酸根等阴离子基团形成不溶性复合物，即阿尔辛蓝染料分子中带正电荷的部位与酸性黏多糖中带负电荷的酸性基团结合而呈蓝色。

2. 染色方法

（1）组织切片，脱蜡至水。

（2）蒸馏水浸洗 1min。

（3）入 3%乙酸液中 3min。

（4）入阿尔辛蓝液中 30min 或更长。

（5）入 3%乙酸液 3min。

（6）蒸馏水冲洗多次。

（7）入过碘酸氧化 10min。

（8）自来水冲洗，蒸馏水浸洗 2 次。

（9）在 Schiff 试剂中染色 10～20min（根据室温可适当延长或缩短时间）。

（10）流水冲洗 2～5min，蒸馏水洗片刻（不宜在水中停留过长时间，以免颜色过深）。

（11）可用 Harris 苏木精染液染核。

（12）0.5%盐酸乙醇分化数秒。

（13）蒸馏水洗多次。

（14）95%及无水乙醇脱水，二甲苯透明，中性树胶封固。

3. 结果

中性黏多糖呈红色，酸性黏多糖呈蓝色，中性和酸性黏多糖的混合物呈紫红色。

第五节 核酸组织化学技术

核酸（nucleic acid）是生物遗传的物质基础，是生命重要的生物大分子，包括两类，即核糖核酸（ribonucleic acid，RNA）和脱氧核糖核酸（deoxyribonucleic acid，DNA）。RNA 分布于核仁和胞质的核糖体内，DNA 主要分布于核内的染色质或染色体。显示核酸的组织化学方法有多种，本节介绍较常用的几种方法。

一、Feulgen 反应显示脱氧核糖核酸

1. 原理

DNA 可在酸性条件下水解，嘌呤-脱氧核糖之间的糖苷键断开，形成醛基（—CHO），再用显示醛基的特异性试剂 Schiff 试剂处理，形成光镜下所见的细胞核内紫红色反应产物。DNA 经稀盐酸处理而水解，除可破坏脱氧核糖与嘌呤碱外，还可水解嘧啶碱。酸水解核酸的程度与水解时间长短有关，随着水解时间的延长，嘌呤碱基增多，形成的醛基也随之增多，Feulgen 反应加强。如果水解时间过长，DNA 将完全水解，反而使 Feulgen 反应减弱。DNA 水解时间因组织种类和固定液不同而异，需通过预实验找到合适的水解温度和时间。

Schiff 试剂是显示醛基的特异试剂，其反应原理为：碱性品红呈紫红色，经亚硫酸处理后变为无色 Schiff 液，Schiff 液遇到醛基时，则被还原形成原有的颜色，即紫红色。碱性品红结构中的醌基是其中具有紫红色的核心结构，经亚硫酸处理后，醌基两端的双键打开，形成无色品红-硫酸复合物，即 Schiff 试剂。Schiff 试剂在不同的 pH 条件下可显示不同的物质，如 Schiff 试剂在 pH 3.0～4.3 时，对 Feulgen 反应效果好，而 pH 2.4 时，对 PAS 反应效果好。

2. 操作步骤

（1）取 2～3mm 厚的组织块，固定于 Carnoy 液或 10%甲醛液等均可。

（2）石蜡切片，脱蜡至水。

（3）入 60℃ 1mol/L 盐酸 8～10min 水解。

（4）蒸馏水洗。

（5）入 Schiff 试剂中反应 30min～1h。

（6）切片用亚硫酸水洗 3 次，每次 1min，洗去多余的染液。

亚硫酸液的配制：取 10% $Na_2S_2O_5$ 5ml 加 1mol/L 盐酸 5ml 及蒸馏水 100ml，用前混合。

（7）自来水冲洗，冲洗前切片呈淡红色，冲洗后颜色可以加深。

（8）用 1%亮绿（light green）水溶液复染细胞质 1min。

（9）脱水、透明、树胶封片。

3. 结果

DNA 呈紫红色，细胞质呈淡绿色。

二、甲基绿-派洛宁显示脱氧核糖核酸和核糖核酸

1. 原理

甲基绿和派洛宁两种染料同时存在于染液中与核酸结合时会出现竞争作用。由于甲基绿

与 DNA 亲和力大，易与聚合程度高的 DNA 结合显示蓝绿色，而派洛宁则与聚合程度较低的 RNA 结合显示红色。通常，甲基绿-派洛宁染色后细胞核内的 DNA 显示为蓝绿色，细胞质内的 RNA 显示为紫红色。但在某些情况下，少部分细胞核中的 DNA 有可能染为紫红色，这可能与细胞状态不同有关。

由于空间构型不完整的 DNA 也可能与派洛宁结合显示红色，因此用该法显示 RNA 的存在并不具有专一性，需要做对照试验。通常利用专一性的 RNA 酶降解 RNA，若派洛宁染色强度降低或消失，则证明被染成红色的核酸是 RNA。

甲基绿-派洛宁染色法的染色深浅与操作和试剂有关。除了染色时间、水洗等操作必须严格外，还要选择合适的试剂。由于甲基绿生产厂家不同，甚至批号不同，染色效果也会有较大差别。商品甲基绿常混有结晶紫，会影响染色效果。甲基绿溶于水，不溶于氯仿（三氯甲烷），而结晶紫溶于氯仿。利用该特性可用氯仿洗脱结晶紫，将甲基绿水溶液放入分液漏斗，加入氯仿，用力振摇，然后静置，待溶液分层后弃氯仿。如此反复数次，直到氯仿不呈紫色为止。派洛宁（pyronin）中以派洛宁 Y 最佳，制成溶液后最好也用氯仿清洗。

2. 操作步骤

（1）取样后固定于 10%甲醛或 Carnoy 液，置冰箱 4～6h。

（2）切片脱蜡入水。

（3）将切片放入甲基绿-派洛宁稀释液中染 16～20h，取出切片，用蒸馏水洗 1～2s，或不经水洗用吸水纸吸干。因派洛宁在水中极易褪色，所以必须控制时间。

（4）入100%丙酮内半分钟，取出将丙酮吸干，勿过久，因派洛宁易褪色，更不可用含水的丙酮。

（5）浸入二氧化乙烯或正丁醇中脱水 30～60s，或用丙酮和二甲苯等量混合液脱水 1～2min。

（6）二甲苯透明，树胶封片。

3. 结果

脱氧核糖核酸（DNA）呈绿色或蓝绿色，核糖核酸（RNA）呈红色。

4. 注意事项

注意事项：①避免使用酸性固定液；②某些黏液细胞可被派洛宁着色；③骨组织经酸液脱钙后，影响着色，为了纠正这一缺点，可调整染液比例，增加甲基绿含量，减少派洛宁成分。

三、核酸荧光染色

核酸内源性荧光很弱，不能利用荧光技术直接对核酸进行研究，但可利用核酸荧光探针通过非共价键的方式与 DNA 结合而对细胞核内的核酸进行荧光染色。应用荧光探针对核酸染色已广泛应用于 DNA 的定性和定量研究。根据是否能够穿膜进入活细胞内，DNA 荧光探针分为细胞膜透过性和非透过性两类。细胞膜透过性核酸荧光探针包括吖啶橙（acridine orange，AO）、德国 Hoechst AG 公司合成的 Hoechst 系列探针和 4',6-二脒基-2-苯基吲哚（4',6-diamidino-2-phenylindole，DAPI），非细胞透过性 DNA 探针有溴化乙锭（ethidium bromide，EB）和碘化丙啶（propidium iodide，PI）探针。它们主要是潜入核酸的碱基对之间，通过从核酸到有机分子共振能量转移而使荧光增强。

（一）吖啶橙

1. 原理

吖啶橙作为核酸特异性阴离子荧光染料，是应用最早的核酸荧光探针。它具细胞膜通透性，通过嵌入核酸双链的碱基对之间或与单链核酸的磷酸间静电吸引与 DNA 分子结合，使 DNA 的荧光大大增强，是研究核酸的一种常用的碱基序列非特异的小分子荧光探针。吖啶橙与 DNA 结合后，激发光谱和发射光谱类似于荧光素（fluorescein），其最大激发波长为502nm，最大发射波长为 525nm（绿光）；与 RNA 结合后最大激发波长和最大发射波长分别迁移为460nm（蓝光）和650nm（红光）。所以，当吖啶橙与细胞核或 DNA 病毒包涵体结合时呈绿色荧光；当其与核仁或细胞质内 RNA 或 RNA 病毒包涵体结合时呈橙红色荧光。如果同时进行 DNA 和 RNA 染色时，需用螯合剂乙二胺四乙酸（ethylene diamine tetraacetic acid，EDTA）处理，使双链 RNA 变性，确保所有的 RNA 均为单链，而双链 DNA 不受影响，增加结果的可信性。此外，通过改变吖啶橙工作液的 pH 可区分 DNA 和 RNA 两种核酸产生的荧光。pH 为 6.0 时，DNA 结合染料的聚合加速，而 pH 低于 3.8 时，染料聚合将受到抑制；RNA 则在两种 pH 下均能聚合。利用与核酸结合发出不同颜色荧光的原理，吖啶橙可用于荧光显微镜下区分活细胞和死细胞。直接将少量细胞悬液与 0.01%吖啶橙工作液混合，活细胞的核呈黄绿色荧光，而死细胞的核呈红色荧光，后者为溶酶体酶释放所致。通过发射光中的红光和绿光可分析细胞周期及鉴别是否发生 RNA 的复制（G_0 期的特征），用于细胞周期分析时区分 G_0 和 G_1 期。吖啶橙也常用于对酸性细胞器，如溶酶体等进行非特异性染色；此外，还可用于恶性肿瘤如宫颈癌脱落细胞普查等，非典型增生细胞呈现荧光增强，增生细胞的细胞质呈强荧光，恶性肿瘤细胞呈火焰或橘红色荧光。除了能够结合核酸发出荧光外，吖啶橙与其他组织成分结合后也可以发出不同颜色的荧光，如组织中肥大细胞的颗粒、软骨基质中的酸性黏多糖、嗜碱性和嗜酸性颗粒等发出红色荧光，中性颗粒发出橙红色荧光，血管弹性纤维发出黄色荧光，角蛋白呈绿色荧光，观察时应注意区别。

2. 操作步骤

吖啶橙原位区分组织细胞 DNA 和 RNA 的荧光组织化学染色法的操作步骤如下。

（1）石蜡切片按常规脱蜡处理，冷冻切片直接进行步骤（2）。

（2）1%乙酸液中轻轻洗 6～30s。

（3）蒸馏水洗 2 次，每次 2～3min。

（4）PBS 漂洗 2min。

（5）吖啶橙工作液染色 3～15min。

（6）PBS 漂洗 2 次，每次 3～5min。

（7）0.1mol/L 氯化钙液中分化 30s，若切片厚，分化时间可延长至细胞核界限清晰为止。

（8）用 PBS 彻底漂洗，去除氯化钙。

（9）水溶性封片剂封片，荧光显微镜观察分析。

（二）Hoechst

1. 原理

Hoechst 为无毒、水溶性双苯咪唑类化合物，可作为荧光探针与 DNA 分子结合。Hoechst

在水溶液中性质稳定，其 10mg/ml 的水溶液中可 4℃避光保存至少 6 个月。Hoechst 为非嵌入性荧光染料，在活细胞中 DNA 聚 AT 序列富集区域的小沟处与 DNA 结合，活细胞或固定细胞均可从低浓度溶液中摄取该染料，从而使细胞核着色。Hoechst-DNA 的激发和发射波长分别为 350nm 和 460nm。在荧光显微镜紫外光激发时，Hoechst-DNA 发出明亮蓝色荧光。Hoechst 染料的荧光强度随着溶液 pH 升高而增强。Hoechst 可穿过细胞膜，因此可用于荧光显微镜和流式细胞术分析细胞周期和监测 DNA 凝集，在活细胞和固定的细胞中均适用。由于 Hoechst 能与 DNA 结合，干扰 DNA 复制和细胞分裂，因此有致畸和致癌危险，故使用和废弃时需谨慎。

目前，Hoechst 的衍生物包括 Hoechst 33258、Hoechst 33342 和 Hoechst 34580。其中，Hoechst 33342 和 Hoechst 33258 最常用。Hoechst 33258 对细胞膜的通透性弱于其他 Hoechst 衍生物，如 Hoechst 33342 等，通过制作荧光发射强度对 DNA 含量的标准曲线可用于定量检测。在凋亡细胞中，细胞膜对 Hoechst 33258 的摄取增高，并且由于染色体高度浓缩，Hoechst 33258 与之结合增强，染色呈强蓝色荧光，而正常细胞及非凋亡所致死细胞只呈微弱荧光，由此可检测出凋亡。Hoechst 33342 中额外的乙基使它比 Hoechst 33258 更具亲脂性，对细胞膜的通透性也更强。

2. 操作步骤

（1）细胞悬液或培养单层细胞等标本，乙酸-乙醇或 Carnoy 固定液固定。

（2）0.01mol/L PBS 漂洗 5min。

（3）Hoechst 33258 工作液染色，室温 15min。

（4）0.01mol/L PBS 漂洗 3 次，每次 5min。

（5）用比例为 1∶9 的甘油与 PBS 混合液或水溶性封片剂封片，荧光显微镜观察。

（三）DAPI

1. 原理

DAPI 是一种对 DNA 具有很强亲和力的核酸特异性荧光染料，能与双链 DNA 小沟特别是 AT 碱基结合，也可插入少于 3 个连续 AT 碱基对的 DNA 序列中。其与双链 DNA 结合时，荧光强度增强 20 倍，而与单链 DNA 结合则无荧光增强现象。DAPI 与双链 DNA 结合时，其最大吸收波长为 358nm，最大发射波长为 461nm，发射光为蓝色。虽然 DAPI 也能与 RNA 结合，但产生的荧光强度不及与 DNA 结合的效果，其发射光的波长在 400nm 左右。由于 DAPI 具有膜通透性，可透过正常活细胞产生较弱的蓝色荧光并在细胞固定后荧光增强，而凋亡细胞的膜通透性增加，对 DAPI 摄取能力增强，产生很强的蓝光染色。正常细胞核形态呈圆形，边缘清晰，染色均匀，而凋亡细胞的细胞核边缘不规则，细胞核染色体浓集，着色较重，并伴有细胞核固缩，核小体碎片增加，因此从荧光强度及核形态均可鉴别出细胞发生凋亡的典型特征。此外，DAPI 为紫外光（UV）激发，发射蓝光，因此可与 FITC、GFP 或 Texas Red 等荧光染料合用进行多参数分析。虽然 DAPI 的荧光强度较 Hoechst 低，但荧光稳定性优于 Hoechst；其特异性较溴化乙锭和碘化丙啶高，因此 DAPI 是一种简易、快速、敏感地检测 DNA 的方法，广泛用于流式细胞术、荧光显微镜和微孔板高通量荧光分析。DAPI 也用于检测细胞培养体系中的支原体或病毒 DNA，在有支原体污染的细胞质和细胞表面可见孤立的点状荧光，在感染痘苗病毒的细胞质中存在独特的星状荧光簇，腺病毒感染早期细胞质中也可出现荧光。

2. 染色步骤

（1）培养的单层细胞（未固定）或新鲜组织的冷冻切片等，PBS 漂洗 5min。

（2）DAPI 工作液室温染色 5～20min（可根据实验材料的染色结果而定）。

（3）PBS 漂洗。

（4）水溶性封片剂封片，游离细胞也可直接用含 DAPI 的 PBS 封片。

（5）荧光显微镜观察。

（四）溴化乙锭

1. 原理

溴化乙锭是最常用的嵌入性核酸荧光探针，可结合单链、双链及多链 DNA。与核酸结合后，其荧光增强 20～30 倍，最大激发波长和最大发射波长分别为 520nm 和 610nm，使核酸呈橘红色荧光。活细胞或固定细胞能够从极稀溶液中摄取 EB 染料，DNA 螺旋暂时弯曲，允许 EB 荧光染料嵌入大分子疏水中心的碱基对之间。标本经强酸（0.25mol/L HCl，pH 0.6）水解破坏 RNA 后，可特异地显示 DNA，而标本经 0.1mol/L 盐酸的纯甲醇处理（55℃，3h），使 DNA 甲基化，则可阻止 DNA 染色，此时 EB 仅与 RNA 结合，可特异地显示 RNA。

2. DNA 染色步骤

（1）单层细胞培养标本，用乙酸-乙醇或 Carnoy 固定液固定。

（2）0.25mol/L HCl 处理。

（3）0.01mol/L PBS 漂洗 3 次，每次 3～5min。

（4）将标本置于 EB 工作液中，室温染色 15min。

（5）0.01mol/L PBS 漂洗 3 次，每次 3～5min。

（6）用甘油与 PBS（1∶9）混合液或水溶性封片剂封片，荧光显微镜观察分析。

3. RNA 染色步骤

（1）组织细胞固定同上。

（2）甲基化处理，阻止 DNA 染色：标本置含 0.1mol/L HCl 的纯甲醇中，55℃，3h。

（3）漂洗同 DNA 染色步骤。

（4）标本置于 EB 工作液中室温染色 15min。

（5）漂洗同 DNA 染色步骤。

（6）封片、荧光显微镜观察条件同 DNA 染色步骤。

（五）碘化丙啶

1. 原理

碘化丙啶与溴化乙锭的化学结构相似，均能嵌入核酸的双链，因此能对核酸进行荧光染色。PI 与核酸结合后荧光强度会增强 20～30 倍，PI-DNA 复合物的激发和发射波长分别为 535nm 和 615nm。细胞染色后不必洗涤即可检测，未染色的 PI 不会影响结合 DNA 的 PI。PI 不能穿过完整的活细胞膜，即正常细胞和凋亡细胞在不固定的情况下对 PI 拒染，而坏死细胞由于失去膜的完整性，PI 可进入细胞内与 DNA 结合。因此，可与 Hoechst 联合使用来鉴别坏死、凋亡和活细胞。根据红蓝两种荧光可分辨 3 种细胞：正常活细胞对染料有拒染性，蓝色和红色荧光均较少；凋亡细胞膜通透性改变，主要摄取 Hoechst 染料，表现为强蓝色荧光，弱红色荧光；坏死细胞由于有很强的 PI 嗜染性并可覆盖 Hoechst 染色，故呈弱蓝色强红色荧光。如果对活细胞染色检测细胞周期必须在染色前进行固定，以增加细胞膜对染料的通透性。PI 与 DAPI 和 AO 相似，也可与 RNA 结合。

2. 细胞周期检测的染色步骤

（1）单层细胞培养标本经预冷 70% 乙醇 4℃固定 1h。

（2）0.01mol/L PBS（pH 7.4）冲洗。

（3）自然干燥后加入 PI 工作液（终浓度 50μg/ml）和 RNA 酶（终浓度 50μg/ml）1ml，室温孵育 15min。

（4）冲洗后封片。

3. Hoechst/PI 双染检测凋亡的染色步骤

（1）常规制备单细胞悬液。

（2）加入 Hoechst 33258 溶液，使其终浓度为 1mg/ml，37℃孵育 7min。

（3）冰上冷却，离心弃染液，PBS 重悬。

（4）加入 PI 染液，使其终浓度为 5mg/ml，冰浴。

（5）离心弃染液，PBS 洗 1 次，荧光显微镜下观察。

第六节　凝集素组织化学技术

凝集素（lectin）又称为植物血凝素，是一种无免疫原性蛋白质，分子质量为 11～335kDa，可从植物或动物中提取，具有凝集红细胞的特性。凝集素能特异地与糖蛋白中的糖基反应。糖蛋白广泛分布在细胞衣、细胞表面、细胞内各种亚细胞膜囊的游离面及上皮细胞之间，在生命活动中具有重要功能。由于凝集素能识别糖蛋白与糖多肽中的碳水化合物，且这种结合具有糖基特异性，因此利用凝集素亲和层析已成为近年来分离纯化糖蛋白的重要手段。凝集素具有多价结合能力，能与多种标记物结合，可作为组织化学的特异性探针在光镜或电镜水平显示其结合部位，从而广泛用于糖蛋白的性质、分布及正常细胞更新过程中糖蛋白变化的研究。目前，已发现 100 余种凝集素，但能用于组织化学的仅有 40 种左右，其中大部分来源于植物细胞，少部分来自动物细胞。

一、凝集素的标记物

凝集素可作为组织化学的特异性探针广泛用于光镜的石蜡切片和冷冻切片、电镜树脂包埋超薄切片及冷冻超薄切片等标本的观察。为使结合在细胞膜单糖上的凝集素呈现可视性，通常采用荧光素、辣根过氧化物酶、铁蛋白、胶体金、生物素等对其进行标记。目前，已有上述标记物标记的商品出售，应用时可直接购买。下面简要介绍异硫氰酸荧光素（fluorescein isothiocyanate，FITC）、辣根过氧化物酶和生物素标记凝集素的组织化学染色步骤。

二、染色步骤

（一）荧光素标记凝集素的组织化学染色步骤

（1）组织切片经脱蜡处理，冷冻切片直接进入下一步；若是 Bouin 液固定的组织，用 70%

乙醇洗 3 次去除组织切片内的黄色后，再用蒸馏水漂洗。

（2）PBS 漂洗（含 1%牛血清清蛋白）2 次，每次 5min。

（3）加入 FITC-凝集素（PBS 适当稀释），置湿盒内孵育，室温 1h。

（4）PBS 漂洗 3 次，每次 5min。

（5）水溶性封片剂封片，荧光显微镜观察。

（6）结果：FITC 标记的凝集素能直接与组织细胞内的糖基结合，从而显示糖基的位置，可用于检测组织细胞中的糖成分，阳性部位呈绿色荧光。

（7）注意事项：①固定液以 Bouin 固定液为佳，也可用 70%乙醇固定。②与其他组织化学方法一样，染色过程中，应始终保持一定湿度，使切片保持湿润状态。③需经预实验确定 FITC-凝集素的最佳工作浓度。④凝集素的活性部位需重金属离子维持，故可用三乙醇胺缓冲盐水溶液（TBS）作为缓冲液，加微量的金属（$CaCl_2$、$MgCl_2$、$MnCl_2$ 各 1.0mmol/L），可增强凝集素的结合能力。

（二）辣根过氧化物酶标记凝集素的组织化学染色步骤

（1）组织切片脱蜡处理等同前。

（2）流水冲洗 5 min，3% H_2O_2 孵育 10min（阻断内源性过氧化物酶，避免假阳性）。

（3）PBS 漂洗 3 次，每次 5min。

（4）1%牛血清清蛋白孵育，室温 20min，移去多余液体。

（5）加入 PBS 稀释的辣根过氧化物酶-凝集素，置湿盒内孵育，室温 1.5h。

（6）PBS 漂洗 3 次，每次 5min。

（7）呈色 DAB 液[配制：二氨基联苯胺显色液（3, 3-diamino benzidine，DAB）5mg，pH 7.6 Tris-HCl 10ml，3% H_2O_2 40μl]室温避光反应 10～15min。

（8）蒸馏水洗 5min，流水短暂冲洗后，常规乙醇脱水，二甲苯透明，封片。

（9）光镜观察，阳性反应部位呈棕褐色。

（10）注意事项：①为防止染色过程中切片脱落，载玻片可用铬矾/明胶或赖氨酸等粘片剂处理。②脱水时与普通石蜡切片不同，70%乙醇时间不宜太长，以免阳性反应褪色。③辣根过氧化物酶-凝集素的最佳工作浓度亦需经预实验确定。④H_2O_2 对碳水化合物有一定影响，可能改变凝集素的结合情况，但影响不显著。

（三）生物素标记凝集素的组织化学染色步骤

生物素（biotin）与亲和素（avidin）具有非常高的亲和性，1 分子亲和素可与 4 分子生物素结合，故可利用这一特点，先将生物素与辣根过氧化物酶结合，再制备辣根过氧化物酶标记的生物素-亲和素复合物（avidin-biotin-peroxide complex，ABC），该复合物可含数个辣根过氧化物酶分子。又因复合物中的亲和素未被饱和，除与辣根过氧化物酶-生物素结合外，尚有一定的位点可与其他生物素结合。因此，实验中可通过生化反应将凝集素结合在另外的生物素上，当标记生物素的凝集素与组织细胞膜的单糖结合后，再用 ABC 复合物中亲和素与该生物素结合，在糖基的位置可形成一个较大的复合物，以增加检测的敏感性。其染色步骤如下。

（1）切片脱蜡处理同前。

（2）小鼠肝粉（10μg/ml，PBS 配制）或生物素阻断剂孵育切片，室温 10min，抑制组织中内源性生物素。

（3）3% H_2O_2 孵育 10min（阻断内源性过氧化物酶，避免假阳性），PBS 漂洗 2 次，每次 5min。

（4）用适当稀释度的生物素标记凝集素室温孵育切片 45min。

（5）PBS 漂洗 2 次，每次 5min。

（6）ABC 液孵育切片，室温 30min，用前配制，可按试剂盒说明书操作，将 20μl 亲和素加 20μl 辣根过氧化物酶（HRP）标记的生物素，溶解在 1.0ml PBS 中。

（7）PBS 漂洗 2 次，每次 5min。

（8）呈色：DAB 液暗处 10～15min，室温。

（9）流水冲洗 5min，必要时，可用苏木精复染，光镜观察、记录。

（10）结果：阳性部位呈黄棕色。

第七节　生物胺荧光组织化学技术

生物胺类物质包括去甲肾上腺素、肾上腺素、多巴胺、5-羟色胺、组胺（histamine，HA）等，在组织内的含量甚微，需用高敏感性的技术方法才能在细胞水平显示。生物胺与一些醛类物质在一定条件下通过环化或缩合反应所产生的缩合物具有强荧光，称为诱发荧光。生物胺荧光组织化学是在诱发荧光的基础上建立的一种特异性强、敏感性高的技术方法，广泛应用于神经递质、神经内分泌及神经生物学等研究。常用醛类诱发生物胺荧光的方法有 Falck-Hillarp 甲醛诱发荧光法、乙醛酸诱发生物单胺荧光法及邻苯二醛显示组胺荧光法。

一、Falck-Hillarp 甲醛诱发荧光法

该法主要用于显示儿茶酚胺（catecholamine，CA），如去甲肾上腺素、多巴胺、5-羟色胺等。

1. 原理

甲醛与儿茶酚胺等生物胺冷冻干燥后，先经过闭环作用，再经脱氧反应，形成 3,4-二氢异喹啉，在适当 pH 下，后者成为互变异构醌型结构而产生强荧光，其最大激发波长和最大发射波长分别为 410nm 和 480nm。

2. 组织标本制备

（1）铺片：对于富含交感神经支配的去甲肾上腺素能纤维的虹膜、肠系膜和皮下结缔组织等可以制备铺片。以虹膜为例，其铺片过程如下：取出眼球，在立体显微镜下尽量去除周围结缔组织，用虹膜剪沿眼球前部环形剪开，剔除晶状体，将角膜向下置于清洁的载玻片上，再用眼科镊将虹膜从睫状体撕下，将其在清洁的载玻片上铺展成虹膜原本的形状，用滤纸将周边液体吸干后，置于含五氧化二磷（P_2O_5）的真空干燥器内过夜。其他组织也可采用同样方法制作铺片。

（2）脑组织涂片：将小块脑组织置于清洁载玻片上，用另外的载玻片呈锐角推过该脑组织，制作均匀的脑涂片，方法类似于制作细胞涂片，干燥同前。脑涂片的组织结构虽较紊乱，但可通过荧光膨体测量儿茶酚胺含量，作为药理学干预或损伤的一种快速普查法。

（3）冷冻干燥法：取脑组织（1.0cm×0.5cm×0.5cm）置于 OCT 包埋剂内（可按切片需要调整组织块方向），用液氮速冻，然后进行冷冻干燥，组织块也可在液氮中保存。已干燥的

组织块置 P_2O_5 的干燥器内再继续干燥数天。

3. 甲醛蒸气处理

将已干燥的组织标本与含 5g 多聚甲醛的小器皿一同置入 80℃ 的烘箱内 1～3h，肾上腺素的反应较慢，需 3h 左右，而后移至暗处，逐渐恢复至室温（一般为 25℃）后，水溶性封片剂封片，荧光显微镜观察。

4. 结果

儿茶酚胺中多巴胺、去甲肾上腺素神经元为黄绿色荧光，轴突前末梢较细胞体和膨体更易显示；5-羟色胺神经元为黄色荧光。

5. 注意事项

（1）多聚甲醛试剂含水量的多少对结果影响较明显，含水量太少，所诱发的荧光弱，则显示含单胺结构少，而含水量多时，荧光物质会发生弥散。所以，实验前最好先将多聚甲醛经含水量恒定处理，即将一定量（如 50g）的多聚甲醛加入适当大小的培养皿内与 500ml 硫酸（相对湿度为 70% 左右）共同置于干燥器中，盖好干燥器盖，室温下放置 7～10d。

（2）如显示 5-羟色胺神经元，最好用单胺氧化酶抑制剂（如 paragyline）预处理，再经 5-羟色胺前体孵育，将有利于 5-羟色胺神经元的显示。

（3）冷冻干燥甲醛诱发荧光法处理的中枢神经组织蜡块的荧光可保存 3～6 个月，而脱蜡后标本内特异性荧光在数天内即明显减退且背景荧光增强，因此标本要立即观察和拍照记录。

二、乙醛酸诱发生物单胺荧光法

1. 原理

乙醛酸与儿茶酚胺、去甲肾上腺素、多巴胺及 5-羟色胺等生物胺的化学反应也是先经闭环，再经脱氢，与儿茶酚胺形成异喹啉类荧光产物或与 5-羟色胺形成咔啉类荧光产物。

2. 染色步骤

（1）取材：铺片或冷冻切片，经电吹风凉风吹干，数秒至数分钟。

（2）浸染：将组织标本反复浸入乙醛酸反应液 3 次，每次数秒至数分钟，室温。

（3）凉风吹干，15～20min，此时标本表面呈磨砂玻璃状。

（4）将标本置于预先升温至 95℃ 的烘箱内处理 3～5min。

（5）水溶性封片剂封片，荧光显微镜观察。

3. 结果

激发波长为 410nm，发射波长为 480～520nm 时，儿茶酚胺呈绿黄色荧光，而 5-羟色胺呈橘黄色荧光。

三、邻苯二醛显示组胺荧光法

组胺是一种血管活性物质和致痛物质，存在于外周肥大细胞、嗜碱性粒细胞、胃黏膜一些上皮细胞的颗粒中及中枢神经系统的一些神经元突触小泡内。用邻苯二醛的乙基苯液或其蒸气处理组织切片可使 HA 形成具有荧光的产物从而显示出来。

1. 原理

在一定温度和湿度下，组织细胞内的 HA 与邻苯二醛发生聚合反应，形成具有荧光的聚合产物。当 HA 含量高时，聚合产物呈黄色荧光，比较稳定，最大激发波长为 405nm；当 HA 含量低时，呈蓝色荧光，不稳定，褪色较快，最大激发波长为 365nm。

2. 操作步骤

（1）标本制备：新鲜组织冷冻切片 20μm 厚或新鲜薄膜组织铺片，风干后移至含 P_2O_5 的干燥器中继续干燥 4～6h；或经 Carnoy 液固定，行石蜡包埋、切片，脱蜡后风干。

（2）邻苯二醛反应：将 40mg 结晶邻苯二醛加入已预热至 100℃的立式染色缸内，盖好盖，约 15min 后取出染色缸，立即将干燥好的组织切片或铺片移入染色缸内 2～3min；也可在室温下将 1%邻苯二醛的乙基苯液直接滴加在切片或铺片上反应 4min。

（3）湿化：将标本移至湿盒内（但勿与水直接接触）2～4min。

（4）80℃烘箱中作用 5min。

（5）封片、荧光显微镜观察、分析同前。

（6）结果：含组胺较高的细胞，呈黄色荧光；含量较少的细胞，呈蓝色荧光。

3. 注意事项

（1）组胺含量低时，与邻苯二醛缩合反应的荧光团不稳定，荧光易淬灭，需尽快观察记录。

（2）邻苯二醛与胰高血糖素等一些多肽的氨基端组氨酸反应也可形成较强荧光产物。

（3）湿化处理步骤非常关键，需严格控制。

（4）对照试验：省略邻苯二醛液处理步骤，结果应为阴性。

第六章

免疫组织化学技术

免疫组织化学（immunohistochemistry）又称为免疫细胞化学（immunocytochemistry，ICC），是在组织化学的基础上，吸收了免疫学的理论和技术而发展起来的一门重要的方法学。免疫组织化学应用免疫学抗体与抗原能特异性结合的原理，经过组织化学的呈色反应之后，用显微镜、荧光显微镜或电子显微镜观察。因为抗原和抗体的结合是高度特异性的，所以免疫组织化学方法具有灵敏度高和精确性高的特点。根据标记物的不同，免疫组织化学技术可分为免疫荧光组织化学技术、免疫酶组织化学技术、免疫铁蛋白技术、免疫胶体金组织化学技术、亲和免疫组织化学技术、免疫电子显微镜技术等。近些年来，核酸分子原位杂交技术采用生物素、地高辛等非放射性物质标记探针，与免疫组织化学技术密切结合，发展为杂交免疫组织化学技术。免疫组织化学技术的应用范围非常广泛，凡是能作为抗原或半抗原的物质，如核酸、蛋白质、多肽、酶、激素、脂类、多糖及病原体等，都可用免疫组织化学手段检测和研究。

第一节　免疫组织化学技术的原理、分类和发展

一、免疫组织化学技术的基本原理

利用抗原（antigen）与抗体（antibody）间特异性结合的原理，对组织切片或细胞标本中的某些多肽和蛋白质等大分子物质进行原位的定性、定位或定量研究的技术称为免疫组织化学技术。

抗原是能刺激机体产生抗体并能与抗体发生特异性结合的物质，抗体是机体在抗原刺激下产生的一类能与抗原特异性结合的免疫球蛋白（immunoglobulin，Ig）。免疫组织化学技术的基础是抗原与抗体之间的结合具有高度特异性，因此可以使用已知抗体或者抗原检测特异性的抗原或者抗体，但一般多用已知抗体检测特异性的抗原。抗原抗体反应后形成抗原-抗体复合物是不可见的，为了使得反应的结果可见，必须将抗体加以标记并利用标记物与其他物质的反应将阳性的结果放大，继而转换成可见的有色沉淀或通过标记物发出荧光，最后用普通显微镜、电子显微镜或荧光显微镜对反应产物或荧光进行观察。从理论上讲，标记物应具有以下特点：①能与抗体形成比较牢固的共价键结合；②不影响抗体与抗原的结合；③放大效率高；④发光或显色反应要在抗原-抗体结合的原位，并且鲜明，有良好的对比。目前较理想的标记物有荧光素（如异硫氰酸荧光素、四甲基异硫氰酸罗丹明、德克萨斯红等）、酶（如辣根过氧化物酶、碱性磷酸酶）、亲和物质（如生物素、葡萄球菌蛋白 A、凝集素等）、金属颗粒（如胶体金、纳米金）、放射性核素等。

二、免疫组织化学技术的分类

免疫组织化学染色技术的种类很多，根据不同的方法可以将其分为不同类型。

1. 按标记物的类别区分

（1）免疫荧光组织化学技术（immunofluorescence technique）：用荧光素作为标记物标记抗体，在荧光显微镜下观察抗原抗体反应部位。

（2）免疫酶组织化学技术（immunoenzymatic technique）：用酶标记抗体，其中酶又催化底物形成有色沉淀，在显微镜下观察显色产物。

（3）用胶体金作为标记物标记抗体，根据胶体金颗粒呈粉红色或具有高电子密度，在光镜或电镜下观察组织或细胞内的抗原抗体反应产物，称为免疫胶体金组织化学技术（immunogold technique）。

（4）为增加免疫组织化学检测的敏感度，利用某些物质间具有高度亲和力的特点，在免疫组织化学方法中建立有效的抗原信号放大系统，故产生了亲和免疫组织化学技术（affinity immunohistochemical technique）。目前，在生物医学研究中最常用的是亲和免疫组织化学和免疫荧光组织化学技术。

2. 根据标记物是否直接标记在与待检抗原相结合的抗体上区分

（1）直接法：将标记有酶或其他标记物的特异性抗体直接与标本中的相应抗原结合，如果标记物为酶，再与酶的底物作用产生有色产物沉淀，沉积在抗原抗体反应的部位，如果标记物为荧光素，可利用荧光显微镜观察，即可对抗原进行定性、定位甚至定量研究。直接法只需一次孵育即可完成，操作简便。由于在实验过程中只引入一种抗体，故非特异性背景反应低，特异性强。其缺点是，由于一种抗体只能检测一种抗原，因此每一种待检抗原均需制备一种标记抗体，故不利于大批量生产以满足实验的要求；而且由于抗体被标记后，会降低与抗原的结合，因此直接法敏感性较低，对组织或细胞内抗原量少的样品，难以达到检测目的，目前较少用。

（2）间接法：将可以与组织或者细胞中的待检抗原特异性结合的抗体作为第一抗体，不标记，使用与第一抗体种属相同的抗体的 Fc 段（有种属特异性）作为抗原免疫动物，制备抗体，即第二抗体，并标记第二抗体。例如，第一次使用的特异性抗体（一抗）是由家兔产生，则第二次使用的抗体（二抗）用酶标记或其他标记物标记抗兔的免疫球蛋白（常用酶标记羊抗兔 IgG）。实验时，依次以第一抗体和标记的第二抗体处理标本，在抗原存在部位形成抗原-第一抗体-标记的第二抗体复合物，以达到检测该抗原的目的。间接法的优点是因第二抗体的放大作用，敏感性大大增高，而且只要有一种动物的标记二抗，就可用于该种动物的所有特异性抗体，不必标记每一种特异性抗体，故间接法较直接法更常用。

三、免疫组织化学的特点

（一）原位的化学

免疫组织化学与普通化学、分析化学、生物化学等任何化学使用的方法不同，它是在组织细胞成分原始位置上发生化学反应，在细胞膜、细胞质或细胞核，甚至在某一个细胞器上发生抗原抗体反应，有明确的定位，它是一种原位的化学（chemistry in situ）。原位性是免疫组织化学的第一个特点。

（二）呈色反应

它依靠颜色来指示抗体抗原的部位，把抗体标记上呈色物质，带上颜色，使抗体抗原反应由不可见或看不清变成清晰可见。所以，标记抗体是免疫组织化学开始发展的关键，就像在夏夜的天空中有无数的昆虫，但只能看到明亮的萤火虫。反应后切片上的颜色部位，就是抗体的部位，也就是抗原的部位。

（三）形态、代谢、功能三结合

免疫组织化学根据颜色判断结果，是一种形态学，但同时可以表明该化学成分，如酶、激素等的含量多少、分布情况，一定程度上可以说明代谢水平、代谢途径及功能作用。例如，过去病理学家对淋巴细胞只描述为小圆形细胞，现在可以区分 T 细胞、B 细胞及其亚型、活化情况，甚至检测其分泌的细胞因子。所以，免疫组织化学是以形态学为主，形态、代谢、功能相结合的三位一体的科学。

（四）定性可靠、定位准确、定量可能

免疫组织化学是应用抗原抗体反应的方法。由于抗体的特异性（指它只针对某种抗原反应）、敏感性（指抗体有很大的稀释能力，仍可出现结果）、亲和性（指反应的牢固程度）、实用性（指使用保存是否方便等）的不断提高及抗体的种类不断增加，免疫组织化学在组织细胞成分的检测上，基本上达到了定性可靠、定位准确。在定量方面，经图像软件，在计算机内检测积分光密度值达到定量的目的。

（五）跨学科广泛应用

免疫组织化学由微生物免疫学研究起步，其后，标记抗体的工作在该学科有很大发展，可以在体液内、组织细胞内定位检测各种微生物或其抗原。它也可以在传统的组织病理学方法，即固定、包埋、切片染色的基础之上，直接应用于细胞和组织；并能解决病理诊断中的实际问题，所以病理学家使这一技术得到快速的发展。免疫组织化学反过来又使病理形态学具有了代谢及功能的意义，使病理学发生了革命性的变化。由于使用的核心方法是免疫学，许多人在早期称之为免疫病理学，这是一种误解，因为免疫病理学研究的是病理发病学中的免疫问题，而免疫组织化学只是研究免疫病理学的非常重要的方法。同样道理，它在正常组织学中也得到了广泛应用。

鉴于其在研究蛋白质分布、功能及代谢上的作用，免疫组织化学是研究 DNA、RNA 基因表达产物时极其重要的方法，所以免疫组织化学与遗传学、生物化学和分子生物学密切相关，把它归入分子生物学中的一部分，也是可以理解的。总之，免疫组织化学在生命科学各个具体学科中均起重要作用，得到广泛应用，并在各学科之间起着跨学科的桥梁作用。当然，病理学家对它更是情有独钟。

四、免疫组织化学的发展

（一）免疫组织化学方法的进步

免疫组织化学的研究是在 1941 年由微生物学家 Coons 开始的。在这之前，抗体抗原反应是看不见或是看不清的，Coons 经过几年的努力，首次把一种荧光素（异硫氰酸荧光素）

标记在肺炎球菌抗体上，示踪小鼠组织中的肺炎球菌，开始了免疫组织化学的新纪元。但是，此方法操作相当困难，效果也不稳定。经过改进，特别是 1958 年 Riggs 等制备了稳定的异硫氨酸荧光素（fluorescein isothiocyanate，FITC），荧光免疫组织化学经过近 30 多年才充分发展起来。迄今 FITC 仍然是使用得最多、效果最好的荧光素。我国也是从 20 世纪 60 年代开始了荧光免疫组织化学及细胞化学的工作。

1967 年，Nakane 将过氧化物酶作为标记物引进免疫组织化学技术，迄今仍为免疫组织化学病理诊断中最常使用、效果最好、最主要的抗体标记物。Sternberger 发明的不标记抗体的过氧化物酶-抗过氧化物酶（peroxidase antiperoxidase，PAP）法，明显提高了抗体的敏感性。1981 年，美籍华人许世明利用生物素和卵白素之间高度亲和的特点，设计了亲和素-生物素-过氧化物酶复合物法（avidin biotin-peroxidase complex method，ABC 法），敏感性比 PAP 法更高。从 20 世纪 80 年代初期开始，这个方法在国内外免疫组织化学实践上主导了 20 多年。在 ABC 法的基础上，又发展了链霉亲和素-过氧化物酶法（streptavidin-peroxidase method，SP法）、链霉亲和素-生物素-过氧化物酶复合物法（streptavidin-biotin-peroxidase complex method，SABC 法），这些方法的主要特点是用链霉菌卵白素替代了 ABC 法中的卵白素，由于链霉菌卵白素或抗生物素几乎不与组织中的内源性凝集素样物质发生非特异性结合，因而产生低背景、高放大、敏感性高的效果。这些方法均与 ABC 法一样，能与检测组织内的内源性生物素相结合，而产生非特异染色。21 世纪初又发展了酶聚合物法，在右旋糖酐上交联许多过氧化物酶，并连接在第二抗体上，用间接法进行染色，其特异性及敏感性优于过去的方法，如 EnVision、PowerVision 等方法。

Melistain 及 Kohler 于 1976 年发明的单克隆抗体技术对免疫组织化学的发展起到了极大的促进作用。用该方法制备了越来越多的、只与一个抗原决定簇结合的、特异性更强的单克隆抗体。迄今为止，诊断病理学应用的 2/3 以上的抗体都是用这种方法制备的。

为了改善染色效果，加拿大籍华人黄少南首先在染色前用酶消化抗原切片，改进了乙型肝炎表面抗原及核心抗原的显色。继而，1991 年美籍华人石善溶发展了多种加热方法来修复抗原（antigen retrieval），使免疫组织化学染色的成功率明显提高。目前，抗原修复在免疫组织化学诊断技术中，几乎成为不可缺少的常规步骤，因为甲醛对组织的固定可使蛋白质交联，乙醇类的固定可使蛋白质沉淀，这些方法有改变、掩盖抗原的作用，经过抗原修复可使抗原重新暴露。

胶体金是由 Faulk 及 Tayler 于 1971 年引进免疫组织化学的，主要用于垂体瘤的电镜标记或双标记。王保乐简化了纯化胶体金探针的方法，并在双标记及多标记方法上做出了贡献。针对同种动物的抗体定位同种动物组织内抗原时内源性 Ig 的干扰问题，杨守京提出了解决的办法。总之，在免疫组织化学技术发展的历史上，华人做出了非常重要的贡献。

（二）免疫组织化学在我国的发展

关于免疫组织化学及细胞化学的应用方面，我国在 1965 年就有报道，开展得还算较早。改革开放后成立过协作组，免疫组织化学发展很快。2000 年后得到了快速发展并普遍应用于各类医院的病理诊断和生命科学的基础研究中，在发展速度及应用水平上基本和国外同步。

（三）未来免疫组织化学发展展望

1. 新蛋白质不断出现

随着人类、动物及植物的基因图谱的完善，将会发现许多新基因。这些基因会表达更多的新蛋白质，应用这些新蛋白质会制备相应的新抗体。反过来对新基因及其蛋白质的分布、定位、功能及代谢进行深入研究，必然会利用免疫组织化学，而且产生免疫组织化学定位新抗原的新方法、新抗体。这些新方法、新抗体将会促进活体组织病理检查对肿瘤及其他疾病的诊断和鉴别诊断，使免疫组织化学对疾病诊断更加准确，更加普遍。

2. 抗体产生方法不断进步

最近用兔制备单克隆抗体的方法，使得抗体的产生大量增加。用患者及被免疫动物的淋巴细胞建立免疫抗体库，用噬菌体表达抗原筛选，或用天然抗体库筛选，或用半合成抗体库及全合成抗体库筛选人的抗体，能产生大量新抗体。随着分子生物学的发展，将产生更多的标签抗体，它可对基因工程表达的蛋白质进行检测，如谷胱甘肽转移酶（GST）。应用核苷酸的突变，促进抗体成熟，将制备出更多、更特异的抗体。将人免疫球蛋白的基因转入动物，动物可直接产生更多的人抗体。组织芯片的应用，将完整的组织成百上千地集中在一张切片上。用各种肿瘤组织、肿瘤细胞及人体各器官组织的组织芯片，其中还可附有各种对照的组织等，可以大量地应用于抗体筛选，大大地促进抗体的成熟及生产。总之，更多更特异的抗体将会出现，促使免疫组织化学病理诊断更加准确、广泛而深入。

3. 免疫组织化学技术的标准化

随着方法的优化、改进，将对免疫组织化学技术每一个环节提出明确的标准化的要求和措施，对肿瘤等各类疾病应该使用怎样的抗体，应该怎样鉴别，都有进一步的明确要求和标准。各单位内部的质量控制，也在逐步地开展，包括医生与技术人员的明确分工，学习培训，参加国内、国外的质控测试等。全国或地区的质量控制及标准化活动也会更健康地发展起来。

4. 多种抗体构成蛋白质芯片

蛋白质芯片有两种结构，一种是把各种蛋白抗体或探针涂布在固体的支持物上，用荧光法进行分析；另一种是利用毛细管电泳结合质谱分析。蛋白质芯片可以在被检测物中发现多种相应蛋白质，如肿瘤标记以诊断肿瘤，以及与心衰和糖尿病有关的蛋白质等，将为病理学诊断开拓新的领域，使其达到新的水平。

5. 免疫组织化学、组织芯片与基因芯片、蛋白芯片相结合

近年来生物芯片的研制与生产有很大发展，包括组织芯片、基因芯片及蛋白质芯片。免疫组织化学检测与各种芯片的检测相结合，将使免疫组织化学与后基因组学及蛋白质组学相结合，发挥更大的作用。综合这些检查结果的分析，将会了解检测对象的健康背景及遗传特征，对其做前瞻性分析。预测受检测者可能发生的疾病，指导婚配，优生优育等，发展所谓的前瞻性病理学。

第二节　免疫组织化学标本制备

抗原是否准确显示和定位与制备的细胞和组织标本质量的好坏有着密切的联系，因此必须保证要检测的细胞或组织取样新鲜，固定及时，形态保存完好，抗原物质的抗原性不丢失、不扩散、未被破坏。由于各种抗原物质的生化和物理性质不同（如温度高低、酸碱度强弱），以及各种化学试剂的作用均可影响抗原的免疫活性，因此细胞和组织标本的采集和固定在免疫组织化学技术中占有十分重要的地位。

一、取样

原则上与一般的组织学标本取样相同。如果制作石蜡切片，组织块以 1cm×1cm×0.5cm 大小为宜，取样后迅速用生理盐水或 PBS 冲洗、固定。若制作冰冻切片标本，组织块可厚至 3～4cm。冰冻时，组织中水分易形成冰晶，往往影响抗原定位。冰晶少而大时，影响较小，冰晶小而多时，对组织结构损害较大，在含水量较多的组织中上述现象更易发生。因此，标本离体后，可将组织置于 20%～30% 蔗糖溶液中 1～3d（待组织完全下沉），利用高渗吸收组织中的水分，减少组织含水量。也可立即放入固定液中或置液氮或干冰中速冻，组织标本速冻需注意下述问题：①若用液氮速冻，组织块不能直接浸入液氮中，以免组织膨胀而破碎。正确的方法是用锡箔纸按组织块的大小叠一小盒子，将组织块置入其内，加上包埋剂，再置液氮中。②速冻组织包埋剂不能过多或过少，以免影响速冻效果。③冰冻组织置–70℃或–40℃冰箱保存。

二、固定

免疫组织化学标本的固定除了保持组织结构的真实性外，还要最大限度地保存细胞和组织的抗原性，使水溶性抗原转变为非水溶性抗原，防止抗原弥散。用于免疫组织化学标本的固定剂种类较多，性能各异，在固定半稳定性抗原时，应特别重视固定剂的选择。

1. 固定剂

（1）10% 中性甲醛溶液，用 0.01mol/L（pH 7.4）PBS 液配制。其特点为组织穿透性好，收缩性小，对小分子抗原固定效果好。

（2）4% 多聚甲醛，用 0.1mol/L（pH 7.4）PBS 液配制，为最常用的固定剂。

（3）戊二醛-甲醛液是常用的固定剂。

（4）Carnoy 液，适用于蛋白质类抗原物质的固定。

（5）Methacarn 液。

（6）丙酮作为较原始的免疫组织化学的固定剂，其对组织的穿透性和脱水性更强，常用于冰冻切片及细胞涂片的后固定，它对保存抗原性较好。4℃低温保存备用。临用时，只需将涂片或冰冻切片插入冷丙酮内 5～10min，取出后自然干燥即可。

（7）Kanovsky 液（pH 7.3），适合于免疫电镜的前固定。

（8）锇酸固定剂是电镜研究所必需的试剂，常用于后固定。

以上所介绍的是免疫组织化学中常用的固定液。

用于免疫组织化学的固定剂种类很多，在实际工作中对不同的抗原需经过反复试验，选用最佳固定液。就目前而言，尚无一种标准固定液可以用于各种不同的抗原固定，而且同一固定液固定的组织，免疫组化染色标记结果可截然不同。必要时，可进行多种固定液对比，从中选出理想的标准固定液。

2. 固定方法

固定方法包括浸入法（immersion method）和灌注法（irrigation method）。浸入法主要用于活体组织检查和手术标本，以及其他不能进行灌注组织的固定。将组织浸泡在固定液内，固定时间可根据抗原的稳定性及固定液性质而定，一般为 2～12h。灌注法适用于动物实验研究。除上述两种方法外，近年来又报道有两种方法，即改良的冰冻置换法（freeze substitution）

及微波固定（microwave fixation）法。改良的冷冻置换法主要用于石蜡包埋标本，其程序是组织在 20℃丙酮内过夜（固定兼脱水），然后用苯甲酸酯取代组织内丙酮后石蜡包埋。微波固定法近年来备受关注，其主要特点是能保持良好的组织结构和抗原性，适于各种切片的酶组化、ICC 及免疫电镜等材料的固定。一般在微波固定后仍需在固定液内再加强固定。

三、脱水、浸蜡及包埋

用于制作免疫组织化学标本的蜡块制备方法与常规标本制作的方法基本一致，但要求更高，制备蜡块的全过程均应在较低温度下进行。脱水、透明等过程应在 4℃或室温下进行，以尽量减少细胞内抗原的损失。由于降低了温度，因此在脱水、透明过程中时间应适当延长。浸蜡及包埋过程中，石蜡温度应保持在 60℃或 60℃以下。

采用恒温冷冻切片机进行低温冷冻包埋切片是光镜和电镜免疫组织化学研究的常用方法。此法的优点是操作简便，抗原性保存较好，因此新鲜及已固定材料均适合冷冻包埋；缺点是可能形成冰晶而对组织和细胞结构的保存较差。为减少冰晶形成，可将组织置于高渗蔗糖溶液中以减少组织中水分或用干冰或液氮速冻。

四、切片

应用于光镜的免疫组织化学染色的切片厚度一般要求 5μm 左右，神经组织的研究要求切片厚度为 20～100μm，以利于追踪神经纤维的空间形态。

1. 玻片的处理

免疫组织化学染色过程长，特别是 PAP 法、免疫金银染色及双重或多重免疫组织化学染色，所需时间更长，洗的次数更多。组织切片长时间浸泡在试剂内经多次振荡冲洗，有的石蜡切片尚需蛋白酶消化，这些因素极易造成脱片，因此载玻片和盖玻片的清洁处理非常重要。载玻片必须经过清洁液浸泡 12～24h，流水充分漂洗后再用蒸馏水清洗 5 遍以上，再在 95%乙醇内浸泡 2h，用绸布擦干或用红外线烤箱烤干均可，放于玻片盒内备用。盖玻片很薄，以上处理程序必须缩短，清洁液浸泡只需 2h，流水冲洗时注意勿损伤玻片。

切片前，清洁的载玻片上必须涂一层黏附剂，常用的有甘油明胶、铬矾明胶及多聚赖氨酸液等。

2. 石蜡切片

石蜡切片能切连续薄片，具有组织结构清晰、不影响抗体的穿透性、染色均匀一致、抗原定位准确等优点。石蜡切片厚 2～7μm，37℃恒温箱烤片过夜，这样可减少染色中的脱片现象。切片若需长期贮存，可存放于 4℃冰箱内备用。

石蜡切片在制片过程中要经过乙醇、二甲苯等有机溶剂处理，组织内抗原活性失去较多。有人采用冷冻干燥包埋法，此法可以保存组织内可溶性物质，以防止蛋白质变性和酶的失活，从而减少抗原的丢失。此法是将新鲜组织低温速冻，利用冷冻干燥机在真空、低温条件下排除组织内水分，然后用甲醛蒸气固定干燥的组织，最后将组织浸蜡、包埋、切片。此法可用于免疫荧光标记、免疫酶标记及放射自显影。

3. 冰冻切片

冰冻切片的最大优点是能较完整地保存抗原物质的抗原性。组织细胞的某些抗原成分，特别是细胞膜抗原、受体、酶及肽类抗原，在通过石蜡切片处理过程中，可不同程度地遭到破坏或失去抗原性，而冰冻切片能最大限度地保护其抗原。此法快速、方便，阳性结果较石蜡切片更可靠。缺点是在冷冻过程中形态结构可能遭破坏，抗原易弥散。

五、烤片

石蜡切片和不能漂浮染色的切片均需粘贴在载玻片上以便进行后续的染色。烤片的目的是将组织切片牢固地粘在载玻片上，以免染色过程中切片脱落。由于高温干燥可加速组织中抗原的氧化，超过 60℃ 高温烤片可破坏抗原，因此免疫组织化学切片的烤片温度应低于 60℃，时间为 5～6h；抗原较弱的组织应降低烤片温度，可于 37℃ 烤箱内过夜。切片如需长期保存，可置于 4℃ 或室温下。冷冻切片应在室温或 37℃ 烤箱中干燥至少 6h。

六、标本防脱落技术

免疫组织化学染色过程繁多，时间较长，载玻片上的组织切片或盖玻片上的细胞爬片在实验的诸多步骤中易被孵育液或缓冲液冲洗掉，所以防脱片处理尤其重要。为了防止脱片，除了要将载玻片彻底清洗干净，并涂上实验室配制或商品化的组织黏附剂外，还应依据实验实际情况，分析其具体原因，采取针对性措施加以防止。导致脱片的常见原因有：①标本固定不好，或标本脱水、透明、浸蜡不充分；②切片过厚，有皱褶或气泡；③组织硬度较大或富含胶原纤维的组织，有可能使组织与载玻片黏附不牢；④过度抗原热修复处理、酶消化处理或抗原修复液的 pH 偏高；⑤操作过程中冲洗方法不正确等。

七、对照试验

在免疫组织化学染色过程中，影响抗原抗体反应的因素很多，因此即使出现阳性结果，若没有证明它的确是特异性抗原抗体反应所致，那么也无法判断染色结果的可靠性。为了对免疫组织化学染色结果做出正确的判断，必须设立必要的对照以排除假象。常用的对照有阳性对照和阴性对照，后者又包括空白对照、血清替代对照和吸收试验对照等。

1. 阳性对照

对已证实含有靶抗原的组织切片与待测标本进行同样处理，其免疫组织化学染色结果应为阳性。

2. 阴性对照

对不含相应靶抗原的组织标本与待测标本进行同样处理，其结果应为阴性。

（1）空白对照：染色过程中不应用第一抗体或使用磷酸缓冲液（PBS）替代第一抗体，染色结果为阴性。

（2）血清替代对照：采用与第一抗体来源相同的动物免疫前血清替代第一抗体，染色结果应为阴性。

（3）吸收试验对照：用已知过量的特异性抗原与原第一抗体一起孵育，使抗体与抗原充分结合，然后应用这种孵育过的抗体作免疫组织化学染色，其结果应为阴性。

八、抗原修复

甲醛固定等因素所造成的抗原失活一直影响着免疫组化的应用，从 20 世纪 70 年代以来，试图通过克服因固定包埋导致抗原失活的问题：①开发新型抗体以识别甲醛固定后的组织抗原，或提高免疫组化试剂的灵敏度以检测微量的抗原；②改良固定液以取代甲醛；③挽救因甲醛固定而失活的抗原，如酶消化法及近年来发展成熟的抗原修复技术（antigen retrieval, AR）。其中，解决问题的焦点是抗原修复。1975 年，Huang 报道用蛋白酶消化石蜡切片以提高乙型肝炎病毒抗原的免疫组化检测效果。此后，酶消化法、尿素法、酸水解法、去活剂法等便被用于一些抗原的免疫组化检测并收到一定效果。1991 年，石善溶等报道的加热抗原修复技术引起广泛重视，已获得良好效果。

甲醛固定引起的抗原结构改变是可逆性还是不逆性化学反应？如为可逆性，适宜地恢复抗原性的条件又是什么？为寻求这一答案，石善溶（1991）仔细检索了有机化学领域有关甲醛与蛋白质反应的文献，20 世纪 40 年代 Fraenkel-Conrat 等发现甲醛所致蛋白质的交联反应产物的水解过程受某些侧链的限制，但可以在高温或强碱的条件下恢复，这就提供了发明抗原修复的依据。20 世纪 90 年代初，加热煮沸石蜡切片及非加热的氢氧化钠甲醇溶液处理火棉胶包埋颞骨切片的两种抗原修复研究成果相继问世。因其方法简便而增敏效果卓著，迅速在世界范围内受到高度重视并广泛应用，大大促进了形态学的现代化进程。

抗原修复的常用方法有酶消化法和抗原热修复法两种，经大量实验验证，抗原热修复法优于酶消化法。

（一）抗原酶消化修复法

抗原酶消化修复法是最早应用的抗原修复方法，是指通过一些酶消化处理，使抗原表位暴露。1976 年，加拿大籍华人黄少南首先采用膜蛋白酶来消化石蜡切片以提高乙型肝炎病毒的免疫荧光阳性检出率，取得了很好的效果。酶消化作用可以去除覆盖在抗原表位的杂蛋白，更重要的是通过切断蛋白质分子间的交联来暴露抗原表位。为达到预期效果，除了选择合适的蛋白酶外，还应注意酶的工作浓度、pH、最适反应温度和消化时间，具体条件应通过预实验来确定。一般而言，酶消化的时间与标本固定时间的长短成正比，陈旧的固定标本要比新鲜固定的标本消化时间长，温度一般以 37℃ 为宜。需要注意的是，酶消化处理不当，一方面会对组织或细胞造成损害，因为在暴露抗原表位的同时也会对组织细胞的其他成分进行消化，另一方面也容易导致标本脱落。

常用于抗原酶消化修复法的酶有胰蛋白酶和胃蛋白酶。

（1）胰蛋白酶消化修复法主要用于细胞内抗原的修复。使用 0.1%氯化钙液（pH 7.6）制成 0.05%～0.1%的胰蛋白酶液，37℃孵育切片 15～30min（陈旧标本适当延长时间），之后用 PBS 洗涤 3 次，每次 3min。

（2）胃蛋白酶消化修复法主要用于细胞外基质抗原的修复。一般使用 0.4%的胃蛋白酶液，37℃孵育切片 30～180min，之后用 PBS 洗涤 3 次，每次 3min。

（二）抗原热修复法

抗原热修复法是指用微波、高压或水浴等方法加热标本来修复抗原。石善溶在 1991 年将石蜡切片放入经微波炉沸腾的重金属溶液中加热一段时间后，原来无法用免疫组织化学显示的抗原显示出很好的阳性染色，而组织形态结构却保存完好，这一发现奠定了抗原热修复的实验基础。一般认为，加热可打开因甲醛固定所引起的抗原交联，如可削弱或打断由钙离子介导的化学键，从而减弱或消除蛋白质分子的交联，恢复抗原性。

1. 常用抗原热修复方法

热修复的方法很多，常用的有微波抗原热修复、高压抗原热修复和煮沸抗原热修复 3 种方法，其中以微波和煮沸法较稳定。热修复法所用的缓冲液有多种，如 0.01mol/L PBS、0.05mol/L Tris-HCl 缓冲液、0.01mol/L 柠檬酸盐缓冲液等，其中 pH 6.0 的 0.01mol/L 柠檬酸盐缓冲液效果最好。

（1）微波抗原热修复：切片脱蜡到水后，经蒸馏水洗后放入盛有柠檬酸盐缓冲液的容器中，置微波炉内，加热，使溶液达 92～98℃，持续 10～15min。取出容器，室温自然冷却 10～20min（切勿将切片从缓冲液中取出冷却），以使抗原表位能够恢复原有的空间构型。从缓冲液中取出玻片，先用蒸馏水冲洗 2 次，再用 PBS 冲洗 2 次，每次 3min。

（2）高压抗原热修复：切片脱蜡到水后，置金属切片架上。将盛有水的不锈钢高压锅加热至沸腾后，将切片架放入盛有柠檬酸盐缓冲液的小容器内加热后放入高压锅内，加盖压阀，5～6min 后压力锅开始慢慢喷气时，持续 1～2min，再将压力锅离开热源，稍冷后，可在自来水笼头下加速冷却至室温，去阀开盖，从缓冲液中取出玻片，先用蒸馏水冲洗 2 次，冷却后取出切片，再用 PBS 冲洗。

注意：加热时间长短的控制很重要，从组织切片放入缓冲液到高压锅离开火源的总时间控制在 5～8min 为好，时间过长可能会使染色背景加深。缓冲液的量必须保证能够泡到所有切片，用过的柠檬酸盐缓冲液不能反复使用。

（3）煮沸抗原热修复：切片脱蜡到水后，放入盛有柠檬酸盐缓冲液的小容器中，将此容器置于另一个盛有自来水的大容器中，电炉加热至沸腾，待小容器的温度达 92～98℃时，再持续 15～20min，然后离开电炉，室温自然冷却 20～30min，从缓冲液中取出玻片，自然冷却至室温。

2. 抗原热修复法注意事项

在抗原热修复操作过程中，应注意以下问题：①热处理后应注意自然冷却；②防止热处理液完全蒸发；③不要任何抗原的检测都使用热修复法；④同一批抗原热修复的温度和时间要保持一致；⑤如果用常用的缓冲液无法实现抗原修复，或经修复后抗原定位发生改变，可改用一些不常用的缓冲液或加一些螯合剂，如 EDTA、EGTA 等，改善某些抗原的修复。

九、免疫组织化学结果的判断

对免疫组织化学结果的判断应持科学的、实事求是的态度，准确判断阳性和阴性，排除假阳性或假阴性结果。

1. 阳性细胞的染色特征

免疫组织化学的呈色深浅可反映抗原存在的数量，可作为定性、定位和定量的依据。大部分抗原物质定位细胞质，也可定位于细胞核和细胞膜表面。由于细胞内含抗原量的不同，因此阳性细胞的染色强度不一。如果细胞之间染色强度相同，常提示其反应为非特异。

2. 染色失败的原因

（1）包括阳性对照片在内，所染的全部切片均为阴性结果，其原因可能是：①染色未严格按操作步骤进行；②漏加一种抗体，或抗体失效；③底物中所加 H_2O_2 量少或失效。

（2）所有切片均呈弱阳性反应，其原因可能是：①切片在染色过程中抗体过浓或干燥；②缓冲液配制中未加氯化钠或 pH 不准确，洗涤不彻底；③使用已变色的显色底物溶液，或显色反应时间过长；④抗体孵育的时间过长；⑤H_2O_2浓度过高，显色速度过快；⑥黏附剂太厚。

（3）所有切片背景过深，其原因可能是：①未用酶消化处理切片；②切片或黏附剂过厚；③漂洗不够；④底物显色反应时间过长；⑤蛋白质封闭不够或所用血清溶血；⑥使用全血清抗体稀释不够。

（4）阳性对照染色良好，检测的阳性标本呈阴性反应，固定和处理不当是最常见的原因。

第三节　免疫荧光组织化学技术

免疫荧光组织化学技术是用荧光染料作为标记物，先将已知的抗原（或抗体）标记上荧光素，再用此种荧光素标记抗体（或抗原），作为探针检查细胞或组织内的相应抗原（或抗体），细胞或组织中形成的抗原抗体复合物上即含有荧光素。在荧光显微镜下，所发荧光之处即组织或细胞内的抗原或抗体所在的部位。常用的荧光素有异硫氰酸荧光素（fluorescein isothiocyanate，FITC）、四甲基异硫氰酸罗丹明（tetramethyl rhodamine iso-thiocyanate，TRITC）、四乙基罗丹明（tetramethyl rhodamine B200）和丹磺酰氯（dansyl chloride）等，其中最常用的是 FITC 和 TRITC。FITC 为黄色粉末，最大激发波长为 490nm，最大发射波长为 520nm，呈明显的黄绿色荧光，适用于各种抗原或抗体的标记。TRITC 为紫红色粉末，易溶于水，最大激发波长为 580nm，最大发射波长为 610nm，为橙红色荧光，与 FITC 发射的黄绿色荧光对比鲜明，常用于双标记染色。

一、直接法

将荧光素直接标记在特异性第一抗体上，使其直接与组织切片上相应的抗原结合，一次孵育成功，在荧光显微镜下观察抗原的部位（图6-1）。该法简单，需时短，特异性强；但灵敏度较低，且必须分别标记每一种抗体，所需抗体量大。该法现已被间接法代替。

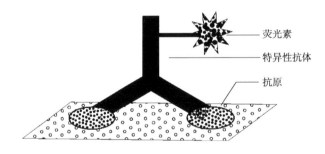

图 6-1　直接法免疫荧光示意图

二、间接法

该法先用第一抗体孵育组织切片，待第一抗体与组织中的抗原结合后，再用荧光素标记的第二抗体孵育，在荧光显微镜下观察结果（图6-2）。间接法较直接法灵敏，经过两次甚至多次反应，标记强度得到放大，而且只需标记一种抗 IgG 抗体即可鉴定多种抗原。此外，还可将荧光素标记到抗生物素蛋白（avidin）上，用 ABC 法的染色程序进行孵育和反应。由于 ABC 法的高敏感性，此法应用得非常广泛。

三、补体法

补体染色法是间接染色法的一种特征形式，主要用于示踪适于补体结合反应的抗原-抗体系统。用特异性抗体和补体的混合液与标本上的抗原反应，补体就结合在抗原复合物上，再用抗补体的荧光抗体与补体结合，从而形成抗原-抗体-补体-抗补体荧光抗体复合物（图 6-3），荧光显微镜下所见阳性荧光即抗原所在部位。

补体法的对照标本可用正常血清替代试验，补体经 56℃ 30min 失活处理后，按补体同样稀释倍数与抗体等量混合，进行补体法染色。

补体法的荧光抗体不受抗体种属特异性的限制，适用于各种不同动物抗体的检测，其敏感性也较一般间接法敏感性高，效价低的免疫血清也可应用，故对立克次氏体、病毒等微小颗粒或浓度较低的抗原物质的检测尤为理想。

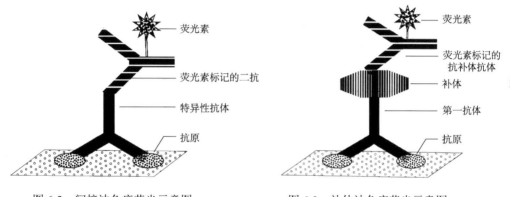

图 6-2　间接法免疫荧光示意图　　　　图 6-3　补体法免疫荧光示意图

四、双重标记法

免疫荧光双重标记法（double immunofluorescence labeled method）是将两种抗体分别用不同的荧光色素加以标记，定位同一细胞内存在的两种不同成分，或者研究含有不同成分的两种细胞在同一区域的定位模式。

免疫荧光双重标记法可用直接法，也可用间接法。直接法的灵敏度较差，但是具有高度的特异性，并且操作简便。方法是将不同的荧光色素标记的两种抗体混合在一起，用磷酸盐缓冲溶液稀释到一定浓度，微量地加到已被固定过的细胞上，在带有相应的两种滤光片的荧光显微镜下观察（图 6-4）。由于直接法的两种抗体与两种抗原的结合都是特异性的，因此两种抗体来源的动物可以相同也可以不同。偶尔由于两种抗体结合部位的竞争，同时显示两种抗原有困难时，可将两种标记抗体分开，分别孵育。至于先后顺序，要经实验摸索而定，以免发生交叉反应而致抗原定位混乱。与直接法相比，间接法更常用，在用间接法进行免疫荧光双重标记时，最好选择来自不同种属的两种特异性抗体，如兔抗 A 抗原的抗体和小鼠抗 B 抗原的抗体，并用两种不同的荧光素分别标记与两种特异性抗体相匹配的间接荧光抗体（二抗），如以 FITC 标记羊抗兔 IgG，以 TRITC 标记羊抗小鼠 IgG。先用两种特异性抗体按适当比例混合后孵育标本，漂洗去除多余的特异性抗体后，再用两种带有不同荧光素的间接荧光抗体混合物孵育切片（图 6-5）。荧光显微镜下选择相应的滤色片观察，发出黄绿色荧光的部位即 A 抗原所在，发出橘红色荧光的部位即 B 抗原所在。

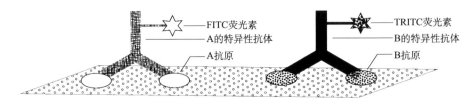

图 6-4　免疫荧光双重标记的直接法示意图

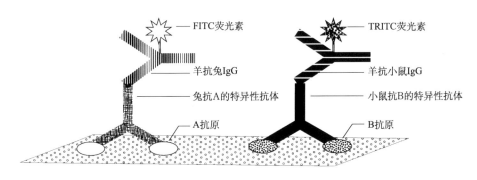

图 6-5　免疫荧光双重标记的间接法示意图

　　在使用免疫荧光双标记法中，尽量选用两种不同来源的特异性抗体，可以避免交叉反应。但是在少数情况下，无法避免两种抗体来源相同时，则要分两次进行，即先用第一种一抗和第一种荧光二抗对 A 抗原进行染色，充分洗涤后，再用第二种一抗与第二种荧光二抗对 B 抗原进行染色。尽管这样操作避免部分交叉反应，但是要完全避免还是比较困难，尤其是当其中一种抗原的反应明显占优势时。在这种情况时，在第一种一抗和荧光标记的二抗反应完后，充分洗涤，然后加上过量的未标记荧光素的相同二抗，使被荧光素标记的第一种二抗结合的 A 抗原与未标记的二抗完全结合，再进行 B 抗原的免疫荧光反应，则可以取得较好的结果。

五、非特异性荧光染色的抑制或消除

　　与靶抗原-抗体反应无关的荧光统称为非特异性荧光。产生非特异性荧光的原因有多种，如①组织细胞成分的自发荧光；②结缔组织、衰老细胞与荧光素的非特异性吸附；③蛋白质中带有过多的负电荷；④抗体不纯所出现的交叉反应或标记用的荧光素质量差等。

　　消除非特异性荧光的方法主要有如下几种。

　　（1）选择特异性强且效价高的荧光二抗，标记后通过层析或透析的方法去除游离的荧光素，也可由试剂公司解决。

　　（2）载玻片、盖玻片应清洁，无自发荧光。

　　（3）使用非免疫血清如 3%牛血清白蛋白先孵育切片，再进行荧光抗体的反应。如条件允许，可采用与二抗同种属的动物血清预先孵育。

　　（4）将抗体高度稀释，并且是相应抗原-抗体反应的适合浓度，如 1∶1000 和 1∶2000 均有免疫阳性，则应采用 1∶2000 的浓度。

　　（5）如用油镜观察标本，必须用无自发荧光的镜油。

第四节　免疫酶组织化学技术

免疫酶组织化学技术是免疫组织化学技术中最常用的方法之一，是在免疫荧光技术的基础上发展起来的。

一、酶标记抗体法（酶标法）

酶标记抗体技术是通过共价键将酶连接在抗体上，制成酶标抗体，再借酶对底物的特异催化作用，生成有色的不溶性产物或具有一定电子密度的颗粒，于光镜或电镜下进行细胞表面及细胞内各种抗原成分的定位。标记抗体常用的酶有辣根过氧化物酶（HRP）、碱性磷酸酶（alkaline phosphatase，AKP）、葡糖氧化酶（glucose oxidase，GO）等，目前多用 HRP 作为标记。酶标法与荧光标记抗体的染色方法相同，也分直接法和间接法，下面以 HRP 为例进行介绍。

1. 直接法

用 HRP 标记在第一抗体上，然后直接与组织细胞内相应的抗原结合，形成 HRP 标记的"抗原-抗体-HRP 复合物"，与酶的底物作用产生有色物质（图6-6）。此法的优点是步骤少、简便省时、特异性高和非特异性染色较轻，缺点是敏感性较差。因其一种标记抗体只能检测一种抗原，所以每种抗体均需与 HRP 偶联，而偶联的过程可降低抗体的效率，因此该法近年已少用。

2. 间接法

HRP 标记的是二抗。反应时，先用未标记的一抗与组织细胞中相应抗原结合，然后用 HRP 标记的二抗与结合在抗原上的一抗反应，经二氨基联苯胺显色液（3, 3-diamino benzidine，DAB）显色，间接地把组织细胞中的抗原显示出来（图 6-7）。这种方法的优点是：只需用 HRP 标记一种抗体（二抗），就可用于多种由同一动物制备的不同种类抗体（一抗）。由于二抗的放大作用，因此间接法比直接法敏感，但特异性不及直接法。虽然间接法比直接法敏感，但与直接法一样，均需采用化学交联剂实现酶对抗体的标记，在酶标过程中，不但可损害部分抗体和酶的活性，降低抗体的效率，而且血清中的非特异性抗体也可被酶标记，它们与组织中相应抗原结合，使非特异性背景染色增加。目前的 ICC 染色中，常用间接法。

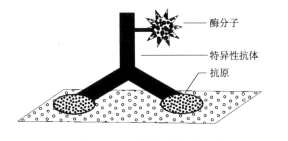

图 6-6　免疫酶直接法示意图

图 6-7　免疫酶间接法示意图

二、非标记抗体酶法

由于酶标抗体存在一些缺点，如酶与抗体间的共价连接可损害部分抗体和酶的活性；抗血清中的非特异性抗体被酶标记后，与组织成分结合，可致背景染色等。非标记抗体酶法是在酶标法的基础上发展而来的，它不是用交联方法制备酶标抗体，而是用免疫方法制备抗酶抗体，并且产生酶抗体的动物必须与制备待测抗原相应抗体的动物是同种族。这样，当这种动物的免疫球蛋白作为抗原免疫另一种动物时得到的抗体（二抗），就能像桥梁一样与检测抗原的抗体（一抗）和抗酶抗体（三抗）连接在一起，酶再与抗酶抗体相结合，通过酶的显色达到对抗原的显示。

1. 酶桥法

该法先用 HRP 制备成为一种高效价的抗酶抗体（第三抗体，抗 HRP 抗体），然后让这种抗 HRP 抗体与游离的 HRP 通过免疫反应而自然结合。在特异性一抗与抗酶抗体之间利用中间抗体（二抗）作"桥梁"，将它们连接起来，再将 HRP 结合在抗酶抗体上。其基本流程是：抗原+抗体→二抗（桥抗体）→抗酶抗体→HRP→DAB+H_2O_2 显色反应（图 6-8）。桥抗体之所以能连接特异性抗体和抗酶抗体，是因为它对特异性抗体的量是过剩的，与特异性抗体结合后还剩有与抗原结合位点，能与抗酶抗体结合，酶通过免疫学原理与抗酶抗体结合。因为该法中一抗、二抗、三抗都没有采用化学交联剂进行酶的标记，所以又称为不标记法或非标记法（unlabelled method）。由于没有一个抗体被标记物所标记，分子质量相对较小，比标记了的抗体容易穿透组织细胞，因此不仅避免了交联过程对酶和抗体活性的不良影响，还由于使用了三抗，具有对抗原的二次放大作用，故它又比间接法敏感。

2. PAP 法

酶桥法的发明是对免疫酶组织化学技术的一项重大改进，而且促成了比它更为敏感的 PAP 法的问世。将抗酶抗体和酶预先制备成可溶性酶复合物，这种复合物用的酶是过氧化物酶，因此被称为过氧化物酶-抗过氧化物酶（PAP）复合物。这种首先制备 PAP 复合物，然后进行免疫酶染色的方法就是 PAP 法。PAP 法与酶桥法的不同之处是将已制备的抗酶抗体（抗 HRP 抗体）预先与 HRP 结合，形成可溶性"HRP-抗-HRP 复合物"，即 PAP 复合物，并以这种复合物代替了酶桥法中的抗 HRP 抗体和随后与之结合的游离 HRP（图 6-9）。这样，既保留了酶桥法中的优点，又简化了操作程序。不仅如此，由于 PAP 复合物主要是由三个 HRP 分子和两个抗 HRP 抗体分子所组成的环形结构，因此能比酶桥法结合更多的 HRP。此外，这种环形结构使 PAP 复合物很稳定，HRP 分子不会因洗涤而脱落，从而使 PAP 法的灵敏度

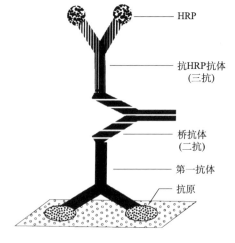

图 6-8　免疫酶酶桥法作用原理示意图

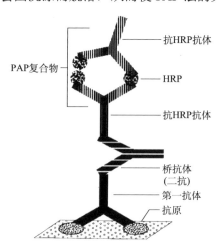

图 6-9　PAP 法作用原理示意图

大为提高，故可用于石蜡包埋切片的染色。此方法的优点是：①可以避免酶标过程中酶和抗体的减弱；②可以避免未标记的和标记的抗体之间由于竞争而产生对位点的干扰；③可以大大提高检测的敏感度。有人认为，PAP 法比免疫酶组织化学技术中的间接法要敏感 5～10 倍，而且染色背景弱。

3. 双 PAP 法

通过双桥结合更多的 PAP，以进一步增强敏感性，此法适用于细胞或组织内微量抗原的检测。重复连接抗体和 PAP 复合物可有两种连接方式：其一，重复连接抗体可与某一个 HPR 抗体上未饱和的 Fc 段结合，再与后加的 PAP 复合物相结合（图 6-10A）；其二，重复连接抗体与特异性抗体（一抗）分子上未饱和的 Fc 段结合，再与后加的 PAP 复合物相结合（图 6-10B）。双 PAP 法比单 PAP 法灵敏 20～50 倍。

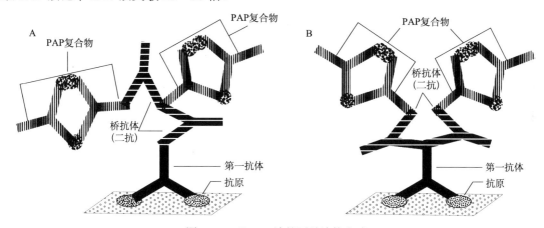

图 6-10　双 PAP 法的两种连接方式

A. 重复连接抗体与 HPR 抗体上未饱和的 Fc 段结合；B. 重复连接抗体与一抗上未饱和的 Fc 段结合

4. 碱性磷酸酶-抗碱性磷酸酶法（APAAP 法）

碱性磷酸酶-抗碱性磷酸酶（alkaline phosphatase-antialkaline phosphatase complex，APAAP）法是 Mason 和 Moir（1983）等在 PAP 法的基础上，用 AKP 替代了 HRP，其基本原理相同，APAAP 复合物是采用与 PAP 复合物类似的方法制备而成，它由两个 AKP 分子和两个抗 AKP 抗体分子结合而成的环形复合物（图 6-11）。在内源性的过氧化物酶较高的组织中，进行免疫组织化学染色时，APAAP 法较 PAP 法具有更多的优势，仅需稍加处理就能消除内源性酶的干扰，在血、骨髓、脱落细胞涂片的免疫细胞化学染色上具有 PAP 法不能替代的优势。

PAP 法和 APAAP 法的关键在于：①PAP 或者 APAAP 复合物中的抗酶抗体必须与特异性抗体为同种动物所产生；②特异性抗体最好使用有效的低浓度；③桥抗体必须过量，以保证桥抗体分子的两个抗原结合部

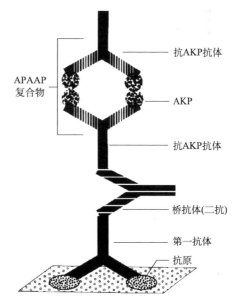

图 6-11　碱性磷酸酶-抗碱性磷酸酶法（APAAP 法）示意图

位，能分别与特异性抗体和抗酶抗体结合。

三、免疫酶双标记法

免疫酶双标记（double immunoenzymatic labeling）法采用两种不同的酶，通过相应的酶组织化学反应形成两种颜色不同的反应沉淀物，从而显示出两种物质在组织或细胞内的定位。在免疫酶双标记法中，通常过氧化物酶是必用的，另一种酶则可以是 AKP、葡糖氧化酶或半乳糖苷酶，以过氧化物酶和 AKP 作为标记物的免疫酶双染色法最为常用。例如，在组织切片上存在 A、B 两种抗原，都用前述的间接抗原定位法进行检测，用于 A 抗原的第二抗体用过氧化物酶标记，用于 B 抗原的第二抗体则用 AKP 标记，两种特异性抗体来源不同时，可以在组织切片上同时完成这两个间接法以节省时间，但是显色的过程必须分开进行，先用过氧化物酶的催化底物 H_2O_2，使 DAB 产生棕褐色反应产物，组织切片经洗涤后，再用 AKP 的催化底物磷酸萘酚孵育，使快蓝（fast blue）产生蓝色反应产物，也可用四唑反应的底物 5-溴-4-氯-3-吲哚磷酸盐（5-bromo-4-chloro-3-indolyl-phosphate，BCIP）或 NBT 孵育，形成相应的不溶性蓝色沉淀。两种不同颜色的反应产物对比鲜明，分别显示出抗原 A 和 B 的定位。也可用 PAP 法与 APAAP 法结合的免疫酶双标记技术。免疫酶双标记技术最好选用来自不同种属的两种特异性抗体，如兔抗 A 抗原的抗体和小鼠抗 B 抗原的抗体，以尽量避免可能出现的交叉反应（图 6-12）。

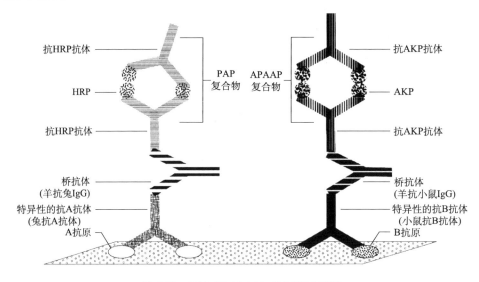

图 6-12　PAP 和 APAAP 双标记示意图

第五节　亲和免疫组织化学技术

利用一种物质对组织中某种成分具有高度亲和力及可标记性的特点而显示组织中相应成分的技术称为亲和组织化学技术。将免疫酶组织化学和亲和组织化学结合，即亲和免疫组织化学。亲和免疫组织化学是一种特殊的免疫酶组织化学技术，它区别于古老的组织化学分解、置换、氧化和还原反应，本质上也不是抗原-抗体反应。该技术结合免疫酶组织化学能在待检抗原部位形成有色沉淀和亲和组织化学能产生有效抗原信号放大的特点，使敏感性大大增加，且其背景清晰，因而成为目前应用最广泛的免疫组织化学方法。

一、亲和免疫组织化学技术的基本原理

相互之间具有高度亲和力的两种物质互称亲和物质对，如生物素（biotin）与亲和素（avidin，又称抗生物素蛋白）、植物凝集素（lectin）与糖类、葡萄球菌 A 蛋白（staphylococcal protein A，SPA）与抗体的 Fc 片段等。亲和免疫组织化学就是利用这些物质对之间的高度亲和特性，将酶、荧光素等标记物与亲和物质连接，从而对抗原进行定位和定量分析。目前，生物素与亲和素是在亲和免疫组织化学中应用最为广泛的亲和物质对。

生物素是一种分子质量为 244kDa 的小分子维生素（维生素 H），是一种含硫杂环单羧酸，通过其羧基与蛋白质的氨基结合，可对抗体进行标记而不影响抗体与抗原结合力。1 分子抗体可结合多达 150 个生物素分子。生物素还可被酶（如过氧化物酶 HRP）标记或称酶生物素化。亲和素是一种分子质量为 68kDa 的碱性糖蛋白，因在鸡蛋清中含量丰富，一般从蛋清中提取，故又称为卵白素。每个亲和素有 4 个与生物素结合的位点，因其能使生物素失活，又称为抗生物素。亲和素和生物素之间有极强的亲和力，比抗体对抗原的亲和力要高出 100 万倍，两者之间呈非共价结合，作用极快，一旦结合很难解离，并且不影响彼此的生物学活性。亲和素除与生物素具有亲和力外，还具有与其他示踪物质（如荧光素、酶、胶体金等）相结合的能力。

由于生物素和亲和素既可结合抗体等大分子物质，又可被多种标记物所标记，现已发展成一个独特的生物素-亲和素系统。1979 年，Guesdon 等首先将该系统用于免疫组织化学技术中，建立了标记亲和素-生物素技术和桥亲和素-生物素技术；1980 年，Hsu 在此基础上，先后建立了生物素-亲和素间接法及亲和素-生物素-过氧化物酶复合物法（avidin biotin-peroxidase complex method，ABC 法）。随着链霉亲和素（streptavidin）的应用，又出现了链霉亲和素-生物素-过氧化物酶复合物法（streptavidin-biotin-peroxidase complex method，SABC 法）和链霉亲和素-过氧化物酶法（streptavidin-peroxidase method，SP 法）等亲和免疫组织化学技术。

二、亲和免疫组织化学技术的基本方法

目前常用的亲和免疫组织化学技术有 ABC 法、SABC 法、SP 法。

（一）亲和素-生物素-过氧化物酶复合物法（ABC 法）

将亲和素和偶联了过氧化物酶的生物素按一定的比例混合形成亲和素-生物素-过氧化物酶复合物（ABC），使每个亲和素分子的 3 个结合位点分别与一个生物素结合，另一个结合位点保留，用于与生物素化的第二抗体结合。染色时，特异性抗体先与标本中的抗原结合，再与生物素化的第二抗体结合；加入 ABC 复合物后，复合物中的亲和素上保留的结合位点便与第二抗体上的生物素结合，最后通过过氧化物酶的组织化学显色反应显示组织或细胞中的抗原（图 6-13）。

在 ABC 反应中，亲和素作为桥连接于生物素偶联的过氧化物酶和生物素化的第二抗体之间，而生物素偶联的过氧化物酶又可作为桥连接于亲和素之间，于是形成了一个含有 3 个以上过氧化物酶分子（大于 PAP 复合物）的网格状复合物，故 ABC 法敏感性比 PAP 法高 20～30 倍。由于其敏感性高，特异性抗体和生物素化抗体均可高度稀释，因此可明显减少非特异性染色。但对于含内源性生物素较高的组织，如肝、肾、白细胞等，在应用 ABC 法染色前，

应先用 0.04% 的亲和素和 0.01% 的生物素溶液分别作用 20min 左右，以消除内源性生物素活性。

（二）链霉亲和素-生物素-过氧化物酶复合物法（SABC 法）

SABC 法是 ABC 法的改良，用链霉亲和素（streptavidin）代替 ABC 法中的亲和素，其他成分与 ABC 法的完全相同。

链霉亲和素是一种从链霉菌培养物中提取的蛋白质，分子质量为 60kDa，不含糖链，与亲和素一样也具有 4 个生物素结合位点，与生物素的亲和力高达 1×10^{15} mol/L，是一种更完美的生物素结合蛋白。

（三）链霉亲和素-过氧化物酶法（SP 法）

SP 法用链霉亲和素直接与过氧化物酶结合，形成链霉亲和素-过氧化物酶复合物（SP）；当生物素化抗体与结合在组织和细胞中抗原上的特异性抗体结合后，该复合物通过链霉亲和素游离的生物素结合位点与生物素化抗体结合，然后经过氧化物酶的组织化学显色反应，检测组织或细胞中的抗原（图 6-14）。由于链霉亲和素不含糖基，可保持中性等电点，不会与组织中的凝集素及内源性生物素结合，也不与组织产生静电结合，因此 SP 法灵敏度更高、特异性更强、非特异性背景染色更少。

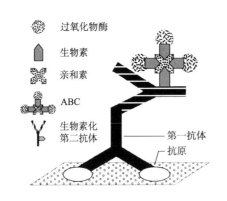

图 6-13　亲和素-生物素-过氧化物酶复合物法（ABC 法）示意图

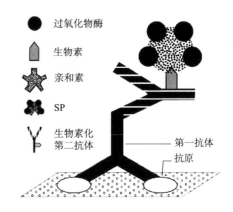

图 6-14　链霉亲和素-过氧化物酶法（SP 法）示意图

上述各种亲和素-生物素系统中除了可用 HRP 作为标记物外，也可用 AP、荧光素等作标记物。用 AP 标记链霉亲和素的亲和免疫组织化学技术称为 SAP 法，用荧光素如 Cy3 标记链霉亲和素的亲和免疫组织化学技术称为 SABC-荧光素法。

三、亲和免疫组织化学技术的操作步骤

在 ABC 法、SABC 法和 SP 法 3 种常用的亲和免疫组织化学技术中，SABC 法与 ABC 法基本相同，SP 法与 SABC 法略有不同。下面介绍 SABC 法的操作步骤，并简单介绍 SP 法的特点。

（一）链霉亲和素-生物素-过氧化物酶复合物法（SABC 法）染色

染色步骤如下。

（1）石蜡切片脱蜡到水，冷冻切片或培养细胞直接进入下一步。

（2）PBS 洗 2 次，每次 5min。

（3）0.3% H_2O_2 的 PBS 或甲醇溶液室温 30min，阻断内源性过氧化物酶活性。

（4）PBS 漂洗 3 次，每次 5min。

（5）含 0.1% Triton X-100 的 PBS 孵育 15min，以增加细胞膜对抗体分子的通透性。

（6）含 3% 牛血清白蛋白（albumin from bovine serum，BSA）和 10% 山羊血清（normal goat serum，NGS）的 PBS 孵育 30min，封闭非特异性染色反应。

（7）为阻断内源性生物素所引起的非特异性着色，用 10% 亲和素孵育 30min。

（8）滴加用含 3% BSA 和 10% NGS 的 PBS 稀释的特异性抗体，置湿盒内 37℃ 孵育 2h 或 4℃ 孵育 12～48h。

（9）PBS 漂洗 3 次，每次 10min。

（10）生物素标记的 IgG（与第一抗体种属匹配的第二抗体，如羊抗兔 IgG，用含 3% BSA 和 10% NGS 的 PBS 稀释），室温孵育 2h。

（11）PBS 漂洗 3 次，每次 10min。

（12）SABC 复合物孵育（用 PBS 稀释），室温 2h。

（13）PBS 漂洗 3 次，每次 5min。

（14）滴加含 0.01%～0.05% DAB 和 0.01% H_2O_2 的 0.05mol/L TBS（pH 7.6）的显色液，室温呈色 5～10min，显微镜下控制反应强度，适时用 PBS 洗去显色液，终止反应。

（15）自来水冲洗，蒸馏水漂洗。

（16）苏木精淡染（必要时）。

（17）常规脱水、透明、树脂封片。如选用 AEC 显色，则标本不能经乙醇脱水、二甲苯透明和树胶封片，应用水性封片剂封固。

（二）链霉亲和素-过氧化物酶复合物法（SP 法）

SP 法染色步骤基本与 SABC 法相同，只是不需要 SABC 法中的步骤（7）（因为链霉亲和素不与内源性生物素结合，可避免非特异性染色），步骤（12）中的 SABC 复合物用 SP 复合物替代。实验结果、对照试验和注意事项等均与 SABC 法相同。

第六节　免疫金组织化学技术

金属或金属蛋白在电子束穿过时能产生电子散射，故能在电镜荧光屏上显示为电子密度高的影像，因此将其标记抗原或抗体后，可用于免疫电镜对组织细胞特定抗原进行定性、定位或定量研究，某些情况下也可作为光镜水平的免疫组织化学研究方法。常用的金属类物质为胶体金和铁蛋白，尤以胶体金最为常用。由于金颗粒具有很高的电子密度，因此更常用于免疫电镜研究。如用两种或多种大小不同的金颗粒分别标记不同抗体，还可在电镜下对两种或多种抗原进行双重或多重标记。

一、免疫胶体金技术

氯金酸在还原剂如柠檬酸钠、鞣酸等作用下，聚合成为特定大小的金颗粒，并由于静电作用成为一种稳定的胶体状态，称为胶体金（colloid gold）。所产生的胶体金因还原剂的不同而有不同的大小。胶体金颗粒大小不同，颜色也不同，5～20nm 呈淡红色，20～40nm 呈深红色，大于 60nm 的胶体金呈蓝色。胶体金在弱碱环境下带负电荷，可与抗体等蛋白质分子的正电荷基团形成牢固的静电结合，不影响抗体的生物特性。若用 20nm 左右的红色胶体金标记特异性抗体（直接法）或第二抗体（间接法）进行免疫组织化学反应，在光镜下可对组织或细胞内的抗原进行定性、定位和定量检测。

以胶体金作为标记物应用于免疫组织化学研究的技术称为免疫胶体金染色（immunogold staining，IGS）。1971 年，Faulk 和 Taylor 将兔沙门菌抗血清用胶体金标记后以直接法检测沙门菌的表面抗原，在电镜下观察到抗原抗体结合部位上的胶体金颗粒，由此为免疫金组织化学技术的发展奠定了基础，此后免疫胶体金技术作为一种新的免疫组织化学方法，在生物医学各领域得到日益广泛的应用。

用免疫胶体金染色在光镜下显示组织切片（4～10μm）或半薄切片（0.2～2.0μm）中的抗原以间接法更为常用，其主要染色步骤是：先加适当稀释的未标记第一抗体于组织切片上，使第一抗体与组织或细胞内相应抗原特异性结合，然后加上胶体金标记的第二抗体与第一抗体结合，含有待测抗原的部位则呈红色（图 6-15）。

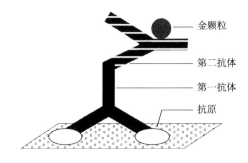

图 6-15　间接法免疫胶体金染色示意图

二、蛋白 A 胶体金技术

蛋白 A 是从金黄色葡萄球菌细胞壁上提取的蛋白质分子，它能与各种哺乳动物大多数免疫球蛋白（IgG）分子的 Fc 段非特异性牢固结合。同时，亲水性的蛋白 A 还能被吸附在带有负电荷的疏水性胶体金表面，形成稳定的蛋白 A-金（protein A gold，PAG）复合物。利用这一特性使有金粒的蛋白 A 与第一抗体（直接法）或与第二抗体（间接法）结合，从而对组织细胞内抗原检测的免疫组织化学方法称为蛋白 A 胶体金（PAG）法。PAG 直接法是首先将特异性第一抗体与组织切片中的抗原结合，然后将 PAG 与第一抗体结合，与间接法相似。PAG 间接法分三步进行：首先，将特异性第一抗体与组织切片中的抗原结合；其次，用与第一抗体种属匹配的非标记第二抗体反应；最后，将 PAG 与第二抗体结合（图 6-16）。如果采用光镜技术，则在镜下观察到待检抗原处有红色反应产物。

倘若在加入特异性第一抗体后，加入 PAG，然后加入抗蛋白 A 抗体，最后再加入 PAG，称为双 PAG 法或蛋白 A 胶体金放大法（PAG 放大法）。此法比单 PAG 法更为敏感，因为抗蛋白 A 抗体既能通过其 Fab 段又能通过其 Fc 段与 PAG 上的蛋白 A 结合。因此，较其他桥抗体在抗原位点处能聚集更多的胶体金颗粒（图 6-17）。

此外，蛋白 A 也可用酶标记，用于间接法免疫酶组织化学技术，如碱性磷酸酶标蛋白 A（alkaline phosphatase labelled protein A）。

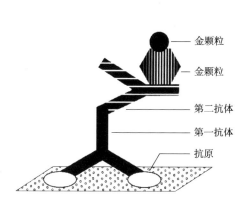

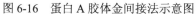

图 6-16 蛋白 A 胶体金间接法示意图

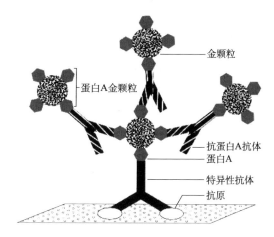

图 6-17 蛋白 A 胶体金放大法（PAG 放大法）示意图

三、免疫金银染色

免疫金法中所用的金标抗体要求较高的浓度，金颗粒直径需在 20nm 以上方可在光镜下显示出淡红色的反应物。由于金标抗体价格昂贵，光镜水平用量大，因此不经济。于是 Holgate 等（1983）将免疫胶体金染色法与银显影方法结合，创立了免疫金银染色（immunogold-silver staining，IGSS）法，采用这种方法，金标抗体可以再稀释 10 倍，从而大大减少了金标抗体的消耗。使用如此低浓度的金标抗体，在光镜下无法观察到胶体金在阳性部位呈现的红色，但经过银显影液作用，光镜下则可见阳性部位所吸附的黑色或深褐色金属银。

IGSS 法的基本原理是，通过免疫反应沉积在抗原部位的胶体金颗粒起着一种催化剂作用，它催化还原剂对苯二酚将银离子（Ag^+）还原成金属银原子（Ag），后者被吸附而环绕金颗粒形成一个"银壳"，"银壳"一旦形成，其本身也具有催化作用，从而使更多银离子还原，而使"银壳"越来越大，光镜下则可清楚地见到阳性反应部位呈棕黑色，从而显示不易被光镜定位的较小金颗粒（图 6-18）。

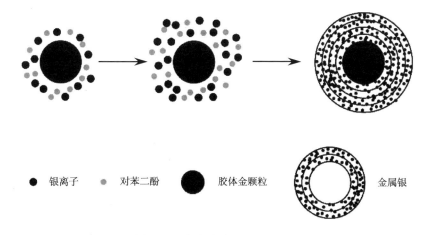

● 银离子　　● 对苯二酚　　● 胶体金颗粒　　　　金属银

图 6-18 免疫金法银增敏示意图

IGSS 法与其他免疫组织化学相比敏感性高，是目前最敏感的方法之一，尤其适于检测微量抗原。该法不但定位准确，银颗粒沉积在抗原-抗体反应部位，一般无扩散现象，而且背景干净，对比度好，方法简便、安全，成本较低，结果可长期保存。

第七节　免疫组织化学增敏方法

生物体组织细胞内多数抗原物质的含量都非常低，为了能对这些含量极低的抗原进行定位定性检测，要求所采用的免疫组织化学方法非常灵敏。自 Coons 创建免疫荧光技术以来，经组织化学工作者的不断努力，相继建立了一系列增敏方法。例如，抗原修复技术通过暴露更多的抗原表位，使醛类固定剂固定的石蜡切片标本的免疫组织化学染色的敏感性明显提高；各种免疫组织化学染色方法从直接法发展为间接法，亲和免疫组织化学技术的建立及 ABC 法的各种改良，免疫金银加强技术等，通过标记信号的进一步放大来增加敏感性。20 世纪 90 年代以来，相继出现了多聚螯合物酶法和催化信号放大系统等更为有效的放大染色信号的增敏方法。

一、多聚螯合物酶法

多聚螯合物酶法以不同的多聚化合物作为骨架，结合大量的酶分子和较多的抗体分子，形成酶-多聚化合物-抗体复合物，以此作为第一抗体或第二抗体进行直接法或间接法免疫酶染色，从而增加免疫染色的敏感性。因该方法中不需要生物素和亲和素，可避免内源性生物素的非特异性染色。根据所用的多聚化合物骨架种类不同和是否结合第一抗体，多聚螯合物酶法分为 EPOS 法、EnVision 法、UIP 法和 PowerVision 法 4 种方法。

特异性抗体

葡聚糖

酶

特异性抗体

抗原

图 6-19　EPOS 法原理示意图

1. EPOS 法

EPOS（enhanced polymer onestep staining）法是一种多聚螯合物酶一步法，该方法以具有惰性的多聚化合物葡聚糖为骨架，将特异性抗体和酶分子结合在一起，形成酶-多聚化合物-特异性抗体巨大复合物（EPOS 试剂）（图 6-19）。染色时，用相应 EPOS 试剂孵育标本，不需再加酶标记第二抗体，反应在 30～60min 即可完成。

EPOS 法通过柔韧的多聚螯合物使特异性第一抗体与检测系统结合为一种试剂，只需一次孵育，是目前最简便的方法。该方法特异性较高，基本无背景染色，敏感性虽然不及其他二步多聚螯合物方法，但能满足一般实验需要。

2. EnVision 法

EnVision 法也称为 ELPS（enhance labeled polymer system）法，是一种多聚螯合物酶二步法。该方法将多个酶和第二抗体同时结合在多聚化合物葡聚糖骨架上，形成酶-多聚化合物-第二抗体巨大复合物（EnVision 复合物或 EnVision 试剂）。每一个多聚化合物分子中约有 70 个酶分子和 10 个第二抗体分子，其酶分子数量远多于 ABC 等复合物，多个第二抗体分子也增加了该复合物与第一抗体的结合机会，复合物的形成本身已具有高度放大作用，因此该方法的敏感性显著高于其他方法（图6-20）。该方法的染色步骤分为两步，首先用特异性第一抗体孵育标本，然后用相应的 EnVision 复合物孵育，最后用相应的酶显色方法显示。该方法的 EnVision 复合物孵育仅需 30min，制备针对一个种属的 EnVision 复合物后可满足该种属所有第一抗体，因此 EnVision 法省时简便，应用广泛。

3. UIP 法

UIP 法即通用免疫酶多聚（universal immunoenzyme polymer）法，其原理与 EnVision 法相似，不同的是以氨基酸代替葡聚糖作为骨架，与酶和第二抗体结合形成多聚螯合物（UIP 复合物）。UIP 复合物分子较 EnVision 复合物分子小，具有更强的穿透力，故 UIP 法较 EnVision 法敏感。但 UIP 复合物中有暴露在外的 N 端，形成的电荷能和组织细胞发生静电吸附，可造成非特异性染色，因此染色时需进行静电荷平衡处理。

4. PowerVision 法

PowerVision 法是利用一种可折叠的多聚糖样多功能分子作为骨架，将大量酶分子交联在第二抗体分子上，形成排列紧密、呈串珠状的多聚复合物（PowerVision 复合物）（图6-21）。由于骨架分子是可折叠的小分子有机单体，所形成的复合物相对分子质量较小，可有效克服空间阻隔效应，因此 PoweVision 法较 EnVision 法更为敏感，其操作步骤与 EnVision 相同，但各步孵育反应均需在室温下进行。

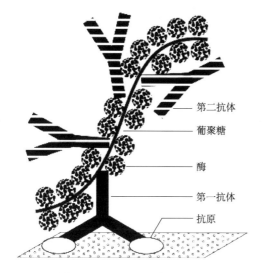
图 6-20 EnVision 法原理示意图

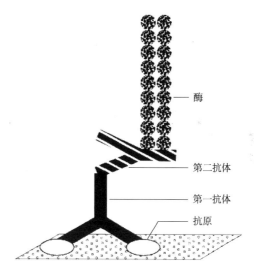
图 6-21 PowerVision 法原理示意图

二、催化信号放大系统

催化信号放大（catalyzed signal amplification，CSA）系统也称为酪胺信号放大（tyramine signal amplification，TSA）系统，其原理是在亲和免疫组织化学 SP 法染色过程中，当 SP 与第二抗体上的生物素结合后，加入生物素化酪胺分子，此时结合在链霉亲和素上的 HRP 在 H_2O_2 的存在下，催化酪胺分子形成共价键结合位点并与周围蛋白质中的色氨酸、组氨酸、酪氨酸等氨基酸残基结合，随后大量的生物素随酪胺沉积在抗原抗体结合部位。当再一次加入 SP 时，大量沉积在抗原抗体结合部位的生物素结合更多的 SP（图6-22）。如经过几次这样的循环，抗原抗体结合部位可以网罗大量的 HRP，最后通过 DAB-H_2O_2 显色反应，使 CSA 法的敏感性成几何级数放大，较 ABC 法或 SP 法敏感 50～100 倍，特别适于做量抗原检测。

CSA 技术敏感性高，对非特异性结合的信号也具有放大作用，因此在使用 CSA 技术时，要特别注意抑制内源性过氧化物酶活性及封闭内源性生物素。

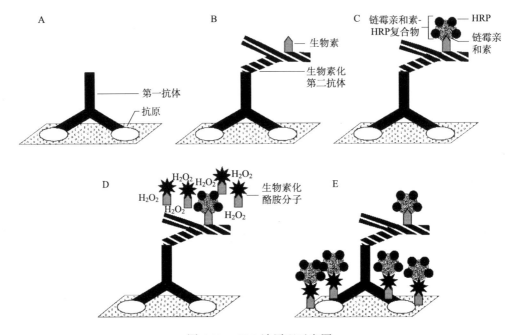

图 6-22　CSA 法原理示意图

A.特异性第一抗体与抗原结合；B.生物素化第二抗体与结合在抗原上的第一抗体结合；C.链霉亲和素-HRP 复合物与第二抗体上的生物素结合；D.HRP 在 H_2O_2 存在下催化生物素化的酪胺分子；E.再次加入链霉亲和素-HRP 复合物与生物素结合，大量 HRP 沉积在抗原抗体结合部位

第八节　双重或多重免疫组织化学染色技术

近年来，由于免疫组织化学技术的迅速发展，人们不再满足于免疫组织化学的单一标记，还需要双重或多重标记。其基本原理是根据标记物的不同，各自所标记的抗原呈现不同的颜色，在一张切片上或同一细胞内显示两种或两种以上的抗原，光镜下根据不同的颜色来判断不同的抗原成分，电镜可根据标记物颗粒大小或染色反应产物的不同电子密度来区别不同的抗原成分。利用这一技术可以了解到组织细胞间的形成和功能关系及抗原成分相互之间的关系，如在某些物质活性检测、神经递质共存的研究，临床肿瘤的分型、定性及预后的估测等中，ICC 均显示了巨大的优势，它不仅能与碳、荧光色素、同位素追踪标记及其他组织化学方法（如 PAS 染色法）结合，显示两种物质的共存，提示组织细胞的功能，其本身也可进行双重染色，研究一些抗原物质的共存。双重或多重免疫染色的方法很多，其基本方法有免疫荧光双重标记（如用 FITC 和 RB200 或 FITC 和藻红蛋白抗体结合物），免疫酶双重标记或多重标记（所标记的酶又可分为辣根过氧化物酶、碱性磷酸酶、葡糖氧化酶、β-D-半乳糖苷酶），免疫荧光与免疫酶结合及免疫酶与免疫金技术结合，交叉进行双重或多重染色，如 FITC-PAP

法或 FITC-ABC 法，PAP 与免疫金银染色法（IGSS）或 FITC 与 IGSS 等。最近已有学者将这一双重标记技术应用到原位分子杂交领域中，在同一张切片上同时显示两种或两种以上的靶 DNA 或 RNA，以探测两种不同的基因，也有学者用免疫组织化学技术与原位分子杂交技术相结合进行混合双重标记。

一、基本染色形式

1. 连续切片法

连续切片是两种物质共存研究中应用最早的方法之一，是用相邻切片分别孵育两种不同特异性抗体进行 ICC 染色，主要适用于观察同一细胞内不同抗原的分布。该方法要求切片足够薄，保证每个细胞能同时出现在 3～4 张相邻切片上，第 1 张和第 3 张切片用相同抗体染色均呈阳性时，作为阳性结果，可信度较高，可避免结果判断困难。所以，常采用石蜡切片，厚 2μm 左右。若用树脂包埋的半薄切片（0.5～1μm），比较容易识别同一细胞内两种抗原的共存。

2. 镜影切片法

所谓镜影切片，简单地讲就是两张相邻的石蜡切片（厚 2μm）或冰冻切片（厚 3～4μm），第 2 张反转之，贴于载玻片上，同一细胞在两张相邻的切片上呈镜与影的关系（相当于冰冻蚀刻电镜的 P 面和 E 面），分别孵育两种不同抗体，ICC 染色，观察其在同一细胞内的分布。

3. 阻断法

由于在同一张组织切片或细胞涂片上同时显示两种以上的抗原成分，通常会遇到后一种染色覆盖前一种染色，或后一种染色与前一种染色发生交叉的情况，从而失去了双重或多重标记的意义，为了避免上述情况的发生而建立了阻断法。其基本原理是在第一流程完成后，用酸性溶液洗脱第一种标记形成的抗原抗体复合物，从而阻断与下一流程的抗体系统发生交叉反应的结合位点。按洗脱的效果，可以分为以下两种情况。

（1）洗脱第一种染色中的抗原抗体复合物，但保留显色反应的生成物，然后进行下一流程的染色，并采用不同于第一流程颜色的反应生成物来标记第二抗原。这样，就可以在同一张切片上有两种不同的颜色以显示两种不同的抗原成分。

（2）用酸液洗脱第一流程中的抗原抗体复合物和显色反应生成物，再进行下一流程的染色。第二流程的染色是在恢复为空白的组织切片上重新进行，并用不同颜色的反应生成物与前一种结果相区别。这种方法得到的两种阳性结果是先后，而不是同时并存于一张组织切片上。注意在第一流程染色后应先摄影，然后进行下一流程。

4. 非阻断法

非阻断法也是为了避免后一种染色覆盖前一种染色，或后一种染色与前一种染色发生交叉反应的情况。在染色过程中，两个流程中间不对第一流程进行酸洗阻断，而用不同的技术方法来避免双重染色的交叉反应，常采用如下方法。

（1）直接法：把能显示不同颜色（或不同大小颗粒）的标记物分别标记在各个特异性抗体上，采用直接法染色。特异性抗体分别与相应的抗原结合，各自的抗原由不同的标记物显示出来，可以混合或连续实现双重或多重标记。

（2）间接法-异种动物抗体法：这一流程方法中所用的特异性一抗分别来自不同种动物，如兔抗人 A 抗体和鼠源性的单克隆 B 抗体。二抗也由不同动物产生相对应不同一抗的抗体，如羊抗兔 IgG 和马抗鼠 IgG 等。

（3）间接法-同种动物抗体法：此法中特异性一抗均来自同一种族，如兔抗人 A 抗体及兔抗人 B 抗体；二抗也常由同一种动物产生，如羊抗兔 IgG。这一系统中实用且效果又较好的方法是分步固定法。其原理是在第一流程染色时，在一抗（兔抗人 A）与组织抗原（A）结合后，用一种标记的二抗饱和一抗上的抗原决定簇，从而排除了第二流程中所用二抗再与之结合的可能。在完成第一流程染色后，用多聚甲醛蒸气处理组织切片，使二抗的游离抗原结合部位失活，即可消除第二流程染色中所用的一抗与之交叉反应的可能，使各种免疫染色所用抗体都不再会交叉反应，从而可以进行多重免疫染色。

（4）标记抗原法：首先要用不同的标记物分别标记与待检抗原相应的纯抗原。染色时先用未标记抗体与组织抗原反应，由于抗体过量及空间结构的原因，每个特异性抗体分子中的 IgG 只有一个抗原结合部位（Fab 段）与组织抗原结合，另一个则与后来采用的标记纯抗原结合，从而显示出相应的组织抗原的部位。

（5）联合应用：该法主要是利用两种或两种以上方法间敏感性的差异来完成，敏感性高的方法先用，使第一流程中抗体稀释度大大高于第二流程中抗稀释度，这样可以避免交叉反应。例如，免疫荧光直接法和 PAP 法结合用，先用 PAP 法进行第一流程染色。同样可以用高敏感的免疫金银法与上述两种方法组合，进行双重染色。

二、阻断法单酶或双重酶免疫组织化学染色

用于此法的酶有多种，如 HRP、碱性磷酸酶、葡糖氧化酶等。它们各自又有多种不同的底物，如 HRP 就可以显示棕褐色、红色、黄色等颜色。双重免疫酶组织化学染色的方法种类比免疫荧光组织化学染色的方法更多样化，酶反应所得显色物性质较稳定，不像荧光标记那样易褪色，而且同一张切片在光镜下可同时见到两种颜色的显色，不必像双重荧光染色那样先后分别观察。

阻断法是选用两种动物产生的特异性抗血清（如兔抗人 A 抗原或兔抗人 B 抗原）为一抗，另一种动物相应的抗血清（如羊抗兔 IgG）为二抗，用间接法分别进行双重免疫染色，并按不同酶和底物系统显色。在完成第一种免疫酶染色后，将抗原抗体复合物洗脱，再进行第二种染色。

用于双重酶免疫染色的洗脱液有多种，较常用的是：①pH 为 2.2 的甘氨酸-盐酸溶液（0.1mol/L 盐酸 5ml 加 0.75%甘氨酸溶液 95ml，甘氨酸溶液由 0.1mol/L NaCl 溶液配制），用该溶液洗切片 2h，一般即可消除第一种染色的抗体系统与下一种染色的交叉反应，但仍保留了显色反应的颜色。②高锰酸钾及硫酸洗脱液（1ml 2.5% KMnO$_4$，1ml 5% H$_2$SO$_4$ 加 40ml 蒸馏水混匀而成），该液能洗脱前一种染色中的抗原抗体复合物，但不洗脱显色反应产物的颜色。

1. 阻断法单酶双重免疫组织化学染色

此法按常规用第一种免疫酶染色，选用 HRP 为标记物，显色底物先用 4-氯-1-萘酚，阳性部位反应生成物呈蓝色。第二种免疫酶染色前，先将切片经蒸馏水洗，再用酸性溶液洗脱；再将切片移入 0.5%焦亚硫酸钠中还原 30s，经水洗 10～20min，蒸馏水洗 5min，即可按常规进行下一种免疫酶染色。第二种免疫酶染色一般选用 DAB 为显色底物，生成物呈棕褐色。

结果是第一种抗原呈现蓝色，第二种抗原呈现棕褐色，两者混合呈蓝灰色。如果细胞呈现混合颜色，说明细胞内含有两种抗原成分。

2. 阻断法双酶双重免疫组织化学染色

此法与单酶双重免疫染色的原理、方法类似，不同之处是采用两种酶，如 HRP 和 AKP（或 GO）。不同的显色底物在用两种同一种类的一抗进行双重标记时，虽然可避免酶底物的交叉显示，但各系统的二抗及复合物来源均相同，因此也会发生混合标记，导致结果判断错误。在两种流程之间也需酸洗，以免第一流程与第二流程混合。

三、阻断法双重免疫荧光组织化学染色

不同的荧光素在相应的光波激发下会呈现不同的颜色，把它们分别标记在不同的抗体（特异性一抗或二抗）上，各自与相应的抗体结合，通过直接法或间接法来实现用不同颜色显示不同的抗原。用荧光显微镜观察阳性结果时，一般不能在镜下同时看到两种荧光，因为每种荧光素在特定波长的光波激发下才呈现各自相应的荧光。因此在观察双标记结果时，需依次选用特定波长的滤片分别观察。阻断法只限于一抗和二抗分别来源于同一种族的动物，如特异性一抗均为兔抗人 A 抗体和兔抗人 B 抗体，第二抗体均为羊抗兔 IgG-FITC 和羊抗兔 IgG-TRITC。在染色过程中，首先用常规间接免疫荧光法进行第一流程染色，显示出组织中的 A 抗原，选择合适的阳性部位照相，再接下述步骤。

（1）脱第一种标记的抗原抗体复合物及荧光素标记物。

（2）切片在蒸馏水中浸洗后，再进入洗脱液（1ml 2.5%高锰酸钾、1ml 5%硫酸加 140ml 蒸馏水混合而成）。

（3）洗脱后的切片置入 0.5%焦亚硫酸钠水溶液中还原 30s。

（4）入流水中冲洗 10～20min，蒸馏水洗 5min。

（5）按照常规进行第二种免疫荧光染色，显示组织内 B 抗原。

完成第二种染色后在荧光显微镜下找到第一次照相的部位，再次摄影，通过照片比较两种染色的结果。由于洗脱法不能使两种荧光素同时存在于一张切片上，因此不能用二次曝光的方法在同一张照片上显示两种抗原。

四、非阻断法单酶或双酶双重免疫组织化学染色

应用此方法进行双重免疫染色时，一抗必须来自不同的种类，如一抗 A 为多克隆抗体，一抗 B 为单克隆抗体。采用这种形式，若为单酶则必须按顺序染色；若采用双酶则可进行混合染色，最后则需要后显色。

1. 直接法

此法将酶直接标记在特异性一抗上，用两种相同酶分别标记在各自的抗体分子上，也可以用不同的两种酶，如 HRP 与 AKP（或 GO）标记在各自的抗体分子上。若用一种酶，一般 HRP 较常见，染色时必须分步连续进行，采用不同的显色系统，以显示两种不同的颜色。

2. PAP 法与 APAAP 法的双重免疫染色

原理及方法见本章第四节中免疫酶双标记法。

3. 标记双抗原法

把酶标记在与待检抗原相同的纯抗原上，不同的抗原分别由不同的酶标记。先用过量未标记的特异性抗体与组织切片上的抗原反应，抗体分子的两处 Fab 段中只有一个与组织抗原结合，另一个呈游离状态，可与后来加上的标记抗原结合。由于不同的标记抗原只能与各自

相应的特异性抗体结合，也就使相应组织抗原得到特异性标记。应用本法，首先要求备有不同酶分别标记好的纯抗原，而且要求事先了解该抗原与待检的组织抗原有相同的抗原决定簇，即相应抗体对它们有相同的节段特异性，才能保持结果的准确性，因此这些条件限制了本法的应用。

五、非阻断法双重免疫荧光组织化学染色

1. 直接法

用这一方法进行双标的前提是要备有不同荧光素分别标记的特异性抗体，如 FITC 标记的兔抗人 A 抗体，TRITC 标记的兔抗人 B 抗体。具体应用时按直接免疫荧光法步骤进行，可将标记好的兔抗人 A 抗体、兔抗人 B 抗体混合在一起应用，在荧光显微镜下可看到两种颜色，每一种颜色代表一种抗原抗体结合物，就可以一步实现双重染色。

2. 间接法-异种动物抗体法

该方法的特异性与直接法的一样，敏感性高于直接法。其缺点在于：要检测两种不同的抗原，需要 4 种不同动物来源抗体，这在一般实验室内较难备齐。

3. 间接法-同种动物抗体法

原理和方法见本章第三节免疫荧光组织化学技术中的双重标记法。

六、其他类型组合的双重免疫染色

1. 免疫荧光法与免疫酶法联合应用

免疫荧光法与免疫酶法可以联合应用进行双重免疫染色。首先用免疫酶染色显示第一种抗原，再进行免疫荧光染色显示第二种抗原，于光镜和荧光显微镜下观察，比较两种抗原的分布。特异性抗体可由同种动物产生，而且不必阻断即可在第一种染色后接着进行第二种染色。由于 DAB 终产物能够沿其表面向周围迁移，尤其是 DAB 浓度略高、反应时间稍长时，形成的终产物较大，可以遮盖该抗原抗体的反应部位，因此两种染色间很少出现交叉反应。该双重染色的方法用于显示两种抗原分布于不同细胞内的效果较好，尤其在第一种抗原浓度高、反应较强、DAB 终产物较牢固的情况下。如果两种抗原位于同一细胞内，而免疫酶反应的显色物生成较多，则可能遮盖第二种抗原，影响免疫荧光的检出率。该法得到的双重免疫染色阳性结果要分别在光镜和荧光镜下观察，两次曝光技术则很难同时比较。

2. 免疫荧光法与免疫金法联合应用

免疫金法与免疫荧光法同时应用，可避免交叉染色，其原理是免疫金法非常敏感，第一抗体的稀释度可比免疫荧光法高出几十倍，甚至上万倍。因此，在双重免疫染色时，只要先染色免疫金，第一抗体的种属性根本不必考虑，几乎不会发生交叉结合。染完后可用不同波长来观察。也可用免疫金银染色，与免疫荧光法联合使用。

3. 免疫酶法与免疫金银法联合应用

用高浓度的免疫金制剂可使在光镜下的阳性结果呈红色，可与过氧化物酶 4-氯-1-萘酚或 DAB 系统呈现的蓝色或棕褐色形成明显对照。

为了加强免疫金染色的阳性效果，可以用胶体金标记的、与一抗同种动物的正常血清与胶体金标记的二抗再次作用，使阳性结果呈现的红色更加鲜明。免疫金银法中用来加强免疫金法阳性结果的银显影液同时沉积在酶反应生成物（如 DAB）与胶体金颗粒的周围，使双重

免疫染色的结果不能互相区分，因此在本程序中应避免使用。

七、三重免疫染色

三重标记即在同一张切片或细胞内同时定位 3 种不同的抗原成分，利用底物终产物颜色的不同来加以区别。目前所建立三重标记，一般都是在双重标记成功的基础上发展而来。

1. 利用 HRP、AKP 及 β-D-单奶糖苷酶同时定位脑垂体组织内的多种激素（GH、PRL、LH、TH）

其主要步骤如下：①兔源性和鼠源性一抗混合孵育，二抗为羊抗兔和羊抗鼠 IgG 混合孵育切片，三抗为 PAP 和 APAAP 复合物混合。②HRP 用 DAB 显棕褐色，AKP 用固蓝 BB 显蓝色。③酸洗后或不洗加入第三种抗体孵育，羊抗鼠或驴抗兔 IgG-β-单奶糖苷酶结合物孵育，终产物显示青色。

此流程不会发生交叉反应。另外，由于 β-D-单奶糖苷酶在组织内不存在，因此不必考虑背景染色，但其敏感性较低。该试验得出的三重标记最成功的颜色为 HRP-DAB 呈棕褐色、AKP 固蓝呈蓝色及 β-D-单奶糖苷酶呈青绿色或黑色、红色及青绿色。

2. 多抗、单抗、直接法、间接法及 ABC 法相结合进行三重免疫染色

在双重标记基础上加以改进后进行三重标记染色，选择 HRP、AKP 及葡糖氧化酶或 β-D-单奶糖苷酶的三重标记组合形式，不同的特异性抗体分别标记生物素、HRP、AKP，同时混合孵育，也可以分别连续孵育，随后用 SABC-葡糖氧化酶、SABC-β-D-单奶糖苷酶（β-GAL）或亲和素-β-GAL 孵育，最后连续用 3-氨基-9-乙基-卡巴唑（3-amino-9-ethyl-carbazde，AEC）、萘酚-AS-MX 磷酸盐固蓝 BB 及 BcIG+铁氰化钾，分别显示红色、蓝色及青绿色。具体方法如下：①非标记抗体孵育 60min。②β-GAL 标记抗体或 AKP 标记抗体及生物素化二抗混合孵育 60min。③ABC-HRP 复合物孵育 60min。④分别连续显色，HRP-DAB 呈棕褐色，GAL 呈蓝色，AKP-坚固紫红 LB 盐呈紫色。

3. Chris 的三重免疫酶组化染色方法

具体方法为：①单克隆抗体（monoclonal antibody，McAb）或多克隆抗体（polyclonal antibody，PcAb）孵育 60min。②洗后加羊抗鼠或羊抗兔 IgG-β-GAL 孵育 60min。③加不稀释的正常鼠血清或兔血清孵育 30min。④AKP-抗体（McAb 或 PcAb）结合物与生物素-抗体（McAb 或 PcAb）结合物混合孵育 60min。⑤BC-HRP 孵育 60min。⑥染色。β-GAL 用 BCIG 显绿色（3℃作用 45～60min），AKP 用固蓝 BB 显蓝色，HRP 用 AEC 显红色。

第九节 免疫组织化学结果判定及注意事项

一、免疫组织化学染色结果判断原则

对免疫组织化学染色所得结果的判断要持科学态度，准确判断阳性和阴性结果，排除假阳性和假阴性结果。为使实验结果准确无误，应多次重复进行实验，最后得出科学的结论。

1. 设置对照试验

免疫组织化学染色的步骤较多，因此影响染色结果的环节也很复杂。为了对染色结果的真假和特异性做出正确的判断，每批染色，尤其在定位一种新的抗原或建立一种新的免疫组织化学染色方法时，必须设立各种阳性和阴性对照试验。

2. 以抗原表达模式判断

免疫染色阳性信号必须在组织细胞特定的抗原部位才能视为特异性阳性染色。抗原表达模式主要包括以下几种。

（1）细胞质内弥散性分布：多数免疫组织化学染色为胞质型阳性反应，如细胞角蛋白（cytokeratin，CK）和波形蛋白（vimentin）等。

（2）细胞核周边胞质内分布：其特点是细胞核轮廓清楚，阳性反应产物分布在细胞核周围胞质内，如 CD3 多克隆抗体的染色。

（3）细胞质内局限性点状阳性反应，如 CD15 抗体的染色。

（4）细胞膜线性阳性反应：大多数淋巴细胞标志物的染色均如此，如 CD20。

（5）细胞核阳性反应：如 BrdU、Ki-67 及雌激素受体蛋白、孕激素受体蛋白等的分布。

此外，有些抗原的阳性表达可同时出现在细胞的不同部位，如细胞质和细胞膜等。

如果反应产物分布无规律，各个部位均匀着色，细胞内和细胞外基质染色无区别，或细胞外基质染色更强，染色无特定部位，染色出现在切片的干燥部位、边缘、刀痕或组织折叠处，均为非特异性染色或假阳性。在石蜡切片的组织周围常见有深染区，向中心区逐渐变淡，此现象称为"边缘效应"，亦为非特异性染色。

3. 阴性结果不能简单地视为抗原不表达

出现阴性结果时，不能不加分析地予以否认。阳性反应有强弱、多少之分，哪怕只有少数细胞阳性，只要阳性产物定位在抗原所在部位，也要视为阳性。

4. 通过复染分析结果

在免疫组织化学染色后用其他染料对切片进行复染，可以衬托出组织的形态结构，利于观察和分析反应结果。如果阳性反应在细胞质内，可对细胞核进行复染，常用的染料有苏木精、甲基绿和核固红等。如果阳性产物存在于细胞核内，可对细胞质进行复染，如伊红，也可不复染。是否复染或者采用哪种染料复染，应根据所用实际情况而定，应不影响阳性反应的观察，并且使组织或者细胞结构更清晰。

二、非特异性染色

免疫组织化学染色过程中产生的非靶抗原呈色称为非特异性染色，也称为背景染色。非特异性染色的存在会干扰对特异性靶抗原染色结果的判断，因此染色过程中除了注意提高特异性染色效果外，还要尽量减少或消除非特异性染色。造成非特异染色的原因很多，从组织方面分析，主要有组织的自发荧光、内源性过氧化物酶或碱性磷酸酶、内源性生物素等；从试剂方面分析，可能由抗体不纯、抗体浓度过高、用于标记的酶和荧光不纯或标记过量等原因引起；从操作过程来看，有标本干燥、抗体（特别是第一抗体）孵育时间过长或温度过高、酶显色底物浓度过高或显色时间过长等。

减弱或消除非特异性染色对提高免疫组织化学染色的质量，正确评价染色结果具有重要意义。

三、常见问题与处理方法

免疫组织化学染色的成功，既要求阳性反应定位准确，呈色鲜明，背景染色浅或无，又要求对照染色的结果符合要求。但在实际操作中，常常不能顺利取得预期结果，会出现假阳性或假阴性。出现假阳性结果的主要原因与内源性干扰、试剂不纯、交叉反应等有关，出现假阴性结果的主要原因与组织处理不当、组织抗原丢失或试剂错误、操作不当等有关。当染色失败时，应系统检查实验记录，查找可能导致失败的原因，并逐一排除。

（一）阳性对照标本和待检标本均不着色

1. 可能原因

（1）未严格按照实验程序依次加入所有试剂；在染色过程中未加某种试剂。

（2）所用第二抗体与第一抗体种属不匹配，如第一抗体是兔源性抗体，第二抗体没用抗兔抗体。

（3）抗体保存不当，超过了有效期或者抗体反复冻融，抗体效价过低或已经失活。

（4）抗体工作浓度太低，特别是第一抗体的工作浓度太低，或同时抗体孵育时间过短、温度偏低。

（5）在进行贴片法染色过程中，切片在标本孵育盒内未水平放置，导致抗体试剂流失，切片干燥。

（6）未采用酶消化前处理、抗原热修复处理或抗原修复不够，或酶消化等前处理时间太长，待检抗原决定簇被破坏。

（7）缓冲液的 pH 不合适或（和）含有酶活性抑制剂，如抑制过氧化物酶活性抑制剂叠氮钠（NaN_3）。

（8）标本在 DAB/H_2O_2 溶液中显色时间太短；在应用 HRP 进行免疫酶染色时，显色底物溶液中含有 NaN_3；在采用 DAB/H_2O_2 显色时，显色液非新鲜配制，具有活性的 H_2O_2 不够。复染、脱水和封片剂的选择与显色系统不匹配。

（9）阳性对照标本选择不适当，该标本类型不含有已知待测抗原，或该组织物种与所用第一抗体试剂不相关。

2. 处理方法

（1）严格按照实验程序，依次正确加入所有试剂，防止遗漏任何试剂。

（2）确认第二抗体与选用的第一抗体种属匹配。

（3）确认使用的各类抗体试剂保存方法适当、有效，抗体效价较高，特别是第一抗体。如果抗体失效，应更换抗体。

（4）提高抗体浓度，优化孵育条件。保证温箱温度在 37℃，或增加孵育时间，如第一抗体 4℃孵育过夜。

（5）标本孵育盒放置平稳，防止孵育液流失。

（6）按照标本类型选择适合的蛋白酶消化方法和抗原热修复处理方式和条件。

（7）保证缓冲液 pH 合适，并不含酶活性抑制剂。

（8）重新配制显色液，并保证配制方法、浓度正确、有效，适当延长显色时间，DAB/H_2O_2 显色液要新鲜配制。

（9）选择适当的阳性对照切片。

（二）阴性对照标本未着色，而阳性对照标本和待检测标本呈弱阳性

1. 可能原因

（1）标本的固定方式不当，如固定不及时、固定液的量太少、固定液失效或组织处理方

式不当。

（2）抗体试剂保存不当，超过了有效期，或者抗体反复冻融、效价降低。

（3）抗体浓度太低，特别是第一抗体的浓度太低，或者孵育时间过短、温度偏低。

（4）用缓冲液洗涤标本时，标本上残留过多缓冲液，导致后续滴加的抗体进一步稀释。

（5）未采用合适的抗原修复方法，或抗原修复时间不足，或酶消化等前处理时间过长，抗原决定簇被破坏。

（6）显色底物配制不正确，或显色液非新鲜配制，已失效。标本显色时间太短，或检测采用 HRP 标记的反应时，显色底物溶液中含抑制 HRP 活性的 NaN_3。

（7）缓冲液 pH 不正确或（和）含有酶活性抑制剂。

（8）复染、脱水和封片剂的选择和显色系统不匹配。

（9）待检测标本中抗原表达较少。

2. 处理方法

（1）严格按照免疫组织化学标本的取材、固定和处理方法进行。

（2）检查瓶签或核对试剂说明书，确认抗体试剂保存方法适当、有效，抗体效价较高。如果抗体失效，应更换抗体试剂。

（3）提高抗体浓度，优化孵育条件，延长孵育时间。

（4）在缓冲液洗涤粘贴在载玻片上的切片后，特别是最后一次洗涤后，应尽量去除切片上的缓冲液，以免稀释随后加入的抗体。

（5）按照标本类型选择适合的蛋白酶消化、抗原热修复处理方式和条件。

（6）显色液最好即用即配，如采用 DAB/H_2O_2 显色，应确认该显色液中含有足够量的 H_2O_2 且有效，排除显色底物溶液对酶活性的抑制，延长显色时间。

（7）保证缓冲液 pH 合适，不含酶活性抑制剂。

（8）保证复染、脱水和封片剂的选择与显色系统匹配。

（9）将切片放入 0.5%硫酸亚铜溶液孵育 5min，蒸馏水冲洗后，苏木精复染，增加色彩对比度。

（三）标本染色太深或整个标本片均出现染色

1. 可能原因

（1）抗体浓度太高，或者抗体孵育时间过长，孵育温度过高，超出 37℃。

（2）标本显色时间太长，显色液浓度过高。

（3）未正确封闭标本中非特异性结合位点，正常血清孵育时间过短。

（4）抗体孵育后的洗涤次数太少或时间太短。

（5）未采用高浓度 H_2O_2 阻断内源性过氧化物酶或供阻断用的 H_2O_2 失效。

2.处理方法

（1）增加抗体的稀释度，优化抗体孵育时间，并在 4℃冰箱孵育，或室温孵育（18～25℃），如用温箱孵育，需控制孵育温度低于 37℃。

（2）重新配制浓度合适的显色液，并在显微镜下控制标本显色时间。

（3）对标本进行正确封闭，并适当延长正常血清孵育时间。

（4）各步抗体孵育后的洗涤要彻底，一般得按照 3 次，每次 5min 的要求充分洗涤。

（5）如果 H_2O_2 失效，则更换新鲜 H_2O_2 来阻断内源酶活性。

（四）所有标本包括阴性对照均呈现弱阳性反应

1. 可能原因

（1）切片在染色过程中干涸。

（2）抗体浓度太高或抗体孵育时间过长、温度过高。

（3）缓冲液配制不当，或缓冲液洗涤不彻底。

（4）显色液配制不当，如 H_2O_2 浓度过高，显色反应过快，显色反应时间过长。

（5）载玻片上涂布的粘片剂过厚。

2. 处理方法

（1）滴加抗体或其他孵育液要足量，且标本应置放在专用的密闭孵育温盒内孵育，防止切片在染色过程干涸。

（2）重新确定抗体稀释度，并优化孵育时间和温度。

（3）重新配制缓冲液，并在各步抗体孵育后进行彻底洗涤。

（4）显色液即用即配，保证配制方法正确，同时在显微镜下控制显色时间。

（5）粘片剂的配制浓度和载玻片的处理要规范。

（五）所有切片均出现非特异性背景染色

1. 可能原因

（1）未有效阻断内源性酶或封闭生物素，特别是对于内源性酶或生物素丰富的组织，如肝、肾等，应考虑到这一可能。

（2）未选择合适的封闭血清，血清封闭时间过短，血清失效。

（3）抗体不纯或抗体特异性不强，交叉反应较多，或标本中含有与靶抗原相似的抗原表位。

（4）抗体浓度过高，孵育时间太长。

（5）显色液配制不合格，显色剂浓度过高，或显色时间过长。

（6）组织切片内出血坏死成分太多。

（7）切片或细胞涂片太厚。

（8）洗涤缓冲液盐浓度较低，标本漂洗不彻底，时间短，次数不够。

2. 处理方法

（1）灭活内源性酶或饱和内源性生物素。

（2）重新配制封闭血清，封闭时间适当延长。

（3）选用高纯度、高效价或者针对靶抗原表位的单克隆抗体；用膜酶消化或用抗原热修复增加阳性特异性染色与背景间的对比度。

（4）重新确定合适的抗体稀释度，并优化抗体孵育时间和温度。

（5）显色剂称量要准确，并找出合适的浓度，校正缓冲液的 pH；显色时光镜下控制；注意将 DAB 保存于避光干燥处，现用现配，并最好溶解后过滤，临用前加 H_2O_2。

（6）取材时应尽可能避开出血坏死区域。

（7）重新切片或涂片，降低切片或涂片厚度。

（8）重新配制缓冲液，在洗涤缓冲液中加入 0.85% NaCl 溶液，使之成为高盐溶液，充分洗涤，也能有效减少非特异性染色，降低背景染色。如果在缓冲液中再加入 Tween-20，效果更佳。

（六）标本上有许多杂质

1. 可能原因

（1）缓冲液洗涤时间和次数不够，洗涤不彻底。

（2）DAB/H_2O_2 显色溶液过期，已有沉淀析出；DAB 保存不当产生的氧化物可在染片时沉积在组织标本上；粉剂 DAB 溶解时，常有一些不溶性颗粒，可能沉积于标本上，产生斑点状着色。

（3）透明用的二甲苯使用时间过长，太脏，未及时更换。

（4）福尔马林液固定时间过长，出现福尔马林色素。

（5）复染试剂放置时间过长，已经析出沉淀。

2. 处理方法

（1）各步骤之间充分洗涤，缓冲液每次用过后更换，一般按照 3 次，每次 5min 洗涤。

（2）更换显色底物溶液，重新配制显色液，在使用前过滤。

（3）更换二甲苯。

（4）福尔马林液固定组织的时间不应超过 24h，对于固定时间过长的标本应在实验开始前充分流水冲洗。

（5）过滤复染试剂，或重新配制。

（七）待检测切片着色不匀

1. 可能原因

（1）脱蜡不干净。

（2）抗体或显色剂用量太少，没有完全覆盖标本，或有的部位已干涸。

（3）显色剂用前未过滤。

（4）孵育盒或实验台不平，引起切片倾斜，导致孵育液流失。

（5）抗体稀释时没混匀。

2. 处理方法

（1）充分脱蜡。

（2）加入足够量的抗体或显色剂进行孵育（视组织片大小而定，一般不少于 30μl/片），避免标本孵育不完全或干燥。

（3）显色液临用前配制，用前过滤，避免局部出现斑状不均匀着色。

（4）孵育盒放置平整，防止孵育液流失。

（5）抗体稀释时应充分混匀。

第七章

原位杂交组织化学技术

原位杂交组织化学（*in situ* hybridization histochemistry，ISHH）也称为原位分子杂交（*in situ* molecular hybridization），是固相核酸分子杂交的一种，是应用带有标记物的、已知碱基顺序的核酸探针与组织细胞中待测的核酸按碱基配对的原则进行特异性结合，形成杂交体，然后再应用与标记物相应的检测系统，通过组织化学或免疫组织化学方法，在核酸原有的位置上将其显示出来。ISHH 将组织学和分子生物学的方法结合起来，从而使组织学的研究从器官、组织和细胞水平走向分子水平。原位分子杂交技术的最大优点是它的高度特异性，可测定组织或培养的单个细胞中的核苷酸含量。应用高敏感度的放射性标记 cDNA 探针检测 mRNA，其敏感度可达到每个细胞有 20 个 mRNA 拷贝。

第一节　原位杂交组织化学的基本原理

一、核酸的分子结构

核酸（nucleic acid）又称为多核苷酸，是由单核苷酸聚合形成的生物大分子。根据结构和功能的不同，核酸可分为核糖核酸（RNA）和脱氧核糖核酸（DNA）。98%的 DNA 分布在细胞核的染色质内，其余分布在线粒体中，DNA 是遗传信息的携带者和储存者。90%的 RNA 分布在细胞质中，其主要作用是参与遗传信息的表达。

（一）核酸的化学组成

核酸主要由含氮碱基、戊糖及磷酸三种成分组成。核酸经水解可得到核苷酸，核苷酸可被水解产生核苷和磷酸，核苷还可进一步水解，产生戊糖和含氮碱基。核酸中的含氮碱基简称为碱基，DNA 中含有的碱基成分是腺嘌呤（adenine，A）、鸟嘌呤（guanine，G）、胞嘧啶（cytosine，C）和胸腺嘧啶（thymine，T）。RNA 中也含有 4 种碱基，与 DNA 不同的是，由尿嘧啶（uracil，U）取代胸腺嘧啶。

单核苷酸是核酸的基本单位，组成 DNA 的脱氧核糖核苷酸主要有 4 种，即 dAMP、dGMP、dCMP 和 dTMP；组成 RNA 的核糖核苷酸也主要有 4 种，即 AMP、GMP、CMP 和 UMP。核酸中核苷酸以多核苷酸链的形式存在，通过 3', 5'-磷酸二酯键连接成长链的大分子。磷酸二酯键是由一个核苷酸 C-3'上羟基与下一个核苷酸 C-5'磷酸脱水缩合形成的。多核苷酸链具有两个末端：3'端，即核苷酸戊糖基 3'位不再与其他核苷酸相连；5'端，即核苷酸戊糖基 5'磷酸不再与其他核苷酸相连。因此，多核苷酸链具有方向性。

（二）DNA 的高级结构

1. DNA 的一级结构

DNA 的一级结构是指其多核苷酸链中脱氧核糖核苷酸的排列顺序。由于核酸中核苷酸彼此之间的差别在于碱基部分，因此实质是碱基的排列顺序，在此顺序中储存着遗传信息。

2. DNA 的二级结构

1953 年，Watson 及 Crick 在化学分析及 X 射线衍射法观察 DNA 结构的基础上提出了著名的 DNA 双螺旋模型（double helix model）。此结构是在核酸一级结构基础上形成的更为复杂的高级结构，即 DNA 的二级结构。DNA 双螺旋结构阐明的重要意义在于第一次提出了遗传信息是以 DNA 分子中核苷酸的排列顺序为储存方式，阐明了天然遗传信息的复制过程。

3. DNA 的三级结构

DNA 的三级结构是指双螺旋在空间进一步折叠缠绕成更为复杂的结构。原核生物或线粒体的环形双螺旋进一步扭曲可形成超螺旋结构（superhelix）。真核生物细胞核中的 DNA 双螺旋盘绕在组蛋白上形成核小体（nucleosome）。核小体是染色质（chromatin）的核心小粒，由有 140 个碱基对的双螺旋 DNA 缠绕于组蛋白（H_2A、H_2B、H_3 及 H_4 各 2 分子）1.75 圈组成。此核小体又经 60 个碱基对的 DNA 双螺旋及组蛋白 H1 形成细丝（间隔区）与下一个核小体相连接。这样从许多核小体组成的串珠样纤维经多层次螺旋化结构到形成染色单体，DNA 分子的长度已被压缩至近 1/10 000。

（三）RNA 的高级结构

RNA 分子也是由核苷酸经 3',5'-磷酸二酯键形成的多核苷酸链。RNA 总是以单链的形式存在，也有 5'端及 3'端。RNA 单链局部折叠成的某一片段的 A 和 G 分别与另一片段的 U 和 C 配对，形成发夹样结构（hairpin structure）。在此结构内的碱基无须全部配对，而配对部位形成小的双螺旋区域，不能配对的碱基则连成小环从螺旋区中被圈出来。这种 RNA 单链局部小双螺旋结构即 RNA 的二级结构。RNA 二级结构研究的比较清楚的是 tRNA，各种 tRNA 分子的二级结构形状如三叶草，称为三叶草结构。

具有二级结构的 RNA 分子进一步折叠和扭曲形成的立体结构为 RNA 的三级结构，所有 tRNA 的三级结构呈倒置的"L"形。

二、核酸的理化性质

（一）核酸的一般性质

核酸是两性电解质，因为它既有酸性的磷酸基，又有碱基上的碱性基团，因磷酸基的酸性较强，所以通常表现为酸性。作为高分子化合物，核酸溶液的黏度较大。由于核酸分子的碱基中都有共轭双键，因此对 260nm 紫外线有吸收峰，可根据此性质对核酸进行定性和定量分析。

（二）核酸的变性与复性

1. 变性

在某些理化因素的作用下，DNA 双螺旋之间的氢键断裂，双螺旋解开，形成单链的无规则卷团，因而发生性质改变（如黏度下降、紫外吸收增加等），称为 DNA 变性（denaturation of nucleic acid）。使 DNA 变性的理化因素包括加热、改变 DNA 溶液的 pH、有机溶剂（如乙醇、尿素或甲酰胺等）的作用等。

升高温度使 DNA 变性称为热变性，热变性只在一个很窄的温度范围内发生，是爆发式的，也就是说当达到一定温度时，DNA 双螺旋几乎是同时解开的。通常把 50% DNA 分子发生变性时的温度称为变性温度，由于这一现象和结晶的熔解相类似，因此又称为熔点或熔解温度（melting temperature，T_m）。DNA 双螺旋内的 G-C 配对比 A-T 更为牢固，因此在相同条件下，DNA 内 G-C 配对含量高时其 T_m 值也高。

2. 复性

DNA 的变性是可逆的，变性 DNA 只要消除变性条件，两条互补链还可以重新结合，恢复原来的双螺旋结构，这一过程称为复性（renaturation）。复性后的 DNA 可基本恢复变性前的理化性质和生物学活性。DNA 热变性后，将温度缓慢冷却，并将温度维持在比 T_m 低 25～30℃时，变性后的单链 DNA 即可恢复双螺旋结构，这一过程又叫作退火。倘若 DNA 热变性后快速降温，则不能复性。

三、核酸分子杂交的基本原理

根据模板学说，核酸分子单链之间有互补的碱基序列，通过碱基对之间非共价键（主要是氢键）的形成即出现稳定的双链区，这是核酸分子杂交（nuclear acid molecular hybridization）的基础。杂交分子的形成并不要求两条单链的碱基序列完全互补，所以不同来源的核酸单链只要彼此之间有一定程度的互补序列（即某种程度的同源性）就可以形成杂交双链。分子杂交可在 DNA 与 DNA、RNA 与 RNA、RNA 与 DNA 的两条单链之间进行。由于 DNA 一般都以双链形式存在，因此在进行分子杂交时，应先将双链 DNA 分子解聚成为单链（变性），可通过加热或提高 pH 来实现。使单链聚合成双链的过程称为退火或复性。用分子杂交进行定性或定量分析的最有效方法是将一种核酸单链用同位素或非同位素（如地高辛、生物素、荧光素等）标记成为探针，再与另一种核酸单链进行分子杂交。

四、核酸探针的种类

核酸探针包括 DNA 探针、cDNA 探针、RNA 探针、寡核苷酸探针等，下面分别加以介绍。

（一）DNA 探针

DNA 探针是最常用的核酸探针，其长度可达几百个碱基对，既可以是双链 DNA，也可以是单链 DNA。现已获得 DNA 探针的数量很多，有细菌、病毒、原虫、真菌、动物和人类细胞的 DNA 探针。DNA 探针的优点是稳定，不易降解。

（二）cDNA 探针

cDNA 是由 RNA 反转录酶（reverse transcriptase）催化产生的。该酶以 RNA 为模板，根据碱基配对原则，按照 RNA 的核苷酸顺序合成 DNA（其中 U 与 A 配对）。因此，cDNA（complementary DNA）是指互补于 mRNA 的 DNA 分子。由于合成 DNA 的途径与一般遗传信息传递的方向相反，故称为反转录或逆转录。目前，反转录已成为一项重要的分子生物学技术，广泛用于基因的克隆和表达。

（三）RNA 探针

RNA 是单链分子，与靶序列的杂交反应效率极高。早期采用的 RNA 探针是细胞 mRNA 探针和病毒 RNA 探针。这些 RNA 是在细胞基因转录或病毒复制过程中得到标记的，标记效率往往不高，且受到多种因素的制约。近几年体外转录技术不断完善，已相继建立了单向和双向体外转录系统，能有效地控制探针的长度，并可通过改变外源基因的插入方向或选用不同的 RNA 聚合酶，控制 RNA 的转录方向，得到与 mRNA 同序列的 RNA 探针（同义 RNA 探针），或与 mRNA 互补的 RNA 探针（反义 RNA 探针），用于检测 DNA 和 mRNA。

（四）寡核苷酸探针

前述三种探针均可通过克隆获得，但寡核苷酸探针必须通过合成才能得到。合成的寡核苷酸探针具有一些独特的优点：由于链短，其序列复杂度低，分子质量小，因此与等量靶位点完全杂交的时间比克隆探针的短；寡核苷酸探针可识别靶序列内 1 个碱基的变化，敏感度高；可一次性大量合成寡核苷酸探针（1～10mg），使得这种探针价格低廉。

五、核酸分子杂交的类型

核酸分子杂交可按作用环境大致分为固相杂交和液相杂交两种类型。

（一）固相杂交

固相杂交是将参加反应的一条核酸链先固定在固体支持物上，一条反应核酸游离在溶液中。固体支持物有硝酸纤维素膜、尼龙膜、乳胶颗粒、磁珠和微孔板等。由于固相杂交具有杂交后未杂交的游离片段可容易地漂洗除去、膜上留下的杂交物容易检测并能防止靶 DNA 自我复性等优点，因此该法最为常用。常用的固相杂交类型有菌落原位杂交、斑点杂交、狭缝杂交、Southern 印迹杂交、Northern 印迹杂交、组织原位杂交、夹心杂交等。

（二）液相杂交

液相杂交是一种研究最早且操作复杂的杂交类型。液相杂交所参加反应的两条核酸链都游离在溶液中。在过去的 30 年里，液相杂交虽有时被应用，但总不如固相杂交那样普遍，其主要原因是杂交后过量的未杂交探针在溶液中除去较为困难且误差较高。近几年由于杂交检测技术的不断改进，商业性基因探针诊断盒的实际应用，推动了液相杂交技术的迅速发展。

第二节　原位杂交组织化学技术的基本方法

尽管因核酸探针种类和标记物的不同，原位杂交技术在具体应用的方法上各有差异，但其基本方法和原则大致相同，大致可分为杂交前准备、杂交、杂交后处理和检测等基本步骤。

一、杂交前准备

杂交前准备包括取样、固定及玻片的处理等。

（一）取样、固定

对动物最好采用灌注固定的方法取样，手术标本等则要尽量保证组织新鲜。固定剂的应用和选择应遵循以下原则：①能保持组织细胞的正常结构；②能最大限度地保存细胞内 DNA

或 RNA 的水平；③能使探针易于进入细胞或组织。目前最常用的固定剂是 4%多聚甲醛，其优点是它不与蛋白质产生广泛的交叉连接，因而不会影响探针穿透细胞或组织。其他如 Bouin 液和乙酸-酒精的混合液也能获得较满意的效果；Carnoy 液等能增加核酸探针的穿透性，但它们不能最大限度地保存 RNA；戊二醛能较好地保存 RNA 和组织形态结构，但由于与蛋白质产生广泛的交叉连接，从而极大地影响了核酸探针的穿透性。因此，多聚甲醛被公认为是组织原位杂交较为理想的固定剂。固定过夜的组织浸入 25%蔗糖（用 4%多聚甲醛配制）中，直至组织下沉。

总的来说，DNA 比较稳定，因此对 DNA 的定位来说，固定剂的种类和浓度并不十分重要。而 RNA 非常容易被降解，因此在 RNA 的定位上，不但固定剂的种类、浓度和固定时间十分重要，而且取样后应尽快予以固定。

冰冻切片比石蜡切片效果好，能采用漂浮法的组织（如神经组织、肝、肾等实质性器官）应尽量采用漂浮法。

（二）玻片的处理

（1）载玻片和盖玻片首先用洗衣粉刷洗，再用自来水清洗干净。

（2）置于清洁液中浸泡 24h，清水洗净、烘干。

（3）95%乙醇中浸泡 24h 后，蒸馏水冲洗、烘干。烘箱温度为 150℃或以上，以除去 RNA 酶。

（4）玻片硅化处理：将单块的盖玻片在 2%二甲基二氯硅烷（dimethyldichlorosilane，DMDC）液中浸泡数秒钟，空气干燥，蒸馏水冲洗、烘干，锡箔纸包裹存放、备用。

（5）用前将黏附剂预先涂抹在载玻片上，干燥后使用。常用的黏附剂有铬钒-明胶液、多聚赖氨酸液等，以多聚赖氨酸液的黏附效果较好。

（三）组织切片的预处理

组织切片可以是冰冻切片，也可以是石蜡切片。为增强组织的通透性、核酸探针的穿透性及减低背景染色等，在杂交前须对组织做一些特殊的预处理。

1. 组织切片的预处理原则

（1）增强组织的通透性和探针的穿透性。常用的方法有稀释的酸洗涤，使用去垢剂（detergent）或清洗剂 Triton X-100、乙醇或某些消化酶（如蛋白酶 K、胃蛋白酶、胰蛋白酶、胶原酶和淀粉酶等）。这种广泛的去蛋白作用无疑可增强组织的通透性和核酸探针的穿透性，提高杂交信号，但同时也会减低 RNA 的保存量并影响组织的形态结构，因此在用量及孵育时间上应谨慎掌握。

（2）减低背景染色。预杂交（prehybridization）是减低背景染色的一种有效手段。预杂交液和杂交液的区别在于前者不含标记的探针和硫酸葡聚糖。将组织切片浸入预杂交液中可达到封闭非特异性杂交点的目的，从而减低背景染色。也有实验室在杂交后的洗涤中采用低浓度的 RNA 酶溶液（20μg/ml）洗涤一次，以减低残留的和内源性的 RNA，减低背景染色。

（3）防止 RNA 酶的污染。由于在手指皮肤及实验用玻璃器皿上均可能含有 RNA 酶，为防止其污染而影响实验结果，在整个杂交前处理过程中都需戴消毒手套。所有实验用玻璃器皿及镊子都应于实验前一日置高温（240℃）烘烤以达到消除 RNA 酶的目的。要破坏 RNA 酶，其最低温度必须在 150℃左右。预杂交和杂交时所用的溶液均需为 DEPC 处理过的无 RNA

酶的溶液。

2. 组织切片的预处理操作步骤

（1）石蜡切片脱蜡入水后，置 0.1mol/L PBS（pH 7.2）中冲洗 10min；冰冻切片直接入 PBS 冲洗 5min；漂浮切片在 0.1mol/L PBS 中漂浮三次，每次 5min，清除残留于组织中的固定液。

（2）0.1mol/L 甘氨酸/PBS 洗 5min，除去组织中游离的醛基。

（3）0.4% Triton X-100/PBS 漂浮 15min，以增加探针的渗透力。

（4）1μg/ml 蛋白酶 K 37℃处理 30min，暴露待测 mRNA。

（5）4%多聚甲醛冲洗 5min，终止蛋白酶 K 的作用。

（6）0.1mol/L PBS 冲洗 2 次，每次 3min，清除残留的固定液。

（7）入 0.25%乙酸酐 10min，可降低非特异性反应。

（8）2×柠檬酸钠缓冲液（SSC）冲洗 10min。

二、杂交

杂交（hybridization）是将杂交液滴于切片组织上，加盖硅化盖玻片。加盖玻片的目的是防止孵育过程中的高温（50℃左右）导致杂交液的蒸发。因此，也有为稳妥起见，在盖玻片周围加液体石蜡封固的，或加橡皮泥封固盖片四周。硅化盖玻片的优点是清洁无杂质，光滑不会产生气泡，不影响组织切片与杂交液的接触，盖玻片自身有一定重量，能与有限的杂交液吸附达到覆盖和防止蒸发的作用。当孵育时间较长时，为保证杂交所需的湿润环境，可将覆有硅化盖玻片的载玻片放在盛有少量 5×SSC 或 2×SSC 溶液的硬塑料盒中进行孵育。要获得高质量的杂交效果，在杂交的过程中需注意以下环节。

（一）探针的浓度

很难事先确定每一种实验探针的浓度，但要掌握一个原则，即应用最低探针浓度以达到与靶核苷酸的最大饱和结合度，杂交液的量以每张切片 10～20μl 为宜。杂交液过多不但造成浪费，而且液量过多常易致盖玻片滑动脱落，影响杂交效果，过量的或含核酸探针浓度过高的杂交液，易导致高背景染色等不良后果。

（二）探针的长度

一般应用于 ISHH 探针的最佳长度应为 50～100 个碱基。探针短易进入细胞，杂交率高，杂交时间短。据报道，200～500 个碱基的探针仍可应用，长 500 个碱基的探针，其杂交时间约需 20h。超过 500 个碱基的探针则在杂交前最好用碱或水解酶进行水解，使其变成短的片段，达到实验所需的碱基数。

（三）杂交的温度和时间

杂交的温度也是杂交成功与否的一个重要环节。原位杂交中，多数 DNA 探针需要的 T_m 是 90℃，而 RNA 则需要 95℃，这种高温对保持组织形态完整和保持组织切片黏附在载玻片上是不可能的。因此，在杂交的过程中常在杂交液中加入不同浓度的甲酰胺以降低探针的 T_m。Mcconaughy 报道，反应液中每增加 1%的甲酰胺浓度，T_m 可降低 0.72℃。实际采用的原位杂交的温度比 T_m 减低 25℃左右，为 30～60℃。根据探针的种类不同，温度略有差异，RNA 和 cRNA 探针一般为 37～42℃；而 DNA 探针或细胞内靶核苷酸为 DNA 的，则必须在 80～95℃

加热使其变性，时间5～15min，也可在105℃下微波炉加热使之变性，然后在冰上搁置1min，使之迅速冷却，以防复性，再置入盛有2×SSC的湿盒内，在37～42℃孵育杂交过夜。

杂交的时间过短会造成杂交不完全，而过长则会增加非特异性染色。从理论上讲，核苷酸杂交的有效反应时间在3h左右。但为稳妥起见，一般将杂交反应时间定为16～20h。当然，杂交反应的时间与核酸探针的长度及组织的通透性有关，在确定杂交反应时间时应予以考虑，并经反复实验确定。

三、杂交后处理

杂交后处理（post hybridization treatment）包括用一系列不同浓度、不同温度的盐溶液的漂洗。在组织原位杂交化学的实验过程中，这也是一个重要的环节。特别是在原位杂交实验在不十分严格的条件下进行、非特异性的探针片段黏附在组织切片上从而增强背景染色的情况下，更需要进行杂交后处理。RNA探针杂交时产生的背景染色特别强，但能通过杂交后的洗涤有效地减低背景染色，获得较好的反差效果。在杂交后的漂洗中，RNA酶液的洗涤能将组织切片中的非碱基配对RNA除去。洗涤的条件，如盐溶液的浓度、温度、洗涤次数和时间，因核酸探针的类型和标记的种类不同而略有差异。一般遵循的共同原则是：盐溶液浓度由高到低而温度由低到高。必须注意的是，在漂洗过程中，切勿使切片干燥。干燥的切片即使使用大量的溶液漂洗也很难减少非特异性结合，从而增强了背景染色。

四、检测

检测是根据核酸探针标记物的种类分别进行放射自显影或利用酶检测系统进行不同显色处理。细胞或组织的原位杂交切片在显示后均可进行半定量的测定，如放射自显影可利用人工或计算机辅助图像分析检测仪（computer assisted image analysis）检测银粒的数量和分布的情况，非放射性核酸探针杂交的细胞或组织可利用酶检测系统显色，然后利用图像分析仪对核酸的显色强度进行检测。

五、对照试验

为证实阳性信号的特异性，必须同时做对照试验。根据核酸探针和靶核苷酸的种类，对照试验有以下几种：①应用多种不同的核苷酸探针与同一靶核苷酸进行杂交；②吸收试验，即将cDNA或cRNA探针进行预杂交；③空白试验，即以不加核酸探针的杂交液进行杂交；④置换试验，即与非特异性序列和不相关探针杂交；⑤消化试验，即将切片应用RNA酶或DNA酶进行预处理后杂交；⑥应用同义RNA探针进行杂交；⑦用已知的阳性或阴性组织进行对照。

第三节　荧光原位杂交技术

荧光原位杂交技术（florescence *in situ* hybridization，FISH）是指利用荧光信号对组织、细胞或各种染色体中的核酸进行检测的原位杂交技术，其原理与应用非荧光素标记探针的原位杂交相似，具有实验周期短、反应速度快、敏感性高、特异性强、定位准确、标记稳定且无放射性污染的优点。1986年，Dilla等首次用荧光素直接标记DNA探针，检测人特异性染色体。接着Pinkel等利用生物素标记DNA探针，建立了间接荧光原位杂交技术，这一技术放大了杂交信号，提高了 FISH 的敏感性。此后，地高辛、二硝基苯酚等标记物及各种不同颜色的荧光素在 FISH 技术中被广泛利用，不断完善了该技术的信号检测系统。荧光原位杂交不但能显示中期分裂象，还能显示出间期核。FISH 在基因定性、定量、整合表达等方面的研究中颇具优势。PCR 技术与 FISH 的巧妙结合，不仅提高了制备探针的能力，也提高了该方法的敏感性，可用于鉴定任一目的基因在染色体中的定位。计算机图像分析技术在 FISH 中的应用极大地提高了 FISH 技术的敏感性及结果的直观性和可信度。FISH 技术还可与流式细胞术、染色体显微切割等技术结合使用，使该技术不仅用于细胞遗传学的基础研究，也越来越广泛地应用于肿瘤细胞遗传学研究、遗传病基因诊断等临床医学研究中。

一、荧光原位杂交探针

FISH 技术中所用探针有 DNA 探针、RNA 探针和寡核酸探针，其中以 DNA 探针最为常用，依其性质和应用目的的不同可以分为以下几类。

1. 染色体特异重复序列探针

染色体特异重复序列探针包括 α-卫星 DNA 重复序列探针、β-卫星 DNA 重复序列探针和端粒重复序列探针，用于染色体数目端粒部位重复序列检测、染色体来源和同源染色体易位的鉴定。

2. 染色体涂染探针

染色体涂染探针是指用荧光素将染色体上携带的特定 DNA 标记所制备的探针，具有严格的染色体特异性，包括全染色体涂染探针、染色体臂涂染探针和染色体带纹探针（特异性区带涂染探针）。这类探针广泛应用于遗传疾病和肿瘤的检测，如全染色体涂染探针用于检测染色体结构畸变和标记染色体，染色体臂涂染探针用于检测同一染色体臂间易位和染色体倒位，染色体带纹探针用于染色体某一特定区带扩增与缺失的检测。

3. 染色体单一序列探针

染色体单一序列探针即单拷贝序列探针，包括各类人工染色体探针，如酵母人工染色体（yeast artificial chromosome，YAC）探针、细菌人工染色体（bacterial artificial chromosome，BAC）探针、噬菌体人工染色体（phage artificial chromosome，PAC）探针，主要用于进行染色体 DNA 克隆序列的定位及 DNA 序列拷贝数和结构变化的检测。

4. 位点特异性探针

这类探针一般呈单拷贝，有区域特异性，长度为 15～500kb，主要用于特定遗传疾病的诊断及染色体微缺失、微重复综合征的诊断。

二、荧光原位杂交技术类型

FISH 实验操作与用非荧光素标记探针的原位杂交基本相似。根据荧光素标记物是否直接与探针结合，FISH 分为直接法和间接法两种技术类型。

1. 直接法 FISH

直接法 FISH 是以荧光素直接标记的已知碱基序列的特异核酸片段作为探针，在组织切片、间期细胞及染色体标本上与靶核酸进行原位杂交，因所形成的杂交体带有荧光素，故可在荧光显微镜下直接观察。该方法简单、快速，但信号较弱，敏感性较低。用于直接法 FISH 技术的常用荧光素标记物有异硫氰酸荧光素（FITC）、德克萨斯红（Texas red）、罗丹明

（rhodamine）及其衍生物四甲基异硫氰酸罗丹明（TRITC）、氨甲基香豆素乙酸（aminomethyl coumarin acetic acid，AMCA）、氨基乙酰荧光素（amino acetyl fluorene，AAF）和花青类（Cy2、Cy3、Cy5、Cy7）等。

2. 间接法 FISH

间接法 FISH 首先用亲和物质或半抗原等非荧光素标记物标记探针，再通过亲和连接或免疫反应带入荧光素来检测杂交体的存在。用于标记间接法 FISH 探针的标记物主要有：①生物素，以荧光素标记的亲和素（avidin）或者链霉亲和素（streptavidin）检测；②氨基乙酰荧光素，以抗 AAF 抗体检测；③磺酸，以抗磺酸抗体检测；④地高辛，以荧光素标记的抗地高辛抗体检测。

三、多色荧光原位杂交技术

多色荧光原位杂交技术（multi-color FISH，MFISH）是在普通 FISH 的基础上发展起来的新技术，它利用不同颜色荧光素标记的不同探针对同一标本进行杂交，因此一次杂交可在同一标本上同时检测多种 DNA 序列。多色 FISH 可采用不同荧光素标记的不同探针进行杂交后直接在荧光显微镜下检测（直接法），也可采用不同半抗原标记的不同探针进行杂交，然后用不同色荧光素标记的抗体进行免疫组织化学反应后再在荧光显微镜下进行检测（间接法）。

通过选用多种具有可分辨光谱的荧光染料与不同的探针结合（直接法），在一个染色体中期分裂象或细胞核中可呈现多种颜色标记，同时检测多种染色体异常。如用染色体涂片方法和 G 或 Q 显带技术无法检测或难以确定的染色体异常，通过多色 FISH 技术可以揭示染色体畸变，并确定畸变的来源。此外，多色 FISH 对于复杂的染色体核型改变，尤其是实体瘤的染色体检查具有很好的临床应用价值。

在多色荧光原位杂交基础上发展起来一些新技术，如纤维 FISH 技术是将细胞的全部 DNA 在玻片上制备出高度伸展的染色质 DNA 纤维，然后用标记不同颜色荧光物质的探针与 DNA 纤维进行杂交，最后用荧光显微镜观察结果并分析。纤维 FISH 技术可以快速直接目视判断探针位置及多个探针间的相对位置、物理位置和重叠程度等，因而大大加速了基因定位和人类基因组高分辨物理图谱的绘制。此外，多色原位启动标记、比较基因组杂交、光谱染色体自动核型分析和交叉核素色带分析等技术也是在多色荧光原位杂交基础上发展而来的。

第四节　原位 PCR 技术

PCR 技术是根据生物体内 DNA 复制的特点而建立的在体外经酶促反应将特定 DNA 序列进行高效和快速扩增的技术，它可将单一拷贝或低拷贝的待测核酸以指数形式扩增而达到用常规方法可以检测的水平，但不能进行组织学定位。原位 PCR（in situ PCR）是将 PCR 的高效扩增与原位杂交的组织学定位相结合，在不破坏组织细胞形态结构的前提下，利用原位完整的细胞作为一个微反应体系来扩增细胞内的靶序列，在组织切片、细胞涂片或培养细胞中检测和定位低拷贝甚至单拷贝的 DNA 或 RNA。Hasse 等于 1990 年首次报道了原位 PCR 技术，并用该技术成功地检测了羊绒毛膜脉络丛细胞中的绵羊脱髓鞘性脑白质炎病毒。

一、原位 PCR 的基本原理

原位 PCR 技术将 PCR 技术和原位杂交技术相结合，其基本原理与液相 PCR 的原理相似。

原位 PCR 先按一般原位杂交方法将细胞或组织进行固定和酶消化处理，以保持组织细胞的良好形态结构和使细胞膜和核膜均具有一定通透性，再将载有细胞或组织切片的载玻片放在 PCR 仪上进行 PCR 反应。在 PCR 反应过程中，在耐热的 DNA 聚合酶作用下，以合成的 DNA 作为引物，经过加热（变性）、冷却（退火）、保温（延伸）三阶段的多次热循环，使特异性靶序列 DNA 产量以 2^n 倍的方式在原位扩增，其结果通过相应显色技术显色即可在显微镜下直接观察或用标记探针进行原位杂交及显色后再用显微镜观察。原位 PCR 技术既保持了 PCR 技术和原位杂交技术的优点，也弥补了各自的不足，既有 PCR 的特异性与高敏感性，能检测到低于 2 个拷贝量的细胞内特定核酸序列，又具有原位杂交的定位准确，能将核酸序列定位与形态学变化相结合。

二、原位 PCR 的技术类型

根据在 PCR 反应中所用的 dNTP 等原料或引物是否标记，原位 PCR 分为直接法原位 PCR 和间接法原位 PCR；根据检测 mRNA 时所用标记物的性质和扩增产物检测方法的不同，原位 PCR 又分为原位反转录 PCR 和原位再生式序列复制反应。

1. 直接法原位 PCR

在反应体系中使用标记的三磷酸核苷酸或引物，在标本进行 PCR 扩增时，标记物掺入扩增产物中。通过显示标记物，可原位显示靶 DNA 或 RNA，扩增产物可直接观察而无须进行原位杂交。目前常用的标记物有地高辛、FITC 和生物素等。该方法的优点是使扩增产物直接携带标记分子，因此操作简便、省时，但特异性较差、扩增效率较低，易出现假阳性，特别是在组织切片上，假阳性信号主要来自标本中受损 DNA 的修复过程。由于固定、包埋及制片过程均可造成 DNA 损伤，受损的 DNA 可利用反应体系中的标记 dNTP 进行修复。这样，标记物会被掺入非靶序列 DNA 分子中，产生假阳性。另外，引物与模板的错配也可导致假阳性信号的产生。在直接原位 PCR 的基础上建立的 5'端标记引物原位 PCR 方法，虽然也有上述非特异性修复和扩增现象，但由于无标记物的掺入，故非特异性产物虽可以产生却无法显示，从而避免了假阳性结果。

2. 间接法原位 PCR

先将引物、核苷酸及酶等反应物引入细胞内进行扩增，然后用特异性标记探针与扩增产物进行原位杂交，检测细胞内扩增的 DNA 产物。该方法能克服由于 DNA 修复或引物错配引起的非特异性染色问题，使扩增效率提高，特异性增强，因此是目前应用最为广泛的原位 PCR 方法。该法需在扩增反应后再进行原位杂交，故操作步骤烦琐，用时长。

3. 原位反转录 PCR

将反转录反应和 PCR 相结合，在原位检测细胞内低拷贝 mRNA 的方法。整个反应分两步进行，第一步以 mRNA 为模板，在反转录酶催化下合成 cDNA；第二步则以 cDNA 为模板，用 PCR 对靶序列进行扩增，最后用标记的探针与扩增的 cDNA 进行原位杂交而间接检测细胞内的 mRNA。该方法的优点是不需从标本中提取 mRNA，不会因在核酸的分离中造成靶序列破坏而致信号丢失。与液相 PCR 不同的是，原位反转录 PCR 反应过程在固定的组织或细胞标本上进行，标本需先用 DNA 酶处理以破坏组织细胞中的 DNA，以保证 PCR 扩增的模板是从 mRNA 反转录合成的 cDNA，而不是细胞中原有的 DNA，其余基本步骤与液相的 RT-PCR 相似。

就具体方法而言，原位反转录 PCR 与上述检测 DNA 的普通原位 PCR 一样，也可分为直接法和间接法，操作时的注意事项也相似，不同的是在进行原位反转录 PCR 时要特别防止 RNA 酶对待测核酸的降解。另外，由于在原位 PCR 前要进行反转录过程，因此实验周期较长，操作过于复杂。但随着将反转录酶和 *Taq* DNA 聚合酶功能合二为一的新型 reverse transcription thermal（rTth）酶的商品化，原位反转录 PCR 整个操作过程与普通原位 PCR 十分相似。其方法是将待测核酸与 rTth 酶、特异性引物和含有标记的 dUTP 和 dNTP 同时滴加于切片上，在原位 PCR 仪上先用 60℃温浴 30min，以从待测 mRNA 反转录 cDNA，再经 20 个 PCR 循环，扩增特异性 cDNA，并同时使扩增的 cDNA 片段中掺入标记物，最后用组织化学或免疫组织化学方法检测阳性信号。

4. 原位再生式序列复制反应

该方法以 mRNA 为模板通过反转录酶、DNA 聚合酶和 RNA 聚合酶的作用，以 RNA/cDNA 和双链 cDNA 作为中间体，以转录依赖的扩增系统（transcription-based amplification system，TAS）直接扩增 RNA 靶序列。TAS 扩增 RNA 的原理是：制备 A、B 两种引物，引物 A 与待检 RNA 3'端互补，并有一 T7 RNA 聚合酶的识别结合位点；逆转录酶以 A 为起点合成 cDNA，引物 B 与此 cDNA 3'端互补，反转录酶同时还具有核糖核酸酶 H（ribonuclease H，RNase H）和 DNA 聚合酶的活性，又可利用引物 B 合成 cDNA 的第二链；RNA 聚合酶以此双链 cDNA 为模板转录出与待检 RNA 一样的 RNA，这些 RNA 又进入下轮循环。利用该方法，RNA 聚合酶从一个模板可以转录出 $10\sim10^3$ 个拷贝，因此反应中待检 RNA 拷贝数以 10 的指数方式增加，扩增效率显著高于 PCR。

三、原位 PCR 的技术特点

原位 PCR 技术和液相 PCR 技术的原理基本相同，但由于原位 PCR 在固定的细胞、组织标本上进行，因而又有其特殊性。

1. 增强敏感性

原位 PCR 中，靶序列 DNA 或 RNA 是不移动的，由于空间位置的缘故，不是所有的靶序列都可以与引物结合而获得扩增。一般认为原位 PCR 效率低于传统 PCR。为获得较好的扩增效率，引物和 DNA 聚合酶的浓度应比传统 PCR 要高一些，每一个保温时间都应相应延长。

2. 热启动

在 PCR 扩增前，预先把组织切片与部分 PCR 反应混合液预热到一定温度，一般在 55℃以上，然后再加入引物及 *Taq* 酶，可增强原位 PCR 的成功率，明显减少非特异扩增产物。原因可能是热启动降低了引物与细胞内 DNA 的结合，而减少错配率。热启动处理后的切片，加入引物及 *Taq* 酶后即可进行 PCR 扩增反应。对靶片段的扩增有三步扩增法，即退火、延伸、变性；也有两步扩增法，即退火/延伸、变性。变性步骤常为 94℃，1min；退火为 72℃，3min；而延伸（退火/延伸）则常为 55℃，具体的反应时间在不同的体系中有所不同，与扩增片段的大小、不同的组织等有关，应通过预实验确定。

3. 对照试验

原位 PCR 是一种敏感性很高的检测细胞内特定 DNA 或 RNA 序列的新技术，其整个流程相当复杂。不适当的固定和预处理、不适当的引物、缺损 DNA 的修复及产物的扩散等都将会产生假阳性或假阴性结果。为了使实验结果得到正确、合理的解释，必须设置一系列对照试验。

理论上每次试验需要有 20 多个对照，在实际操作中，为保证反应的特异性，以下对照要首先考虑。

（1）同时扩增一个已知阳性和阴性的样品中的靶序列作为对照。该对照样品最好是与待测样品相似的组织或细胞。

（2）从同一样品中提取 DNA 或 RNA，在载玻片上做液相 PCR 或 RT-PCR。

（3）将数量已知的不含靶序列的无关细胞与含有靶序列的细胞混合或在同一组织中设置相邻的阳性和阴性，用以区别由于扩增产物扩散而造成的假信号。

（4）省去 Taq DNA 聚合酶进行原位扩增作为一个阴性对照。

（5）省去引物或用无关引物代替特异性引物进行原位扩增作为一个阴性对照，用作检测 DNA 聚合酶作用下的缺损 DNA 修复的对照。

（6）原位扩增之前用 DNA 酶或 RNA 酶预处理待检测标本作为一个阴性对照。

（7）省去探针或省去标记的引物作为检测体系的对照。

第五节　双重和多重原位杂交技术

为了在同一标本上或同一细胞内同时检测是否存在两种或两种以上的靶核酸序列，可应用双重或多重原位杂交技术，即以两种或多种标记探针与靶核酸杂交，然后利用不同的检测手段分别显示各种靶核酸的存在和分布。该技术与免疫组织化学技术中的双重或多重标记相似，除了探针本身的特异性外，对结果的干扰主要来自标记物及检测试剂的互相影响。下面根据所用标记物性质不同，分别介绍几种常用的双重标记原位杂交技术。

一、放射性核素和非放射性标记探针的双重标记原位杂交

非放射性标记原位杂交技术的兴起和发展为双重标记原位杂交提供了有效的技术途径。在分别以放射性核素和非放射性物质标记的两种探针结合进行的双重标记原位杂交技术中，常用的放射性核素标记物为 ^{35}S，常用的非放射性标记物为生物素和地高辛。该双重原位杂交技术可分为一步法和二步法两种。在一步法中，原位杂交反应应用两种探针的混合物一次完成，显示杂交信号时，先用碱性磷酸酶标记的链霉卵白素与杂交体上的生物素结合，并用氯化硝基四氮唑蓝（NBT）和 5-溴-4-氯-3-吲哚磷酸盐（BCIP）作为底物显示杂交体上的碱性磷酸酶（或用 ABC 法显示杂交体上的生物素）或以碱性磷酸酶标记的抗地高辛抗体与杂交体上的地高辛结合，并用 NBT 和 BCIP 显示碱性磷酸酶，标本脱水干燥后再进行放射自显影处理以显示另一靶核酸。一步法的优点是杂交反应一次完成，操作流程较短，同一细胞内的两种信号容易分辨，缺点是放射自显影的阳性信号要比单标时明显减少，碱性磷酸酶或 ABC 的阳性反应产物有可能会引起核乳胶的化学显影。在二步法中，先后使用不同的探针进行两次杂交反应，一般先用 ^{35}S 标记探针进行原位杂交，放射自显影显示第一种杂交体后，再用生物素或地高辛标记的探针进行第二次原位杂交，按生物素-卵白素-碱性磷酸酶法（或 ABC 法）或地高辛-抗地高辛抗体-碱性磷酸酶法显示第二种杂交体。二步法的杂交信号在镜下明显可辨。用放射性核素标记探针进行第一次原位杂交的整个操作顺序，包括放射自显影的显影定影过程，不会改变 mRNA 的结构，也不会影响第二次杂交反应时靶核酸对探针的可及性。二步法的整个操作流程要比一步法长，但它没有一步法中存在的放射性标记信号的丢失，以及碱性磷酸酶（或 ABC）阳性反应产物可能引起的乳胶化学显影的弊端。

二、非放射性标记探针的双重标记原位杂交

如果用不同的标记物标记不同的核酸探针，只要互相不影响各自的杂交反应，检测系统也不相互干扰，杂交信号易于分辨，原则上均能用于双重或多重标记原位杂交。应用非放射性标记探针的双重标记原位杂交，可克服放射性核素标记探针的分辨率低、时间长及放射性污染等缺点。

（一）应用生物素和地高辛标记探针的双重标记原位杂交

应用生物素和地高辛分别标记的两种探针进行双重标记原位杂交时，杂交反应可用含两种标记探针的杂交液一次进行。因为生物素标记探针可用辣根过氧化物酶标记的卵白素检测[以 3-氨基-9-乙基-卡巴唑（3-amino-9-ethyl-carbazole，AEC）为底物，阳性反应产物为红色]，而地高辛标记的探针用碱性磷酸酶标记的抗地高辛抗体来检测（反应产物为蓝色），两个检测系统互相无干扰，所以标记的卵白素和抗地高辛抗体也可混合在一起一次孵育。但两种酶的呈色反应需要的 pH 条件不同，故呈色反应需分先后两次进行。

（二）双重荧光标记原位杂交

利用具有不同颜色的荧光素分别标记不同的核酸探针，可检测同一组织或细胞内两种不同的靶核酸。用不同的荧光素作标记物进行双重标记原位杂交，有直接法和间接法两种。直接法将具有不同颜色的两种荧光素分别标记两种不同的核酸探针，用其进行原位杂交，杂交信号能在荧光显微镜下通过选择不同的滤片而直接观察。间接法用生物素和地高辛分别标记两种不同的核酸探针，然后用不同荧光素标记的亲和素（或抗生物素抗体）和抗地高辛抗体来检测杂交体。

三、两种放射性核素标记探针的双重标记原位杂交

用 ^3H 和 ^{35}S 分别标记两种不同探针，用混合探针做原位杂交。在放射自显影时，标本被覆两层核乳胶，并在两层核乳胶之间用一层透明的塑料膜将其分开。因 ^3H 的 β 射线能量低，故 ^3H 的信号在第一层乳胶上。^{35}S 的 β 射线能量高，它不仅能使第一层核乳胶曝光，还能穿透塑料薄膜使第二层核乳胶曝光，结果 ^{35}S 的信号可同时在两层核乳胶中见到。两层乳胶上的信号用彩色微放射自显影术分别显为深红色和蓝色，两种杂交信号更容易在镜下鉴别。

此法虽能在同一标本上检出位于不同细胞中的两种靶核酸，但不能分辨位于同一细胞中的两种靶核酸。而且，该技术操作复杂、检测过程需要两次放射自显影，所费时间较长，故推广使用受到一定限制。

第六节　原位杂交结合免疫组织化学技术

原位杂交结合免疫组织化学技术主要用于在同一细胞内同时或先后检测特定基因在核酸和蛋白质或多种水平的表达。这样，不仅能了解基因表达，还能研究某种基因表达的翻译和转录调节。如果免疫组织化学检测的抗原成分是与原位杂交的靶核酸不同基因编码的蛋白质、多肽等，那么同时使用原位杂交和免疫组织化学技术可研究一种基因的转录与另一种基因编码的蛋白质合成之间的相互关系。

原位杂交结合免疫组织化学技术可以分别在相邻的连续切片上进行。只要在相邻切片上

能得到同一细胞的连续切面，对照观察相邻切片上同一细胞切面原位杂交和免疫组织化学结果，就可以判断在同一细胞内是否存在特定的靶核酸 DNA 或 RNA 和由该基因或另一种基因编码的蛋白质、多肽。

原位杂交结合免疫组织化学技术更多的是在同一细胞标本或组织切片上进行，这样可避免因相邻切片法观察时不易找到同一细胞的切面而产生的空间误差和样本误差。但采用同一切片双标记技术时，第一次标记染色过程总要或多或少地影响第二次标记染色的结果，使第二次染色结果不很理想。

在同一细胞和切片标本上进行原位杂交和免疫组织化学双标记时，可以先用原位杂交检测核酸，也可以先用免疫组织化学检测蛋白质，不同的检测程序各有其优缺点。

一、原位杂交在先

细胞和切片标本先用核酸探针做原位杂交，检测 DNA 或 mRNA，接着再进行免疫组织化学反应，检测抗原成分。原位杂交可用放射性核素标记探针，也可用非放射性标记物标记探针，免疫组织化学可用 ABC 法等。先做原位杂交，尤其是 RNA 原位杂交，标本中的 mRNA 丢失较少，杂交信号较强。但是，在原位杂交的操作过程中，可能会影响抗原物质的抗原性，会减弱免疫组织化学的染色强度。

标本先做原位杂交，操作步骤基本上按单做原位杂交的程序进行。只是由于杂交前的蛋白酶消化会改变蛋白质的三维结构，从而导致抗原性改变，因此应用时要小心，蛋白酶消化的时间要适度，不可过长。杂交和洗涤的温度不要超过 45℃，杂交温度过高会导致抗原物质变性。

如用放射性核素标记探针进行原位杂交，放射自显影可在杂交反应后立即进行，也可在免疫组织化学反应完成后进行。如在放射自显影完成后再进行免疫组织化学染色，组织标本上的核乳胶薄膜可能会影响抗体分子的穿透。

如用地高辛标记的非放射性核素探针进行原位杂交与免疫组织化学双标记，可在杂交反应后将原位杂交检测核酸的抗地高辛抗体（Fab 片段）与免疫组织化学检测蛋白或多肽的第一抗体混合在一起，一同孵育标本。之所以两种抗体能相混合同时孵育标本，是因为检测核酸的抗地高辛抗体只有 Fab 片段，不具有抗体抗原决定簇的 Fc 段，而检测蛋白或多肽的免疫组织化学程序中的第二抗体是以其 Fab 片段与第一抗体的 Fc 段结合而反应的，不能与抗地高辛抗体结合，因此原位杂交中的抗体与免疫组织化学中的抗体混合孵育标本不会产生交叉结合。这两种抗体混合孵育标本可明显缩短原位杂交和免疫组织化学结合的双标记实验周期。

二、免疫组织化学在先

细胞和切片标本先用特异性抗体经免疫组织化学检测其中的相应抗原成分，接着用核酸探针做原位杂交，显示同一细胞、标本内的 DNA 或 mRNA。免疫组织化学技术多用 ABC 法，显色剂可用 DAB、PPD（para-phenylenediamine）或 AEC。当与放射性核素的原位杂交结合时，DAB 或 PPD 显色所呈的棕褐色或棕黑色阳性产物在随后的原位杂交的操作过程中比较稳定，不会褪色。如果用 AEC 作显色剂，阳性产物呈红色，它与原位杂交的放射自显影的阳性信号黑色银粒对比更加鲜明，易于在同一细胞内分辨出来。但由于 AEC 的阳性产物能溶于乙醇等有机溶剂，因此在随后的原位杂交操作过程中不能用乙醇脱水，可代之以空气干燥。

　　免疫组织化学若与生物素或地高辛等非放射性标记探针的原位杂交相结合，在选择检测系统时应考虑到两个系统之间是否存在相互干扰。另外，在选用显色剂时，免疫组织化学和原位杂交最终的两种成色阳性产物应易于分辨。

　　先进行免疫组织化学反应，后进行原位杂交，通常抗原能较好地显示，但靶核酸有可能在进行免疫组织化学的过程中易于遭到破坏。当靶核酸是 mRNA 时，则要求整个免疫组织化学染色过程必须在无 RNA 酶的条件下进行。

第八章

光学显微镜技术

光学显微镜是观察生物有机体的微细结构、组织和细胞内的物质分布及有关细胞功能活动的精密仪器。在生物学发展的历程中，显微镜的作用至关重要，尤其是早期显微术领域的某些重要发现，直接促成了细胞生物学及其相关学科的突破性发展。对固定样品和活体样品的生物结构和过程的观察，使得光学显微镜成为绝大多数生命科学研究的必备工具。光学显微镜可分为普通光学显微镜、倒置显微镜、相差显微镜、荧光显微镜及激光扫描共聚焦显微镜等。

第一节　普通光学显微镜

根据光的透射、折射、吸收和衍射原理，光学显微镜将几乎看不见的样品放大为一清晰的图像。不同类型的显微镜利用不同的方法来产生样品的图像，在生命科学领域，最常用的一种显微镜是利用自然光源或人工可见光源观察切片标本的普通光学显微镜，简称为光镜（light microscope）。

一、普通光学显微镜成像原理

普通光学显微镜由两组会聚透镜组成，其成像原理如图 8-1 所示。物镜（objective）的焦距较短；目镜（ocular）的焦距较长。实际的物镜和目镜分别由多个薄透镜组成，其目的在于减小各种像差，以利于获得清晰的图像。

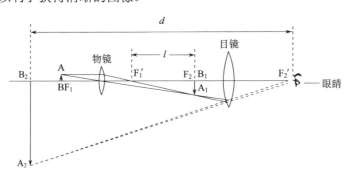

图 8-1　显微镜成像原理（王晓冬和汤乐民，2007）

AB. 实物；A_1B_1 实像（物镜放大图像）；A_2B_2. 虚像（目镜放大图像）；F_1. 物镜焦距（物镜的焦点与其光心的距离）；F_1'. 物镜后焦点；F_2. 目镜焦距（目镜的焦点与其光心的距离）；F_2'. 目镜后焦点；l. 光学镜筒长度（物镜后焦点与目镜前焦点之间的距离）；d. 明视距离（最适合正常人眼观察近处较小物体的距离，标准明视距离为 250mm）

普通光学显微镜按光学成像放大的基本原则设计，当光投射到标本上并且标本又位于物镜前方 2 倍焦距以内的位置时，则会在物镜后方 2 倍焦距以外的地方形成倒立放大的实像；如果此像又在目镜下方焦点以内，则通过目镜形成正立放大的虚像；若没有转换棱镜，该像又恰好在眼睛的明视距离内，就可以通过眼球晶状体最后在视网膜上形成倒立的像。

二、光学显微镜基本结构

光学显微镜在结构上分为光学系统（optical system）和机械系统（mechanical system）两大部分。前者是显微镜的主要部件，决定着显微镜的光学性能；显微镜的调节则需要在机械系统的精密配合下才能实现。图 8-2 为普通光学显微镜的基本结构，其中机械结构部分则包括镜座、镜臂、载物台、镜筒、物镜转换器和调焦旋钮等；光学系统包括目镜、物镜、光源、反光镜、聚光器和滤光装置等。

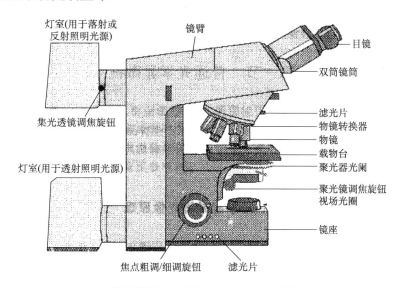

图 8-2　光学显微镜基本结构（王晓冬和汤乐民，2007）

（一）机械部分

1. 镜座

镜座是支持和稳定整个镜体的主要部件，由铸铁制成，近年来多改用铸铝制造镜座。但后者质量较轻，稳定性不如较重的铸铁。

2. 镜臂

连在镜座上端的部分，为移动显微镜时的把握处。简单光镜的镜臂与镜座间往往有活动关节（倾斜关节），调节显微镜向后做一定角度的倾斜，便于观察时使镜筒角度适应观察者的高低。但如果其倾斜角度过大，将导致光镜的重心偏移超出稳定范围。

3. 载物台

放置和固定标本的平面台，平台中心有一圆孔，可通过光线。台面上附有一对夹持切片的弹簧夹和带刻度的推片器，通过两个旋钮操纵切片的前后左右移动。

4. 镜筒

附于镜臂上端前方的圆筒，长度一般为 160mm，它是成像光柱的通道，镜筒上端装目镜，下端连接物镜转换器及几个不同放大倍数的物镜。有的显微镜镜筒上还设有可供与照相机相连的接口。

5. 物镜转换器

镜筒下端的圆盘状结构，有 3～4 个物镜孔。物镜一般从低倍、高倍到油镜的顺序按顺时针方向排列。物镜孔的螺纹和口径是国际统一的，可换用任何国家生产的物镜。

6. 调焦旋钮

调焦旋钮有粗调焦旋钮与细调焦旋钮两组。不同型号的显微镜，在旋转调焦旋钮时，有的是升降镜筒，有的是升降载物台，但均以调节物镜与标本之间的距离使物像清晰为目的。粗调焦旋钮调节范围较大，每转一周可使镜筒或载物台升降 10mm 左右；细调焦旋钮的调节范围较小，每转一周镜筒或载物台仅有 0.1nm 或 0.2mm 的升降。

（二）光学部分

1. 目镜

位于镜筒上端，由平凸透镜组成。在目镜的镜筒下端者为场镜，上端者为接目镜。目镜具有将物镜形成的倒立实像再放大和转变成正立的虚像作用。目镜的外表面上标有放大倍数，如"5""6.5""8"和"10"等，分别代表放大率为 5×、6.5×、8× 和 10× 等。

2. 物镜

安装于镜筒下端的物镜转换器上，由凸凹透镜组成，在物镜下端靠近标本者为前透镜，在物镜上端者为后透镜。物镜具有放大和产生标本第一次倒立实像的作用。同样在物镜的外表面也标注放大倍数、数值孔径、镜筒长度和盖玻片厚度等数据，如"40"代表放大倍数，"0.70"为数值孔径，"160"为镜筒长度，"0.17"为盖玻片厚度等。标有"apo"（或"apochromatic"）者为复消色差物镜，标有"aplan"（或"aplanchromatic"）者为平均消色差物镜。物镜放大倍数一般有 4×、10×、20×、25×、40×、100× 等数种。在观察标本时，位于标本和物镜之间的介质是空气的物镜为干燥系物镜，若是香柏油的物镜为油浸系物镜，若是水的物镜为水浸系物镜。

3. 光源

照明光源分自然光源和人工光源两类。自然光源为白天柔和的散射光；人工光源可采集显微镜以外的电光源（如日光灯光）或显微镜自带的电光源（坞丝灯或卤素灯）。

4. 反光镜

反光镜为聚光器下方的圆形反射镜，可向各个方向转动和翻转来改变采光方向。它一面是平镜，另一面是凹镜。平镜用于采集自然光源或显微镜以外的人工光源，凹镜在光线暗而弱时使用。

5. 聚光器

装在载物台下方，由 13 块透镜组成。它集聚反光镜所反射的光线，通过载物台的中央圆孔照明标本。聚光器可通过调节螺旋在一定范围内升降，从而调节光线进入物镜的聚散程度，有助于获得适宜照度聚焦和成像的景深（当用油浸系物镜时，聚光器必须升至最高处）。聚光器内附有光阑，能随意开大或缩小，以调节光线的强弱。较好的聚光器同样已消除了球面差和色差，并且在带有特殊功能的显微镜上还匹配功能各不相同的专用聚光器。

6. 滤光装置

滤色片为不同颜色的玻璃片，装在聚光镜下方，以调节光线的颜色。例如，用滤色片形成单色光，可减少色差。

7. 照相系统

照相系统由相机、相机接口及相机控制系统等组成。

三、光学显微镜技术指标

显微镜的技术指标有许多，主要有数值孔径、分辨率、放大率、景深、视场范围和镜像亮度等。

（一）数值孔径

数值孔径（numeric aperture，NA）以公式表示为

$$NA = n\sin u$$

式中，n 为物镜与样品之间介质的折射率；u 为孔径角（angularaperture），是指进入物镜口边缘入射光束与物镜光轴之间的夹角（图 8-3）；可在物镜筒外侧和聚光镜上看到 NA 标识。

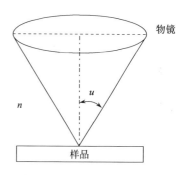

图 8-3 孔径角示意图

由公式可知，孔径角越大，进入物镜的光越多；介质的折射率越大，数值孔径值越大。

干燥系物镜的光线通过的介质是空气，而油浸系物镜的介质是香柏油。干燥系物镜的数值孔径为 0.05～0.95，水浸系物镜的数值孔径为 1.00～1.25，油浸系物镜的数值孔径为 0.80～1.40，聚光镜的数值孔径为 1.20～1.40，用于全内反射显微镜的物镜的孔径数可达 1.60。提高光学显微镜分辨本领的方法之一是增大物镜的数值孔径。

（二）分辨率

分辨率（resolution power，R）是显微镜分辨微细结构的本领，即指将物体放大成像后，可以区分物平面两个点间的最小距离。

（三）放大率

由于经过物镜和目镜的两次放大，因此显微镜总的放大率（magnification，M）应该是物镜线放大率 M_1 和目镜角放大率 M_2 的乘积

$$M = M_1 M_2$$

式中，物镜线放大率 M_1 可近似地等于 s/F_1，s 为物镜的像距，F_1 为物镜的焦距；目镜角放大率 M_2 可近似地等于 $25/F_2$，25 为眼睛到物的明视距离（cm），F_2 为目镜焦距。

由于物镜和目镜的焦距与物镜的像距 s 相比较很小，s 可以看成镜筒长度，因此显微镜的放大率与镜筒的长度成正比，与物镜和目镜的焦距成反比，即

$$M = \frac{25 \cdot s}{F_1 F_2}$$

显然，通过调换不同放大率的物镜和目镜，适当地进行组合可以改变显微镜的放大率。为了充分发挥显微镜的分辨能力，应使数值孔径与显微镜总放大倍率合理匹配。因为当

选用的物镜数值孔径不够大也即分辨率不够高时，显微镜不能分清物体的微细结构，此时即使过度地增大放大率，得到的也只能是一个轮廓虽大但细节不清的图像；反之如果分辨率已满足要求而放大率不足，则显微镜虽已具备分辨细节的能力，但因图像太小而仍然不能被人眼清晰地视见。

（四）景深

在使用显微镜时，当焦点调在样品的某一平面时，不但位于该平面上的各点都可以看清楚，而且在此平面的上下一定厚度内的结构也能看清楚，这个清晰部分的厚度称为景深（depth of field，D_f）。景深与总放大倍数及物镜的数值孔径成反比，即

$$D_f = \frac{0.24n}{M \cdot NA}$$

式中，n 为介质的折射率；M 为总放大率；NA 为物镜数值孔径。

景深大，可以看到被检样品的全层，而景深小，则只能看到被检样品的一薄层。由于低倍物镜的景深较大，因此在低倍物镜照相时会造成困难。

（五）视场范围

观察显微镜时，所看到的明亮的圆形范围叫作视场，它的大小是由目镜里的视场光阑决定的。视场范围（field of view）也称为视场宽度，是指在显微镜下看到的圆形视场内所能容纳被检样品的实际范围。视场范围越大，越有利于观察。

$$F = \frac{FN}{M_1}$$

式中，F 为视场直径；M_1 为物镜的线放大率；FN 为视场数（field number），标刻在目镜的镜筒外侧，可分别为 18、20、22 和 25。

视场直径与视场数呈正比。增大物镜的倍数，则视场直径减小。这就是在低倍镜下可以看到被检样品的全貌，而换成高倍物镜时只能看到被检样品的很小一部分的原因。

（六）盖玻片校正

显微镜的光学系统也包括盖玻片（coverslip）在内。由于盖玻片的厚度不标准，光线从盖玻片进入空气产生折射后的光路发生改变，从而导致相差的产生。盖玻片对显微镜的成像质量将产生一定影响，成为显微镜光学系统色差、球差的来源之一，而且色差和球差随着盖玻片的厚度和散射程度的增加而增加。

国际显微镜行业规定，盖玻片的标准厚度为 0.17mm，许可范围为 0.16～0.18mm，在物镜的制造上已将此厚度范围的相差计算在内。物镜外壳上标有 0.17 的字样，即表明该物镜所要求的盖玻片的厚度。

（七）镜像亮度

镜像亮度（light of image，L）与数值孔径的平方呈正比，与总放大率的平方成反比，即

$$L = \frac{NA^2}{M^2}$$

在同一放大率下选用不同孔径数的物镜，其镜像亮度不同。孔径数越大，镜像亮度越亮。在相同或相近的孔径数的情况下，物镜的线放大率越大，镜像亮度越暗。镜像亮度会对显微

图像的反差造成影响，尤其是观察荧光样品时必须注意到这一点。

四、光学显微镜照明技术

显微镜的照明技术依据其照明光束的形成，可分为透射式照明（transmission illumination）和落射式照明（incident illumination）两大类。前者适用于透明或半透明的被观察样品，是绝大多数生物显微镜所采用的照明方式；后者则适用于非透明的被观察样品，因为光源来自上方，因此又被称为反射式照明（reflection illumination），主要应用于荧光显微镜。

（一）透射式照明

普通生物光学显微镜多用来观察透明标本，需要以透射光来照明。透射式照明有两种方式：临界照明（critical illumination）和科勒照明（Këhler illumination）。

1. 临界照明

在光源和物体之间设有一个聚光镜（condenser），光源经过聚光器后成像于物平面上（图8-4）。如果忽略光能的损失，则可认为光源像的亮度与光源本身相同，因此这种方式相当于在物平面上放置光源。也就是说，通过调节聚光镜的位置，可以使光源灯丝的像聚焦并叠加样品平面上。样品照明不均匀是临界照明的主要缺点，补救的方法是在光源的前方放置乳白色和吸热滤色片，使照明变得较为均匀并且避免光源的长时间照射而损伤被观察样品。

2. 科勒照明

科勒照明是现代光学显微镜普遍采用的照明方式。临界照明中的样品照度不均匀的缺点，在科勒照明中可以得到消除。通过在放置光源的灯室内设置集光镜（图8-5），光源灯丝的像就不再叠加在样品平面上，而是在样品平面上呈现一个照明光场。由于被光源均匀照明了的视场光阑（作为物）经聚光镜后成像在样品平面，因此通过调节聚光镜的位置可使照明光场的边界清晰聚焦。

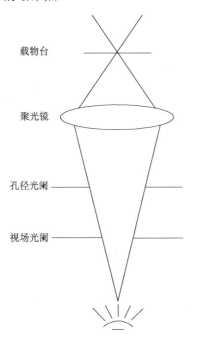

图8-4　临界照明光路

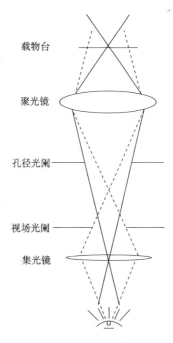

图8-5　科勒照明光路

3. 临界照明与科勒照明的比较

与临界照明相比，科勒照明的优点主要体现在：①照度均匀；②通过调节视场光阑的大小和位置，可以控制样品平面上照明光场的大小与位置。另外，视场光阑的作用还体现在适时减小照明光场范围后避免了样品其他区域的致热损伤，同时抑制了杂散光的干扰。

掌握科勒照明系统的调节对于熟练而有效地使用显微镜是至关重要的，如聚光镜的调焦和调中；聚光镜和孔径光阑及集光镜和视场光阑在显微镜上的位置等。

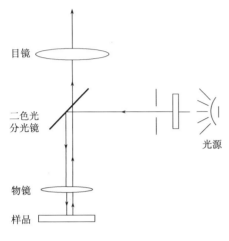

图 8-6　落射式照明光路

（二）落射式照明

落射式照明是荧光显微镜和偏光显微镜普遍采用的照明方式，这种方式从侧面或上面施以照明，主要用于观察不透明样品，此时样品像的产生靠的是进入物镜的反射或散射光线，物镜同时起着聚光镜的作用（图 8-6）。

五、普通光学显微镜的使用与保养

（一）普通光学显微镜的使用

在显微镜的光学系统中，光源、聚光器、物镜、目镜与光阑中心形成的光轴必须在一条直线上，因此使用前首先必须进行光轴的调节，否则不能达到最佳的成像效果。具体方法是转动粗调焦旋钮使镜筒略为上升，先将低倍物镜转到位，用双眼注视目镜（若是单目显微镜时，用左眼注视目镜），依次调节光源（或反光镜）、聚光器和光阑，至视野的光度适宜为止。

将切片标本放置载物台上，使有标本的一面朝上并正对载物台上的中心圆孔，用低倍物镜，一面用双眼（若是单目显微镜时，用左眼注视目镜，不要闭上右眼）在目镜中观察，一面用手旋转推片移动器，用另一手转动粗调焦旋钮，直至找到观察目标并调节成像清晰为止。低倍镜视野较大，成像倍数低，用于了解标本的全面情况。如要观察标本中某一局部的细微结构，则需用高倍物镜。此时将待观察的结构部分移至视野正中，再转换高倍物镜，如显微镜的低倍物镜焦距已调好，当转换高倍物镜后只需使用细调焦旋钮调焦即可。

油浸系物镜仅在观察更微细的结构时使用。使用时要在玻片上滴加油剂（专供油镜用的香柏油或其他合成油剂），将油镜转到位后，慢慢下调至油镜的下镜片浸入油剂为止。用细调焦旋钮慢慢上调油镜至图像清楚为止。观察完毕后用擦镜纸沾上二甲苯将油镜和切片标本擦拭干净。注意勿沾过多的二甲苯擦拭，以免二甲苯浸入油镜中影响镜片间的粘连牢固度。

（二）普通光学显微镜的保养

（1）显微镜应放在干燥通风的环境内，防止光学部分长霉及机械部分生锈。同时，显微镜不得暴露于日光下，避免与酸、碱类或其他腐蚀性物质接触。较高级显微镜的目镜、物镜在长期不使用时，应取下并保存于干燥器皿内。

（2）显微镜使用完毕后，擦去镜上污物及灰尘，盖上玻璃罩或塑料罩防尘。显微镜光学部分，必须用擦镜纸或绸布、绒布轻轻拂拭，切忌用手指、粗毛巾或纱布擦拭；机械部分可用细布擦拭。

（3）显微镜的任何零件不得随意自行拆卸，尤其是物镜，应避免拆卸擦洗。

第二节　倒置显微镜

倒置显微镜（inverted microscope）将光源和聚光器安装在显微镜载物台的上方，物镜放置在载物台的下方。由光源发出的光经反光镜呈 90° 反射，垂直进入聚光器，再落射到标本的前后，被检物经载物台下方的物镜成像，再经棱镜组分光，一个像进入目镜的前焦平面上，另一个像进入镜座内的光路，用于显微摄影（图 8-7）。

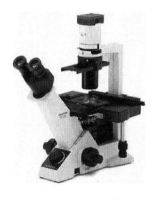

图 8-7　倒置显微镜

倒置显微镜装配有各种附件，如相差长焦距聚光器和物镜、暗视野聚光器、荧光显微镜光源和滤片（激发滤片和阻断滤片）及数码摄像系统等，可进行多种实验观察。这种显微镜的最大特点是增大了物镜和聚光器的工作距离，也就是物镜前表面到被检标本之间的距离和聚光器到被检物之间的距离。因此，可以在载物台放置较高、较大的标本，如培养皿或培养瓶，还可以安装有机玻璃保温罩和自动恒温调节器，直接观察体外培养的细胞，以及对活细胞进行各种实验的连续观察、瞬时拍照和摄像。

倒置显微镜也可装配显微操作器（micromanipulator）。显微操作器有各种类型，包括手动操作式、油压驱动遥控式和计算机控制式，附有细胞内注射和吸引体液等的微型泵、玻璃针、微型注射器、微型吸液管、电视装置和防震台等。防震台主要是一块铁板和若干橡皮球组成，放在显微镜镜座下面，使显微镜不受外部震动的影响。防止震动是进行显微操作必不可少的条件。倒置显微镜与显微操作器组合应用，可用于细胞生理学、细胞药理学、分子细胞学、发育生物学及遗传工程等研究中，进行膜片钳、细胞内注射、吸引细胞内液、细胞切割及细胞核移植等操作。

第三节　相差显微镜

一般可以将样品分为振幅样品（amplitude object）和相位样品（phase object）。例如，经过染色的组织（细胞）属于振幅样品，光波透过时会吸收某些特定波长的光，使得光强度减弱，即光波振幅发生改变（在光波频率保持恒定的情况下，光强正比于光波振幅的平方），因此表现为色彩和亮度上的反差，利用明视场显微镜可以观察到这类图像。而大多数活生物样品则属于相位样品，因为具有高度的透明性，照明光场与之作用后其光强变化不明显，即光波通过样品后的振幅基本不变，但存在光波相位的改变或光程差的改变。由于人眼只能觉察光波的波长和振幅的变化，因此无法利用明视场显微镜鉴别相位样品。相差显微镜（phase contrast light microscope，PCLM）可将人眼原来无法视见的样品本身的相位差，转变为能够观察到的与光强变化相联系的图像，适用于观察体外培养的活细胞形态结构、分裂增殖、迁移运动及染色标本中未染上颜色的微细结构等。

一、相差显微镜成像原理

相差显微镜的特点是改变光的相位，使相位差变为振幅差，借此增强或减弱光的明暗度而观察生活状态的标本的微细结构。

（一）光的相位差

光是一种电磁波，光的传播遵循波动的一般规律，相位是描述波动的主要参数之一。为了方便地比较和计算光经过不同介质时引起的相位差，通常引入光程和光程差的概念。光波在介质中传播时，其相位的变化不仅与光波传播的几何路程及光在真空中的波长有关，还与介质的折射率有关。将介质的折射率与光波传播的几何路程的乘积称为光程。决定光波相位变化的，是光程和光程差，而不是几何路程和几何路程差。光通过物体时，由于物体各部分的厚度和折射率不同，会发生光程差。例如，当两束光在进入同一厚度的水层和玻璃层之前，其光的波峰并列（相位相同），但当进入水层的光出来时，进入玻璃层中的光仍留在玻璃层内，只有在前者的光已向前进了一段距离之后，后者的光才走出玻璃层。这样，两束光的波峰和波谷位置不再并列，即发生了相位差。光程差越大，相位差也越大。但人的眼睛仍不能分辨光的相位差，只有利用光的衍射和干涉现象，把光的相位差变为振幅差（明暗差），才能达到识别被检标本微细结构的目的。

（二）光的干涉和衍射

频率相同、振动方向相同、相位相同或相位差恒定的两束光波称为相干光。相干光在空间相遇，当相位相同时，在叠加区域的某些位置上光强度始终加强；而当相位相反时，在叠加区域的某些位置上光强度始终减弱或完全抵消，这种现象叫作干涉（interference）。因此，两束光波的干涉可将两束光波的相位差变为振幅差（图8-8）。

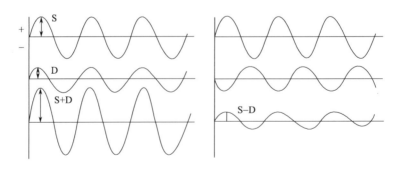

图 8-8 光的干涉现象

S，D. 单束光的振幅；S+D，S–D. 合成光波的振幅

光波绕过障碍物传播的现象称为光的衍射（diffraction）。光通过不染色样品后，产生直射光和衍射光。衍射光改变了原来的传播方向，衍射光的相位落后于直射光。

当直射光和衍射光同时到达一个地点时，由于满足光的相干条件从而形成干涉。干涉波的大小，取决于直射光和衍射光的振幅和相位差。若衍射光比直射光推迟 1/4 波长相位时，干涉波的振幅与直射光的振幅相同，只是相位稍有推迟，但光的明暗度无明显变化；若不推迟衍射光，而把直射光推迟 1/4 波长相位，使它与衍射光的相位一致，其合成波的振幅等于两光波的振幅之和，光亮度增强，称为明反差；若将衍射光再推迟 1/4 波长相位，使衍射光恰好推迟半个波长相位时，则合成波的振幅等于两波的振幅差，光变暗，称为暗反差。

二、相差显微镜装置

与普通光学显微镜或倒置显微镜相比，相差显微镜主要增加了环状光阑、相位板和中心望远镜三个装置。

环状光阑的作用是分开由光源直射过来的光所成的像与衍射光所成的旁像。环状光阑是由大小不同的环状孔形成的光阑，需要随物镜放大倍数的高低变更其大小，通常将大小不同的（10×、20×、40×、100×）环状光阑与聚光器装在一起组成转盘聚光器，转动聚光器可更换大小不同的光阑。在转盘的前端有标示孔，显示的数字表示位于聚光器下面的光阑类型，如标示孔的数字为"10×"时，则应与 10×物镜配合使用；标示孔的数字为"0"时，表明该处无环状光阑，为普通明视野光阑。

相位板是表面涂有铬、银等金属的薄膜，包括可以吸收直射光与衍射光的吸收膜和推迟直射光与衍射光相位的相位膜。相位板装在物镜的后焦面部位。

中心望远镜是为矫正环状光阑的中心和物镜的光轴使其完全位于一条直线上的观察工具。调节光轴时，摘下右侧目镜，插入中心望远镜，一面观察视野中的明亮圆环，一面升降聚光器（或旋转装在转盘聚光器的调节钮），调节环状光阑（暗环）的大小，使明亮的圆环和暗环完全重合，这样才能获得良好的相差效果。取下中心望远镜换上目镜，即可进行标本的观察。

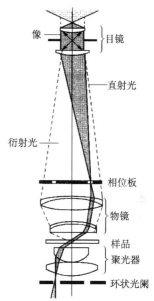

图 8-9　相差显微镜光路示意图
（王晓冬和汤乐民，2007）

相差显微镜光路图如图 8-9 所示。利用聚光器前的环状光阑和物镜后的相位板，通过巧妙的光学设计，使环状光阑与相位板共轭成像，即环状光阑的像恰好落在物镜的后焦面上。通过控制相位板的光学特性和厚度，进而调节经过相位板的直射光线与衍射光线之间的相位关系，从而创造产生相干光的条件，使得通过样品后的直射光线和衍射光线相遇后在像平面上产生干涉并形成图像。

第四节　荧光显微镜

荧光显微镜（fluorescence microscope）一般都采用落射式照明技术，照明装置发出较短波长的光，通过物镜（物镜同时作为聚光镜使用）作用在样品上，激发光激发样品上的荧光团，荧光团发出波长较长的荧光，返回投射到物镜，并且通过物镜到达目镜或者图像采集设备，这种技术可以用来观察和分辨样品中产生荧光物质的成分和位置。生命科学研究中主要观察的荧光类型包括自发荧光、染色荧光、诱发荧光、免疫荧光、酶诱发荧光及荧光标记分子探针等。

一、荧光的产生

荧光是一种光致发光的现象。当某些物质经光的照射，特别是经短波长的光照射后，该物质的电子层中的电子吸收光能，由低能级的电子层跳跃到高能级的电子层，或跳跃到同一电子层的高能带，这个过程叫作能级跃迁。电子的高能状态是不稳定的，经过约 10^{-8}s 后，以辐射光量子的形式释放吸收的能量，而回到原来的能态（基态），这种辐射出的能量即荧光。激发态的电子在回到基态之前，它的一部分能量会以热能而丢失，所以释放出的荧光波长较激发光长，如引起荧光的最有效光一般是激光、紫外光和蓝紫光，而产生的是红、橙、黄、绿、青、蓝、紫等色的荧光。

荧光分自发性荧光（原发荧光、固有荧光或自然荧光）和继发性荧光。自发性荧光是标本不经荧光素染色而呈现的荧光；继发性荧光则是标本经某种荧光素染色，组织或细胞内的一定成分与荧光素结合后所呈现的荧光。

二、荧光显微镜的组成

落射式荧光显微镜主要由照明系统、荧光滤片系统（激发滤片、阻断滤片、吸热滤片、吸收紫外线滤片及各种中性滤片）、光学系统（物镜、目镜）等结构组成。图 8-10 和图 8-11 分别为荧光显微镜实物照片和光路系统。

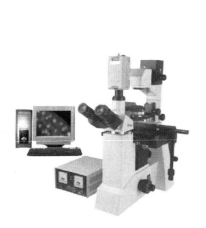
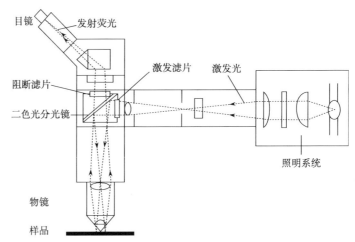

图 8-10　荧光显微镜　　　　　图 8-11　荧光显微镜光路系统（王晓冬和汤乐民，2007）

（一）照明系统

目前各类型荧光显微镜所采取的光源是高压汞灯。受检标本内的荧光强度取决于光源激发光的强度。高压汞灯能以最小的表面积释放出最大数量的短光波，而且亮度大、稳定。汞灯泡装在特制的灯室内，点燃高压汞灯需启动装置，每次启动后可工作 2～3h。

（二）滤片系统

滤片系统包括激发滤片、阻断滤片、吸热滤片和吸收紫外线滤片等。

1. 激发滤片

激发滤片（exciting filter）装在光源和标本之间的滤片滑板中，其作用是吸收光源中波长较长的可见光，允许短于一定波长的光波通过，作为荧光显微镜的激发光。各厂家的荧光显微镜使用的激发滤片型号、名称均不一样。但各种滤片大都根据其光谱的基本色调命名，如

UV（紫外）、B（蓝色）等。激发滤片有数种，使用时应根据观察的荧光所需要的激发波长，选择某一种滤片并推入光路。

2. 阻断滤片

阻断滤片（barrier filter）装在物镜和目镜之间的光路滑板中，其作用是吸收视野内未被标本吸收的激发光，允许标本内物质发射的荧光通过，以获得清晰的荧光图像和保护观察者的眼睛。阻断滤片多采用数字作为标志，吸收短于滤片标记数字的波长光，允许长于标记数字的波长光通过。阻断滤片有 410W 阻断滤片、460W 阻断滤片、515W 阻断滤片、530W 阻断滤片和 580W 阻断滤片。在进行荧光染色观察时，激发滤片和阻断滤片必须联合应用，这是使用荧光显微镜的关键。根据使用的荧光素有效吸收波长的不同，选用适当的激发滤片（表 8-1）。按激发滤片允许通过的激发光的波长，将相应的阻断滤片插入光路。即激发滤片允许某种波长范围的激发光通过，则相应地使用能吸收和阻断该波长范围的阻断滤片，这样才能获得清晰的荧光图像。

表 8-1　激发滤片和阻断滤片联合应用

激发滤片及激发波长	阻断滤片	最适宜的荧光染色和自发荧光
UV（365nm）紫外线	410W	樱草素、硫代黄素荧光染色
V（410~420nm）紫光	460W	单胺（去甲肾上腺素、多巴、5-羟色胺）自发荧光
BV（404~435nm）蓝紫光	515~530W	吖啶橙荧光染色
B（490nm）蓝光	515W	免疫荧光染色（FITC），芥子奎纳克林、金胺荧光染色
G（520~550nm）青光	580W	免疫荧光染色（TRITC）和 Feulgen 反应荧光染色

3. 吸热滤片

一般光源均含有一定量的红光，红光能产生大量热量。在各型荧光显微镜的光源附近均装有吸热滤片。

4. 吸收紫外线滤片

该滤片位于光源和显微镜之间的滤片滑板中，它的主要作用是吸收汞灯发射出的紫外线，允许可见光通过。由于一般荧光显微镜均附有低压光源，当荧光显微镜作为普通光镜使用时，可将该滤片推入光路中。

5. 各型中性滤片

滤片可不同程度地吸收可见光，减弱其光强度，进行普通光镜观察时的使用。各型中性滤片均装在光源和显微镜之间的滤片滑板中，用汞灯时不必推入光路。

（三）观察方式

荧光显微镜可以明视野观察，也可以暗视野观察；并可采用透射或落射两种方式的激发光路，通过改变光路的反光镜，进行透射或落射式荧光观察，而目前使用落射光装置的荧光显微镜更多些。无论何种荧光显微镜，均附有高压汞灯和低压钨丝或卤素灯两种光源。前者为荧光显微镜光源，后者为进行普通生物学标本观察时的照明光源。

三、荧光素

荧光素（fluorescein）是指一类可以吸收激发光的光能，并能发射荧光的物质。一定的荧光素能和组织（细胞）的某些成分发生特异结合，并在相应部位呈现一定颜色的荧光。根据这一现象，利用荧光染色法可以观察组织（细胞）的结构、细胞内某些成分含量的变化，以探讨细胞的功能状态；同时也可以用某些荧光素标记免疫球蛋白、核酸探针等，进行免疫组织（细胞）化学和杂交组织（细胞）化学的研究。较常用的荧光素见表8-2。

表 8-2 较常用的荧光素（王晓冬和汤乐民，2007）

染料名称	用途	激发波长/nm	发射波长/nm
吖啶橙	DNA 和 RNA	405	530～640
碘化丙啶	DNA	488	620
溴化乙锭	DNA	488	610
DAPI	DNA	359	461
Hoechst 33258	DNA	360	505
派洛宁 Y	RNA	488	580
沉香硫化氢	类脂类	458	470～660
樱草素	细胞和细菌	360	400～500
金胺	细胞和细菌	435	490～590
硫代黄素	细胞和细菌	380	420～550
罗丹明 123	线粒体	560	540～660
二乙酸荧光素	细胞存活率	460	610
异硫氰酸荧光素	标记抗体、探针	495	490～610
四甲基异硫氰酸罗丹明	标记抗体、探针	560	620
藻红素	标记抗体	488	570
CY3	标记抗体	540	575
CY5	标记抗体	640	670
德克萨斯红	标记抗体	600	630

四、荧光显微镜主要用途

荧光显微镜技术包括显示组织细胞的自发性荧光、荧光染色法、荧光免疫组织（细胞）化学法和荧光杂交组织（细胞）化学法等。

动物或人体的许多组织细胞成分，在激发光的作用下可发出荧光，为自发性荧光。例如，动物组织一般呈现弱淡蓝色荧光，其中胶原纤维和弹性纤维的荧光较强，呈亮淡蓝色荧光；蛋白质结合了 NHAD 后发出蓝荧光；脂褐素呈橘黄色的自发荧光；红细胞血红蛋白中的卟啉呈红色荧光，但在正常情况下，卟啉和铁离子相结合，铁离子有抑制荧光的作用，所以红细胞不发荧光；而在血液中加酸使铁离子游离，或缺铁性贫血时，红细胞可呈红色荧光；维生素 A 则形成绿色荧光；此外，脑干中单胺神经元、消化道和呼吸道黏膜内神经内分泌细胞中的内源性生物胺——儿茶酚胺、5-羟色胺和组胺等，能与某些醛类物质在一定条件下发生缩合反应而呈现亮黄绿色或黄色荧光。

能以极低浓度染色组织细胞，并在特定结构或化学成分存在部位呈现出特定的荧光为荧光染色（续发性荧光），借此显示细胞的形态结构、细胞内某些化学成分的含量变化、细胞的不同分化程度和功能状态，是一种良好的组织（细胞）化学染色方法。例如，应用 0.01% 的吖啶橙生理盐水溶液浸染活细胞、精子、寄生虫和虫卵等，活细胞的核为亮黄绿色荧光，细胞质呈绿色荧光，细胞质内的蛋白多糖颗粒为橘红色荧光；细胞死亡后核由黄绿色荧光变为红色，用此法可判断细胞内成分及细胞存活情况。硫代黄素染色可显示分化程度不同的细胞，分化程度低的细胞呈蓝色荧光，分化程度越低，蓝色荧光越深；随着细胞的分化，细胞的蓝色荧光逐渐向红色光谱方向偏移，胞质由蓝色→淡蓝色→淡蓝绿色，最后呈黄色，细胞核也相应地由深蓝色变为蓝色→灰黄→橘黄或橘红色。经吖啶橙染色和氯化钙分化，可显示细胞的清晰结构，细胞核 DNA 呈黄至黄绿色荧光，细胞质与核仁的 RNA 呈橘黄至橘红色荧光，含硫酸基的蛋白多糖（肝素和硫酸软骨素）呈红色荧光。合成蛋白质旺盛的细胞和增殖能力强的细胞质内含有大量 RNA，吖啶橙染色后细胞质呈现橘红色荧光。特别是癌细胞具有高度的增殖能力，DNA 含量多，核可呈亮黄色荧光，核仁和胞质呈鲜艳的橘红色荧光。因此，该染色法可从细胞形态学和细胞化学两方面的变化检测癌细胞。此外，利用神经末端具有摄取和逆向运输荧光物质的能力，建立了逆行荧光物质追踪神经通路的方法。

荧光免疫组织（细胞）化学是将免疫学的抗原-抗体反应和荧光组织（细胞）化学染色结合起来的一种技术，既具有免疫学的特异性又具有荧光组织（细胞）化学染色的敏感性。凡具有抗原性的物质均可用这种方法进行定位显示。而荧光杂交组织（细胞）化学法是应用荧光标记核酸探针，与组织或细胞中待测核酸按照碱基配对的原则进行特异性结合而形成荧光标记的杂交体，从而对组织或细胞中的待测核酸进行定性、定位和相对定量分析的一种研究方法。由于荧光染色具有敏感性高、背景对比度大等特点，因此荧光免疫组织（细胞）化学和荧光杂交组织（细胞）化学方法成为生命科学领域中最常用的技术。

五、荧光显微镜使用的主要注意事项

（1）启动高压汞灯后，需经 5～15min 预热，使其达到最大亮度，再观察标本。

（2）每次使用时间以 1～2h 为宜，观察途中不要随意开关电源；关闭电源后不可再立即开启。汞灯的寿命有限，约为 200h，所以最好将标本集中观察、摄影，以节省时间。

（3）载玻片厚度应为 0.8～1.2mm，盖玻片厚度在 0.17mm 左右，标本不能太厚。标本太厚会使激发光大部分消耗在标本的下部，而物镜观察到的上部不能被充分激发，此外细胞重叠也会影响结果判断。

（4）标本荧光染色后应立即进行观察，放置过久，荧光会逐渐减弱；观察时，不要在同一部位观察时间太长，以免荧光淬灭，最好在稍加观察后即显微摄影，然后再仔细观察。

第五节　激光扫描共聚焦显微镜

激光扫描共聚焦显微镜（laser scanning confocal microscope，LSCM）是随着光学、视频、计算机等技术的迅速发展而诞生的一种高新科技显微镜产品，是目前应用于细胞分子生物学的重要仪器之一，LSCM 利用激光作为光源，在传统荧光显微镜基础上，采用共轭聚焦的原理和装置，以及通过针孔的选择和光电倍增管（photomultiplier tube，PMT）的收集，并带有一套对其所观察到的对象进行数字图像分析处理的系统软件（图 8-12）。与传统光学显微镜相比，它具有更高的分辨率，可实现多重荧光同时观察，并可形成清晰的三维图像等优点，在生物学研究领域中发挥了重要作用，尤其在研究和分析活细胞结构、分子、离子的实时动态变化过程，组织和细胞的光学连续切片和三维重建等方面，是传统的荧光显微镜所望尘莫及的。

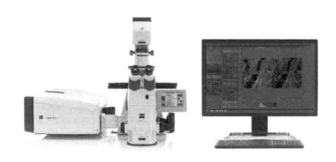

图 8-12   激光扫描共聚焦显微镜

1955 年，Marvin Minsky 基于在不染色的活体脑组织中观察神经网络的目的，建立了第一台共聚焦显微镜，并于 1957 年提出了共聚焦显微镜技术的基本原理。1971 年，Davidovits 和 Egger 发明了以激光为光源的共聚焦显微镜系统。1978 年，Shepepard 等提出了载物台扫描装置。1980 年，Koestert 等发明了镜扫描系统。1983～1986 年，Aslund 和 Carlsson 等发明了双镜扫描系统和共轭聚焦成像系统。1984 年，第一台 LSCM 实用商品问世。进入 20 世纪 90 年代后，LSCM 系统中逐步引入了混合激光和紫外激光技术、计算机控制技术和光子计数技术，使成像的质量和灵敏度都提高了很多。

一、基本原理

普通荧光显微镜使用场光源，因光散射，在所观察的视野内，样品上的每一点都同时被照射并成像，入射光照射到整个细胞的一定厚度，位于焦平面外的反射光也可通过物镜面成像，使图像的信噪比降低，图像的清晰度和分辨率较差。

LSCM 成像原理如图 8-13 所示，采用激光束作光源，激光束经照明针孔，经分光镜入射至物镜，并聚焦于样品上，对标本内焦平面上的每一点进行扫描。激发出的荧光经原来入射光路直接反向回到分光镜，通过探测针孔时先聚焦，聚焦后的光被光电倍增管探测收集后，将信号输送到计算机显示。在这一光路中，只有在焦平面上的光才能穿过探测针孔，焦平面以外区域射来的光线在探测针孔平面是离焦的，不能通过针孔。因此，非观察点的背景呈黑色，反差增加成像清晰。由于照明针孔与探测针孔相对于物镜焦平面是共轭的，焦平面上的点同时聚焦于照明针孔和发射针孔，焦平面以外的点不会在探测针孔处成像，即共聚焦。每一幅焦平面图像实际上是标本的光学横切面，这个光学横断面总是有一定厚度的，又称为光学薄片。由于焦点处的光强远大于非焦点处的光强，而且非焦平面光被针孔滤去，因此共聚焦系统的景深近似为零，沿 Z 轴方向的扫描可以实现光学断层扫描，

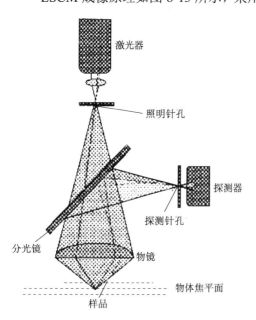

图 8-13   共聚焦成像原理（李继承，2010）

形成待观察样品聚焦光斑处二维的光学切片。把 X-Y 平面（焦平面）扫描与 Z 轴（光轴）扫描相结合，通过累加连续层次的二维图像，经过专门的计算机软件处理，可以获得样品的三维图像。

在成像过程中，针孔起着关键作用，针孔直径的大小不但决定是以共聚焦扫描方式成像，还是以普通荧光显微镜扫描方式成像，而且对图像的对比度和分辨率有重要的影响。共聚焦显微镜在放大倍率上和普通光学显微镜相比没有明显优势，但是其对样品细节的成像非常细致清晰。

二、激光扫描共聚焦显微镜的基本结构

LSCM 是由激光器、扫描探测器显微镜及控制扫描和显示输出的计算机系统组成。激光作为光源，通过扫描器内的二向色镜，进入显微镜的物镜。在激发样品后，发射光再次进入扫描器，最后信号被光电倍增管（PMT）检测。信号输出至计算机，显示样品图像。同时，计算机也可以通过软件控制扫描器和显微镜，实现图像自动化采集。

（一）激光器

普通光学显微镜使用的一般是混合光，光谱范围宽，成像时样品上的每个光点均会因为色差影响及由于入射光引起的散射和衍射最终影响成像质量。激光由于其特殊的激发原理和结构，在 LSCM 上有着单色性好、亮度高等很多的优势。普通光源通常包括了多种颜色，从波长看，就是由多种不同波长的光混合而成。单色光就是指只含有一个波长的光，激光就是如此。激光的单色性好，不但可以减少色差，而且在仪器设计上也可以简化发射光的单色系统，激发光与发射光易于分离，减少干扰。

激光还是相当好的平行光束，发散角度很小。这样就可以使能量在空间高度集中，同时由于激光发散小，聚焦以后能很好地形成小尺寸的光斑，这样就能准确地保证样品中特定点区域的荧光被激发。

激光还有一个显著的特征就是亮度高、强度大。激光的亮度比普通光源高出 1000 多倍，所以可以保证低功率下激发荧光。

同时，激光有着很好的相干性和偏振性。由于受激辐射的光子在频率和振动方向上相同，相位差恒定，偏振状态也一致，因此在相干性和偏振性上，普通光源是无法与激光比拟的。

（二）扫描探测器

主要由分光镜、滤光镜、扫描镜、针孔和探测器组成。

（1）分光镜按照波长的不同来改变光线的传播方向，使激发光能到达样品，而发射光能通过分光镜进入后续检测系统。

（2）滤光镜能够选择一定波长的发射光进行检测。

（3）扫描镜通常由 X 和 Y 方向的两块镜片组成，通过两块镜片的角度改变，可使激光光斑在样品上逐点移动，完成扫描程序。目前扫描镜有两种方式，第一种为常规的检流计式的扫描器，扫描速度较慢，但是扫描分辨率高；第二种为新型的共振式扫描器，扫描速度快，但是分辨率较低。

（4）针孔技术是共聚焦显微镜的主要决定方面。从理论上讲，为了最大限度地消除杂散光，针孔的孔径应该越小越好。但是同时也要保证足够的荧光信号能通过针孔，因此在实际

应用时，应该在保证图像亮度的情况下使得针孔尽量小。

（5）目前共聚焦显微镜所使用的探测器均为光电倍增管（PMT），其灵敏度极高，响应速度极快。通过调整其电压（或称为增益），可以在一定程度上提高图像亮度。

（三）荧光显微镜

LSCM 中所用的荧光显微镜与常规的荧光显微镜大体相同。同时也有一些特殊的地方，如必须配备与共聚焦连接的接口，配备 Z 轴步进马达以完成三维立体成像，配备光路转换系统方便切换荧光显微镜观察和共聚焦观察方式，并且所用的物镜最佳为复消色差物镜，一般为最高等级的全自动荧光显微镜。

（四）计算机系统

计算机控制整个激光共聚焦系统和显微镜电动系统，一切机械操作均可通过安装于计算机上的软件系统远程操控。

三、激光扫描共聚焦显微镜的主要特点

与传统荧光显微镜相比，LSCM 具有更高的分辨率，可同时观察多重荧光，形成清晰的三维图像等优点，在对生物样品的观察中，LSCM 有以下优越性。

（1）共聚焦光学系统中，与焦点重合点以外的反射光被微孔屏蔽掉了。因此，在观察立体样品时，形成如同用焦点面对样品进行切片后形成的图像。对活细胞和组织或细胞切片进行连续扫描，可获得精细的细胞骨架、染色体、细胞器和细胞膜系统的三维图像。同时可进行三维测量：使用表面形状测定机能，可以轻松地做出样品表面三维图像。不仅如此，还可以进行多种解析，如表面粗糙度测定、面积、体积、表面积、圆形度、半径、绝对最大长度、周长、重心、断层图像、快速傅里叶变换（fast Fourier transform，FFT）、线幅测定等。

（2）与普通荧光显微镜相比，LSCM 灵敏度高，且对样品的损伤小，图像对比度高。通常的荧光显微镜，由于偏离焦点部分的反射光会发生干扰，它与焦点成像部分发生重叠，从而造成图像对比度的降低。而相对于此，共聚焦光学系统中，焦点以外的杂散光及物镜内部的杂散光几乎完全被去除掉，因而可以获得对比度非常高的图像。另外，光线两次通过物镜使得点像更加锐化，也提高了显微镜的分辨能力。

（3）多维图像的获得。多通道扫描、时间序列扫描、旋转扫描、区域扫描、光谱扫描，同时方便进行图像处理。

（4）对细胞检测无损伤、精确、可靠和优良重复性；数据图像可及时输出或长期储存。

（5）光学放大功能在分辨率允许的前提下，可对样品的某个区域进行无限光学放大，从而可以进行超过物镜放大倍率的成像。

四、共聚焦显微镜图像模式

（一）单张光学切片

光学切片是 LSCM 的基本图像单位。固定和染色的标本以单波长、双波长、三波长或多波长模式采集数据，以数字方式进行储存。使用 LSCM 采集单幅光学切片的时间约为 1s。图像所占的存储空间与采集图像的大小有关，如采集一幅 8bit 的像素为 768×512 的图像所占空间为 0.3Mb。

（二）延时成像和活细胞成像

延时共聚焦成像使用改进分辨率的 LSCM 以研究活细胞。早期研究细胞定位的首选方法就是使用 16mm 电影胶片进行延时成像，将发条装置的定时曝光控制计（clockwork intervalometer）与照相机连接起来。后来多采用延时磁带录像机（video cassette recorder，VCR）、光探测磁共振成像系统、数码成像系统记录，目前多使用 LSCM 在设定的时间间隔采集一幅光学切片。

用 LSCM 进行活组织成像比固定的组织成像更为困难，因为标本并不是总能耐受成像所需的苛刻条件，如不能一直保持镜台上的标本存活，感兴趣的区域或结构无法靠近物镜，或标本不适合镜台（如在短工作距离的 LSCM，大的培养皿将无法放置在镜台上）等。例如，果蝇的翅成虫板在幼虫的深部发生，如将其解剖后则无法在培养的条件下生长，如果要研究这类组织中基因的表达就需要在不同的发育阶段从不同的幼虫中解剖固定和染色成虫板。

对于成功的活细胞成像，还要求在成像过程中始终保持镜台上细胞的存活，应注意使用最小强度的激光，因为激光束造成的光损伤在多次扫描时可以累加起来。将抗氧化剂如维生素 C 加入培养液，可减少来自激发的荧光分子产生的氧，氧可引起自由基形成并杀死细胞。对于一些荧光标记实验，应评价光暴露对标本的影响，一般应进行成像后组织活性的评估。胚胎在成像后应能继续进行正常发育。

每种细胞在生活时都有其特定的需要，如大多数细胞需要镜台加热装置以保持适宜的温度，有时还需要灌注室以保持培养液中 CO_2 浓度的恒定。而其他细胞，如昆虫细胞常在室温下保持在大量培养液中。大部分现代的共聚焦显微镜，其光子产生效率已大大改善，与更亮的物镜和更小光毒性的染料结合后活细胞的共聚焦显微镜分析已不成问题，其底线就是使用尽可能小的激光强度进行成像和尽快地采集图像。检测固定的标本时针孔可打开更大以加快图像采集过程，用去卷积技术可提高图像质量。

许多生理学事件的发生速度比大多数 LSCM 获取图像的速度快，而大多数 LSCM 获取单帧图像的速度约 1s。因此，对于生理学图像的采集要求速度更快的 LSCM，可以使用声光装置和裂隙扫描标本而不采用速度较慢的电流计驱动的点扫描系统。这一设计的优点是具有良好的与时间分辨率相配的空间分辨率，即每秒可达 30 帧全屏图像，接近视频速度。使用点扫描 LSCM，通过扫描一个大大缩小的区域可获得良好的时间分辨率。

（三）Z 扫描和三维重建

Z 扫描，即沿 Z 轴（光束入射方向轴）逐层扫描，是在标本的不同平面采集一系列图像，通过显微镜细调节螺旋的移动完成的。通常的方法是通过计算机控制的步进马达以预先设定的步距移动显微镜的镜台，采集一幅图像。以预设的距离移动焦距，采集第二幅图像，储存图像，而后再移动焦距。以这种方式进行图像采集和储存，直到所有需要采集的图像都采集完成。常从 Z 扫描图像系列中选择 2～3 幅图像进行数字化叠加，使得特定结构得到特异的显示，也可以很容易地将 Z 扫描图像以画面剪辑（montage，蒙太奇）的方式进行显示。Z 扫描图像可进一步处理成 3D 图像，这一方法现在用来阐明 3D 结构和组织功能之间的关系。要从 LSCM 的 200 张或更多的光学切片中看出复杂的互相连接的结构之间的关系非常困难。应注意以正确的步距采集图像以反映标本的实际厚度。Z 扫描的图像以数字方式记录，因此很容易进行标本的 3D 重建。需要注意的是，光学切片的厚度通常是指用显微镜采集的标本切片的厚度，与物镜镜头和针孔直径有关，并不是指步进马达的步距，这是由操作者设定的。在某些情况下可能与实际值相同，但并非总是如此。

Z 扫描的文件常被输出到计算机的 3D 重建程序，进行 3D 重建。3D 软件包可产生单帧 3D 图像，也可以电影方式编辑来自标本不同视图的图像。通过改变 3D 图像的特殊参数如不透明性，可以揭示标本内部不同层面的特定结构。也可进行长度、深度和体积的测量。一系列延时摄影所得的图像，也可将时间设定为 Z 轴而处理成 3D 图像。对于观察发育过程中的生理学变化（如 Ca^{2+}），这一方法是有用的。显示 3D 信息的一个简单方法是在不同的深度进行颜色编码光学切片（color coding optical section），可在标本内部的不同深度指定一种特定的颜色（如红、绿、蓝），采集一系列连续光学切片，而后将这些彩色的 Z 扫描图像用图像处理软件如 Photoshop 进行重叠和着色。

（四）四维图像

对于活体组织，用 LSCM 采集的 Z 扫描延时图像，可产生 4D 数据，即 3 个空间量，X、Y、Z，以及 1 个时间量。这些图像可通过 4D 观看程序进行观察，可建立每一时间点的立体照片对，并作为电影观看。也可进行每一时间点的 3D 重建，以电影方式观看或进行画面剪辑。

（五）X-Z 图像模式

X-Z 模式可观察到标本的纵向结构，如表皮层的纵向切面。X-Z 模式的图像可在步进马达的控制下，通过不同的 Z 轴深度进行单线扫描而获得，也可通过在 Z 扫描图像的光学切片中使用 3D 重建程序的切割平面功能完成。但注意在标本较厚时，内部的荧光标记可能并不清楚。

（六）反射光成像

未染色的标本也可通过 LSCM 以反射光模式进行观察。所有的早期共聚焦显微镜都采用这种方式进行观察。另外，标本可用反射光线的探针进行标记，如免疫金或银颗粒。这种成像方法的优点是不受光漂白的效应约束，尤其对活组织更适用。

（七）透射光成像

任何形式的透射光显微镜成像，包括相差、DIC、偏振光和暗视野都可采用透射光探测器进行采集，该探测器是 LSCM 上采集透过标本光的一种设备。信号经光纤传递到扫描头的 1 个 PMT。因为共聚焦荧光图像和透射光图像使用同一束光同时采集，图像记录保存后，经数字方法将其结合即可确定标记成分在组织内的精确定位。

采集标本的透射光和非共聚焦图像，并将其与一种或多种标记物质的荧光图像进行叠加，常可提供有用的信息。可用于在较长时间内（几小时或几天）监测标记的细胞亚群在未标记细胞群中的时间和空间迁移情况。实时彩色透射光探测器，可采集红、绿、蓝通道的透射光信号并生成实时彩色图像，采用与某些彩色数码相机相似的方式进行图像采集。这一设备对于病理学工作者尤为适用，他们熟悉用透射光观察彩色图像，并可将观察到的图像与荧光图像重叠。

（八）与相关显微镜的联合应用

LSCM 与相关显微镜联合使用的前提是用一种以上的显微镜技术从标本的同一区域采集

信息，如 LSCM 可与透射电子显微镜（TEM）同时应用，可在固定的组织同时观察 W-P 小体在血管内皮细胞的分布；采用绿色或红色荧光蛋白作标记，联合应用 LSCM 和 TEM 也可在同一切片观察目标物质在组织内的分布；也可先用伊红作为荧光标记，在 LSCM 下观察细胞内微管的分布，而后用在电镜下则表现为电子致密标志物。反射光成像也可与 TEM 联合应用。

五、激光扫描共聚焦显微镜的主要应用

1. 定量荧光测量

激光共聚焦可进行重复性极佳的低光探测及活细胞荧光定量分析。利用这一功能既可对单个细胞或细胞群的溶酶体、线粒体、DNA、RNA 和受体分子含量、成分及分布进行定性及定量测定，还可测定诸如膜电位和配体结合等生化反应程度。此外，还适用于高灵敏度快速的免疫荧光测定，这种定量可以准确监测抗原表达，细胞融合和损伤及定量的形态学特性，以揭示诸如肿瘤相关抗原表达的准确定位及定量信息。

2. 定量共聚焦图像分析

借助于激光共聚焦系统，可以获得生物样品高反差、高分辨率、高灵敏度的二维图像。可得到完整的、活的或固定的细胞及组织的系列及光切片，从而得到各层面的信息，三维重建后可以揭示亚细胞结构的空间关系。能测定细胞光学切片的物理、生物化学特性的变化，如 DNA 含量、RNA 含量、分子扩散、胞内离子等，也可以对这些动态变化进行准确的定性、定量、定时及定位分析。

3. 三维重组分析生物结构

LSCM 可进行三维图像重组，将各光学切片的数据组合成一个真实的三维图像，并可从任意角度观察，也可以借助改变照明角度来突出其特征，产生更生动逼真的三维效果。

4. 动态荧光测定

Ca^{2+}、pH 及其他细胞内离子测定，利用 LSCM 能迅速对样品的点、线或二维图像扫描，测量单次、多次单色、双发射和三发射光比率，使用如 Indo-1、BCECF、Fluo-3 等多种荧光探针，对各种离子做定量分析。可以直接得到大分子的扩散速率，能定量测定细胞溶液中 Ca^{2+} 对肿瘤启动因子、生长因子及各种激素等刺激的反应，以及使用双荧光探针 Fluo-3 和 CNARF 进行 Ca^{2+} 和 pH 的同时测定。

5. 荧光光漂白恢复——活细胞的动力学参数

荧光光漂白恢复（fluorescence recovery after photobleaching，FRAP）技术借助高强度脉冲式激光照射细胞某一区域，从而造成该区域荧光分子的光淬灭，该区域周围的非淬灭荧光分子将以一定速率向受照区域扩散，可通过低强度激光扫描探测此扩散速率。通过 LSCM 可直接测量分子扩散率、恢复速度。

6. 胞间通信研究

动物细胞中由缝隙连接介导的胞间通信被认为在细胞增殖和分化中起非常重要的作用。LSCM 可用于测定相邻植物和动物细胞之间细胞间通信，测量由细胞缝隙连接介导的分子转移，研究肿瘤启动因子和生长因子对缝隙连接介导的胞间通信的抑制作用，以及胞内 Ca^{2+}、pH 和 cAMP 水平对缝隙连接的调节作用。

7. 细胞膜流动性测定

LSCM 设计了专用的软件用于对细胞膜流动性进行定量和定性分析。荧光膜探针受到极化光线激发后，其发射光极性依赖于荧光分子的旋转，而这种有序的运动自由度依赖于荧光分子周围的膜流动性，因此极性测量间接反映细胞膜流动性。这种膜流动性测定在膜的磷脂酸组成分析、药物效应和作用位点、温度反应测定和物种比较等方面有重要作用。

8. 笼锁-解笼锁测定

许多重要的生活物质都有其笼锁化合物，在处于笼锁状态时，其功能被封闭，而一旦被特异波长的瞬间光照射后，光活化解笼锁，使其恢复原有活性和功能，在细胞的增殖、分化等生物代谢过程中发挥功能。利用 LSCM 可以人为控制这种瞬间光的照射波长和时间，从而达到人为控制多种生物活性产物和其他化合物在生物代谢中发挥功能的时间和空间作用。

9. 黏附细胞分选

LSCM 是目前唯一能对黏附细胞进行分离筛选的分析细胞学仪器，它对培养皿底的黏附细胞有两种分选方法。

（1）Coolie-Cutter^{TM} 法。它是 Meidian 公司专利技术，首先将细胞贴壁培养在特制培养皿上，然后用高能量激光在欲选细胞四周切割成八角形几何形状，而非选择细胞则因在八角形之外而被去除，该分选方式特别适用于选择数量较少的细胞，如突变细胞、转移细胞和杂交瘤细胞，即使百万分之一概率的也非常理想。

（2）激光消除法。该方法也基于细胞形态及荧光特性，用高能量激光自动杀灭不需要的细胞，留下完整活细胞亚群继续培养，此方法特别适于对数量较多细胞的选择。

10. 细胞激光显微外科及光陷阱技术

借助 LSCM 可将激光当作"光子刀"使用，借此来完成诸如细胞膜瞬间穿孔、切除线粒体、溶酶体等细胞器、染色体切割、神经元突起切除等一系列细胞外科手术。通过激光共聚焦光陷阱操作来移动细胞的微小颗粒和结构，该新技术广泛用于染色体、细胞器及细胞骨架的移动。

11. 荧光共振能量转移（FRET）

通过 FRET 实验可以获得有关两个蛋白质分子之间相互作用的空间信息，可进行：①蛋白质分子的共定位；②蛋白质分子聚合体；③转录机制；④分子运动；⑤蛋白质折叠。

12. 生物芯片

生物芯片又称为 DNA 微阵列，是以玻片、硅为载体，在单位面积上高密度地排列大量的生物材料，从而达到一次实验同时检测多种疾病或分析多种生物样品的目的。所有微阵列上的生物材料发射的荧光须经过扫描装置来获取荧光强度和分布。激光共聚焦显微镜能在生物芯片分析中获取高质量的图像和数据。

六、双光子（多光子）激光共聚焦显微镜

LSCM 在进行生物样品研究工作中还存在很多局限和问题：一是标记染料的光漂白现象。因为共聚焦孔径光阑必须足够小以获得高分辨率的图像，而孔径小又会挡掉很大部分从样品发出的荧光，包括从焦平面发出的荧光。相应的，激发光必须足够强以获得足够的信噪比；而高强度的激光会使荧光染料在连续扫描过程中迅速褪色，荧光信号会随着扫描进程变得越来越弱。二是光毒作用。在激光照射下，许多荧光染料分子会产生诸如单态氧或自由基等细

胞毒素，所以实验中要限制扫描时间和激发光的光功率密度，以保持样品的活性。在针对活性样品的研究中，尤其是活性样品生长、发育过程的各个阶段，光漂白和光毒现象使这些研究受到很大的限制。

在传统荧光显微镜中，一个荧光团吸收一个光子，该光子能量对应于荧光团基态和激发态能量之差。通过一个较短寿命的虚态，也可以通过同时吸收两个较低能量（即更高的波长）的光子激发荧光。例如，吸收两个红色波长的光子，可以激发一个吸收紫外的分子。双光子激发是一个非线性过程，对激发光强度有平方依赖关系。

使用单激发光源，双光子具有相同的波长，该技术称为双光子激发荧光显微术。如果两个光子具有不同的波长，就称为双色激发荧光显微术。

双光子吸收概率依赖于两个入射光子在空间和时间上的重合程度（两个光子必须在 10^{-18}s 内到达）。双光子吸收截面很小，只有在具有很大光子流量的区域的荧光团才会被激发。钛宝石激光器等产生的高峰值功率激光可以为双光子激发提供足够的强度。

由于激发强度随到焦平面的距离的平方变化，在 Z 轴方向双光子激发概率随离焦距离的 4 次方衰减，荧光团激发只发生在焦点内。用数值孔径为 1.25 的物镜，激发波长为 780nm，全部激发荧光的 80% 被局限在焦平面 1μm 范围内，激发体积为 $(0.1\sim1)\times10^{-12}$L，与传统荧光显微镜相比，该体积降低了 10^{10} 倍。

在激光扫描荧光显微术中，双光子激发具有三维层析能力，该三维层析效果可与共聚焦显微镜相比拟，它还具有另外两个优势：因为照明光在时间空间上汇聚，没有离焦光漂白；激发光不会被离焦吸收衰减，因而有较大的穿透深度。双色激发比双光子激发的优势并不在于较高的分辨率，而是在于小目标物经过较大散射媒质后更容易观察。事实上，与双光子激发比较，双色激发在焦点内荧光散射增加，而干扰背景荧光只有很小增加。

结合多光子荧光技术，多光子共聚焦显微镜（multi-photon excitation，MPE）的发展，成功地解决了传统共聚焦显微镜（单光子共聚焦显微镜）所存在的问题。MPE 的激光源是超快激光器，多为钛宝石激光器，可以达到 10^{-15}s 或者 10^{-12}s 级的扫描速度，具有非常高的峰值功率和较低的平均功率，从而可以减小或者消除光漂白和光毒作用。多光子的吸收现象是非线性效应，只发生在聚焦焦点处，不需要共聚焦孔径光阑滤光，从而大大提高成像亮度和信噪比。在传统 LSCM 中，光通过的所有样品都被激发，所以必须用孔径光阑来选取焦点处样品发出的荧光。孔径光阑不仅遮挡了焦点以外样品发出的荧光，也遮挡了焦点处散射和漫反射的荧光。在 MPE 中，焦点处发出的所有荧光，包括散射和漫反射的荧光都可以被收集并探测到。并且由于多光子实验所用的激发光的波长较长，激发光的散射损失很小，轴向分辨率更高，样品的穿透能力更强。

但在实际应用中，单光子和双（多）光子共聚焦系统具有各自的优缺点，需要根据实验的实际需要选择合适的仪器和方法。

第六节　其他光学显微镜技术

一、暗视野显微镜

在普通光学显微镜上配置暗视野聚光镜就成为暗视野显微镜。

（一）暗视野显微镜的基本原理

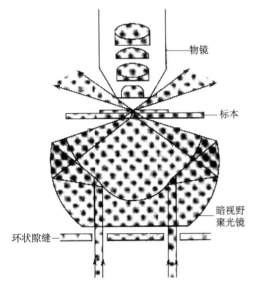

图 8-14　暗视野显微镜示意图（李继承，2010）

从图 8-14 暗视野显微镜示意图中可以看出，暗视野聚光镜遮拦掉了中间大部分照明光线，使照明光线形成了一个空心光锥，以倾斜的光线照射到标本上，因此标本的像是由标本上的质点散射光斑而形成的，标本上的无质点区由于不产生散射光线因而造成黑暗的视野背景。

（二）暗视野显微镜的组成

暗视野聚光镜有油浸和干系两种，油浸暗视野聚光镜适用于 20×～100× 物镜，干系暗视野聚光镜适用于 4×～40× 物镜。

使用油浸暗视野聚光镜时，需要在聚光镜与载玻片之间滴油。油浸暗视野聚光镜由于有极大的照明孔径角，其暗视野效果优于干系暗视野聚光镜。

（三）图像特点

（1）暗视野显微镜营造了一个高反差背景，使标本中的质点在黑背景中得以显示，就好比天上的星星，必须在黑夜中才能看到，白天是看不到的。

（2）由于暗视野聚光器的入射光斜射会聚在标本上，除散射光外，不直接进入物镜，因此由散射光作为激发标本内荧光物质而发射的荧光，在黑暗的视野背景下就可以呈现鲜明的荧光图像，不仅增加了荧光强度和物像清晰度与灵敏度，还给人以舒适感。此外，暗视野聚光镜可以观察明视野难以分辨的细微荧光颗粒，在很大程度上增加了荧光显微镜的分辨率。

（3）由于光线的绕射作用，每个小于物镜分辨率的质点的像成为一个绕射斑，绕射斑的直径取决于照射光的波长，与质点本身的实际尺寸无关。在黑暗背景中可以发现这些绕射斑的存在与移动，因此暗视野显微观察又称为超显微观察。

（四）应用

由于暗视野显微镜增大了图像反差，因此适合观察单细胞，硅藻、细菌、细胞中的线状结构，如鞭毛和纤维等，常用于微生物学和胶体化学研究。

二、近场光学显微镜

传统光学显微镜是显微镜家族中最年长的成员，它曾经是观测微细结构的唯一手段。传统的光学显微镜以光学透镜为主体，利用透镜将物体放大和成像。一般而言，单个透镜能将物体放大几十倍，在使用透镜组合时几乎可放大到近千倍。但是，光的衍射效应限制了光学显微镜进一步提高分辨率的可能性。1984 年，DPohl 等利用微孔径作为微探针，制成第一台近场光学显微镜（near-field optical microscopy，NSOM），此后各种各样的近场光学显微镜逐渐应用于各类表面超精细结构的观测。

（一）近场光学显微镜的基本原理

1. 近场

当一个光源发射的光子或电子投射到目标物体后，经过反射，被某种探测器所俘获或接收，如观察者的眼睛或照相机。由于反射粒子的轨迹和数量与物体的性质有关，粒子束就携带了关于物体特性的信息。在外部电磁场作用下，物体内部的电子电流或电荷密度的分布改变会引起电磁场的变化，使其能够从物体表面传播到外部空间。根据延续性原理，由极其靠近物体的空间场分布，可以还原出物体表面的电荷和电流的分布。由于电荷或电流分布仅在极小的距离上变化（一般小于波长的距离），我们假设"极其靠近物体的空间场"也只在这样小的距离上变化。由于能够探测的最小距离总是要大于半个波长，因此目前所有的观察、分析，即常规探测仪器，如显微镜、望远镜，以及其他仪器所能探测都是近场以外的区域，即远离物体所做出的，它从近场一直延伸到无穷远。近场是从物体表面到几个纳米的距离，它包含两个分量：一个分量能够传播，另一个分量局限于表面而急剧衰减，称为隐失波（evanescent wave），后者不仅与物体的表面，更与物体的材料紧密相关。

2. 近场探测原理

由于近场探测过程本身是一种干扰，探测器不能像通常一样放在远离物体的位置，而需要放在距离物体小于半波长的位置上。同时，探测器要在场传播之前将它俘获，所以探测器必须位于距离物体很近的位置（纳米水平），同时可以移动并不触碰样品。由于样品和探测器的距离极其小，目前还没有一种成像系统可用于如此小的距离，因此只能使用点状探测器。它能局域地接收光并将光转换成电流，或再发射到自由空间，通过合适的光导器件将信号传输到光电管或光电倍增管。为了产生图像结构，探测器必须像扫描电镜一样沿着物体表面扫描。

近场显微镜学的基本原理可以归纳为：①一个能够产生隐失波的高频物体；②产生的隐失场在小于一个波长的范围内呈现强烈的局域振荡；③借助小的有限物体将隐失场转成新的隐失场和传播场；④新的传播场能被远处的探测器所探测；⑤隐失场-传播场的转换呈线性关系，即被探测的场正比于隐失场中确定的矢量关系，如实再现隐失场局部的剧烈振荡特性；⑥为产生二维图像，需用小的有限物体（如锥形光纤的针尖）在样品表面上方扫描。所以，近场显微镜是一系列转换的结果：基于物体本身的结构从入射光束到隐失波的转换；由纳米收集器使隐失场到传播场的转换。

（二）近场光学显微镜的基本结构

典型的近场光学显微镜由探针、信号传输和信号接收、信号反馈、光输入组成。

在 SNOM 中的一个关键技术是光纤探针的制备，另一个就是针尖-样品（tip-sample）间控制（T-S 间距）。

目前 SNOM 主要有两类：一类是孔径型扫描近场光学显微镜（aperture-SNOM），它采用亚波长的小孔（或者针尖）作为微光源或微探测器，激发光与被探测的信号光是平行的；另一类是光子扫描隧道显微镜（photon scanning tunneling microscopy，PSTM），激发光斜射入样品，通过全反射在样品表面形成隐失场，置于隐失场的光探针是一个散射中心，它将非辐射场转换成传输波而被探测。

（三）近场光学显微镜的应用

SNOM 由于具有独特的超衍射极限光学空间分辨能力，已经广泛地应用于许多研究领域，如单分子检测、发光高分子膜材料、液晶的微观光学性质、Langmuir-Blodgett 膜的相界性质分析、染色体成像、蛋白质定位、探索细胞膜微结构、活体细胞成像、单个金属粒子电磁场分布、金属中等离子激元的传播、近场纳米刻录介质和 3D 可擦写媒体、近场平板印刷术、光学捕获和光学镊子、近场激光解吸附飞行时间质谱等。随着双探针等新技术的诞生，SNOM 作为一种超衍射极限的光学工具正在和即将应用于更多的领域。

三、原子力显微镜

1985 年，Binnig 与斯坦福大学的 Quate 和 IBM 苏黎世实验室的 Gerher 合作推出了原子力显微镜（atomic force microscope，AFM），这是一种不需要导电试样的扫描探针型显微镜。这种显微镜通过其粗细只有一个原子大小的探针，在非常近的距离上探索物体表面的情况，便可以分辨出其他显微镜无法分辨的极小尺度上的表面细节与特征。这种显微镜能以极高的分辨率探测原子和分子的形状，确定物体的电、磁与机械特性，甚至能确定温度变化的情况。使用这种显微镜时无须使待测样品发生变化，也无须使待测样品受破坏性的高能辐射作用。

（一）原子力显微镜的基本原理

原子力显微镜是将探针装在弹性微悬臂的一端，微悬臂的另一端固定，当探针在样品表面扫描时，探针与样品表面原子间的排斥力会使得微悬臂轻微变形。这样，微悬臂的轻微变形就可以作为探针和样品间排斥力的直接量度。激光经微悬臂的背面反射到光电检测器，可以精确测量微悬臂的微小变形，这样就实现了通过检测样品与探针之间的原子排斥力来反映样品表面形貌和其他表面结构。

（二）原子力显微镜的组成

在原子力显微镜系统可分成 3 个部分：力检测部分、位置检测部分、反馈系统（图 8-15）。

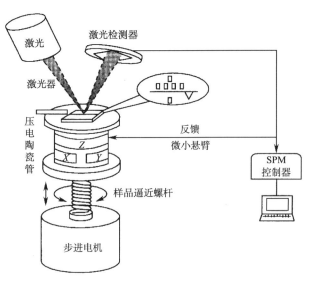

图 8-15　原子力显微镜系统结构（李继承，2010）

1. 力检测部分

在 AFM 系统中，是使用微小悬臂（cantilever）检测原子与原子之间的范德瓦耳斯力。微小悬臂通常由一个 $100\sim500\mu m$ 长和 $500nm\sim5\mu m$ 厚的硅片或氮化硅片制成。微小悬臂顶端有一个尖锐针尖，用来检测样品针尖间的相互作用力。微小悬臂有不同的规格，如长度、宽度、弹性系数及针尖的形状，微小悬臂的选择是依据样品的特性和操作模式的不同选择不同的类型。

2. 位置检测部分

在 AFM 系统中，当针尖与样品之间有了交互作用之后，会使得悬臂摆动，所以当激光照射在微悬臂的末端时，其反射光的位置也会因为悬臂摆动而有所改变，这就造成偏移量的产生。在整个系统中，是依靠激光光斑位置检测器将偏移量记录下并转换成电的信号，以供 SPM 控制器做信号处理。

聚焦到微小悬臂上面的激光反射到激光检测器，通过对落在检测器 4 个象限的光强进行计算，可以得到由于表面形貌引起的微悬臂形变量大小，从而得到样品表面的不同信息。

3. 反馈系统

在 AFM 系统中，将信号经由激光检测器取入之后，在反馈系统中会将此信号当作反馈信号，作为内部的调整信号，并驱使通常由压电陶瓷管制作的扫描器做适当的移动，以保持样品与针尖之间一定的作用力。

AFM 系统使用压电陶瓷管制作的扫描器精确控制微小的扫描移动。压电陶瓷是一种性能奇特的材料，当在压电陶瓷对称的两个端面加上电压时，压电陶瓷会按特定的方向伸长或缩短，而伸长或缩短的尺寸与所加的电压的大小呈线性关系。也就是说，可以通过改变电压来控制压电陶瓷的微小伸缩。通常把 3 个分别代表 X、Y、Z 方向的压电陶瓷块组成三脚架的形状，通过控制 X、Y 方向伸缩达到驱动探针在样品表面扫描的目的；通过控制 Z 方向压电陶瓷的伸缩达到控制探针与样品之间距离的目的。

AFM 便是结合以上 3 个部分来将样品的表面特性呈现出来的：在 AFM 系统中，使用微小悬臂来感测针尖与样品之间的相互作用，该作用力会使微小悬臂摆动，再利用激光将光照射在悬臂的末端，当摆动形成时，会使反射光的位置改变而造成偏移量，此时激光检测器会记录此偏移量，也会把此时的信号传给反馈系统，以利于系统做适当的调整，最后再将样品的表面特性以影像的方式呈现出来。

（三）原子力显微镜的应用

1. 对生物细胞表面形态观测

AFM 能够在自然环境中直接观测生物样品的表面结构，避免了复杂的制备过程，以及电子束辐射所带来的样品损伤。AFM 对生物医学样品制备要求包括：表面平整,高度起伏$\leqslant20\mu m$；表面有一定的硬度；基底面平滑，如用新鲜解离的云母片等；对于较大的颗粒、细胞，可用盖玻片、塑料片等；样品在基底表面要求相对均匀、分散等。

一般来说，组织样品进行 AFM 的表面形态成像效果还比较满意。然而，AFM 观察细胞表面形态结构分辨率还不够理想。这主要是由于细胞膜表面太软，探针的压力会使探针和样品表面的接触面积增大，从而使分辨率降低。AFM 观察细胞表面形态结构的分辨率一般只能维持在纳米到微米。如果样品制备不好，仪器状况调整不佳，操作人员技术不够熟练，那么

AFM 的分辨率还要低一些。

2. 对生物大分子的结构及其他性质的观测研究

AFM 目前已广泛应用于蛋白质、核酸、DNA、磷脂生物膜、多糖等生物大分子及有机化合物在空气或溶液中的形态观测研究。用 AFM 对生物大分子进行形态结构观察时，样品制备也很重要。

3. 对生物分子之间力谱曲线的观测

用 AFM 对生物大分子进行形态结构观察的同时，还可对大分子的其他性质进行研究，如配体-受体之间的作用力，抗原-抗体之间的作用力等。对生物分子表面的各种相互作用力进行测量是原子力显微镜的一个十分重要的功能。这对于了解生物分子的结构和物理特性是非常有意义的，因为这种作用力决定两种分子的相互吸引或者排斥，接近或者离开，化学键的形成或者断裂，生物分子立体构象的维持或者改变等。

分子间作用力还同时支配着生物体内的各种生理现象、生化现象、药物药理现象，以及离子通道的开放或关闭，受体与配体的结合或去结合，酶功能的激活或抑制等。因此，对生物分子间作用力的研究，在某种意义上来说，就是对生命体功能活动中最根本原理的研究。这也为人们理解生命原理提供一个新的研究手段和工具，将两种分子分别固定于 AFM 的基底和探针尖端上。然后使带有一种分子的探针尖端在垂直方向上不断地接近和离开基底上的另一种分子。这时，两种分子间的相互作用力，就是两者间的相对距离的函数。这种力与距离间的函数关系曲线，称为力谱曲线。

近年来国内外研究表明，AFM 在生物医学研究中的应用具有很大潜力，它是在纳米分辨率下研究生命科学的一个有力工具。如果我们将细胞学、免疫学、生物化学、分子生物学、生物物理学等，与原子力显微技术有机地结合起来，将 AFM 与其他仪器设备（如透射电子显微镜、扫描电子显微镜、激光扫描共聚焦显微镜、生物质谱、核磁共振、X 射线晶体衍射等）有机地结合起来，相互补充、取长补短，一定会取得很好的研究结果。可以预见，在不久的将来，AFM 作为一项独立的研究方法将日臻成熟，应用范围也将日渐扩大，并将对生命科学的发展做出重大的贡献。

第九章

电子显微镜技术

电子显微镜技术（electron microscopy，EM）是应用电子显微镜（简称为"电镜"）研究组织细胞超微结构及其功能的技术。电镜用电子束代替光源，用电磁透镜代替光学透镜，分辨率可达到 0.14nm，比光镜的分辨率高约 1000 倍，放大倍率可达 100 万倍。目前，电镜技术已广泛应用于解剖学、组织学、胚胎学、细胞学、病理学、法医学、病原生物学等基础医学形态学学科研究和临床病理诊断，也用于分子生物学、生理学、生物化学、病理生理学、药理学等学科探讨结构与功能之间关系的研究。根据性能不同，电镜分为透射电镜、扫描电镜、超高压电镜、分析型电镜、扫描隧道电镜等。

第一节　透射电子显微镜技术

透射电镜（transmission electron microscope，TEM）是在医学领域应用最早的一种电镜，发展最早，应用最广泛。透射电镜主要利用透射电子成像，并要求将样品制成厚为 50～60nm 的超薄切片，主要用于组织细胞内部超微结构观察、物质成分分析和粒径测定等。

一、透射电镜术的基本原理

透射电镜以波长极短的电子束作为照明源，用电磁透镜将电子束高度汇聚后照射在样本上，然后接收透过样品并带有样品内部信息的电子，并进行聚焦放大成像。透射电镜精度高，直观性强，对电源稳定度、机械稳定性和真空度等方面要求较高，因此结构较复杂。

（一）透射电镜的结构

透射电镜呈直立圆筒状，由电子光学系统、真空系统和电源系统 3 部分组成。其顶部是电子枪，下方依次是聚光镜、样品室、物镜、中间镜和投影镜，最底部是荧光屏和照相装置（图 9-1）。

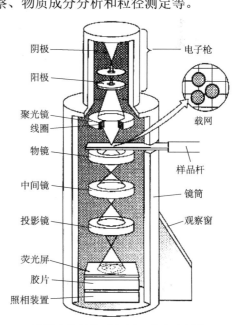

图 9-1　透射电镜结构示意图（李和和周莉，2014）

1. 电子光学系统

电子光学系统是透射电镜的主体，由照明系统、样品室、成像放大系统和观察记录系统4部分组成。

1）照明系统　包括电子枪和聚光镜两部分。

（1）电子枪：电子枪是电镜的电子发射源，相当于光学显微镜的照明电源，由阴极、栅极和阳极组成。阴极即灯丝，通常用直径 0.1～0.15mm 的钨丝制成，呈 V 字形。当通电达一定温度时（2227℃以上），灯丝尖端即产生热电子发射，形成强的照明电子束。阳极是一个中间带孔的金属圆盘，位于阴极的对面。阳极电位为零电位，相对于阴极是正的加速电压，通常为几十千伏到几百千伏，视不同要求而定，其作用是使电子加速。栅极由一个中央孔径为 2mm 的圆金属筒构成，位于阴极和阳极之间，起控制电子束发射及改变电子枪中电场分布的作用。

（2）聚光镜：聚光镜的作用是将来自电子枪的电子束会聚在样品上，对样品进行照明，控制照明亮度、电子束斑的大小等。高性能电镜采用双聚光镜，第一聚光镜改变电子束斑直径，第二聚光镜调节最后成像亮度，在第二聚光镜中有一个多孔的可调光阑，根据需要选用合适的光阑孔径改变和控制照明孔径角，使样品不致发生过热现象。

2）样品室　位于聚光镜和物镜之间，主要结构包括样品台、样品杆、冷阱及样品转换装置，用于承载样品和更换样品，以及使样品台在 X、Y 轴方向上移动。有些电镜样品室中的样品台还具有倾斜、旋转、加热、冷却等功能。

3）成像放大系统　成像放大系统是电镜获得高分辨率和高放大倍数的核心部件，一般由物镜、中间镜和投影镜组成。

（1）物镜：是电镜成像放大成像系统的第一级透镜，其作用是将样品信息做初级放大，一般放大倍数为 50 倍。经物镜放大的图像必须十分优良，否则微小失真经逐级放大后最终引起严重失真。因此，要求物镜要有极高的加工精度及稳定性。另外，物镜中装有可调光阑和消像差器，前者可提高图像反差，后者可校正和消除像差，使物镜处于最佳工作状态。

（2）中间镜：是长焦距的弱磁透镜，可改变放大倍数，将来自物镜的初级像进行进一步放大。

（3）投影镜：投影镜一般有两个，其作用是将中间镜所成的影像进一步放大并投影到荧光屏上，以供观察。改变中间镜和第一投影镜的电流可控制总放大倍数。由物镜、中间镜和第一、二投影镜组成四级成像，放大系统最高放大倍率可达百万倍。

4）观察记录系统　包括观察窗和胶片。观察窗内有荧光屏，在电子束的照射下，样品的电子显微像即显示在荧光屏上。为了观察和聚焦，在观察窗外装有可以放大10倍的双目镜。底片室位于荧光屏的下面，需要照相时，可将荧光屏移开，使电子束直接作用于底片，图像即记录在感光底片上。装配有数码照相装置的电镜，图像直接通过图像采集卡进行采集，转换为数码信息，以电子信息记录于计算机媒介中。

2. 真空系统

电子束的穿透力很弱，只有在高真空的情况下才能达到一定行程，因此必须将电子束通道即镜筒抽成高真空，真空状态的好坏是决定电镜能否正常工作的重要因素。如果镜筒内真空度差，则会导致高速运行的电子与气体分子碰撞而发生电子散射，这样就会降低图像反差；另外，电子枪中的残余气体会引起电子束不稳定或闪烁，并可与灼热灯丝作用而缩短灯丝寿命。真空系统由机械泵、油扩散泵、真空管道、阀门及检测系统组成。

3. 电源系统

电镜所用的电源比较复杂，同时对电源的稳定性要求很高，尤其是对加速电压和透镜电流稳定性要求很高。在总电源的供给上要求用专用线，对电源要先进行交流稳压，然后再进行整流、直流稳压，最后供给各部分使用。主要的电源供给包括高压电源、透镜电源、偏转线圈电源及用于真空系统、照相装置的电源等部分。新型电镜还采用计算机对电镜调试、测量工作数据等程序进行管理，因此还需要计算机控制电路。

（二）透射电镜成像原理

用电子枪发射的电子束作照明源，电子束在加速电压作用下高速穿过阳极孔，被聚光镜汇聚成极细的电子束，穿透样品。在通过样品的过程中，电子束与样品发生作用，穿出样品时便带有样品信息，经过物镜聚焦放大后，在其像面上形成反映样品微观特征的高分辨率透射电子图像，然后经过中间镜和投影镜进一步放大成像，投射到荧光屏上，使透射电子的强度分布转换为人眼直接可见的光强度分布。穿过样品的电子束强度取决于样品的厚度和结构的差别或样品质量密度的高低。样品质量密度高的区域，产生大角度的散射电子。这种大角度的散射电子被物镜光阑遮挡，只有小角度的散射电子通过光阑孔，以致这部分电流强度小，在荧光屏上呈现电子密度大的暗区；而在质量密度低的区域，大角度散射电子少，透过的电子多，电流强度大，在荧光屏上呈现电子密度小的亮区。这样，样品的超微结构即形成具有明暗反差、容易辨认的黑白电镜图像。

二、超薄切片技术

透射电镜的电子束穿透力弱，大多数标本无法直接在透射电镜下观察，必须制成厚度为 $50\sim80nm$ 的超薄切片才能使用。超薄切片技术是透射电镜生物样品制备方法中最基本、最重要的常规制样技术。超薄切片技术在光镜石蜡切片技术的基础上发展起来，其制作过程与石蜡切片相似，也需要经过取材、固定、脱水、浸透、包埋、超薄切片及染色等步骤。然而，由于电镜的高分辨本领及电子束的照射很易使样品变形，因此对超薄切片技术提出了更高的要求。为获得理想的超薄切片，操作者必须十分认真地对待每一个步骤，任何环节的疏忽都可能使制片失败。

（一）取材

1. 取材的基本要求

取材是超薄切片技术的第一步，也是非常关键的一步。生物材料在离开机体或正常生长环境后，如果不立即进行适当处理，由于细胞内部各种酶的作用，结构会出现自溶；此外，还可能由于污染，微生物在组织内繁殖使细胞的微细结构遭受破坏。因此，为了使细胞结构尽可能保持生活状态，取材操作应注意以下原则。

1）快　　组织取下后应在最短时间内（争取在 1min 内）投入固定液。

2）准　　取材前应先做好准备，对取材部位的组织结构充分了解，保证取材部位准确可靠，尤其对组织结构不均匀的样品，如肾的皮质髓质不同；同时还应注意某些材料的方向性，如取肌组织时，需要考虑观察肌纤维横切面还是纵切面。

3）轻　　解剖器械应锋利，操作宜轻柔，避免牵拉、挫伤与挤压样品，以免引起人为结构损伤。

4）小　　因为固定剂的渗透能力较弱，组织块如果太大，其内部将不能得到良好固定。要求组织块大小一般不超过 1mm×1mm×1mm。

5）低温　　操作最好在低温（0～4℃）下进行，以降低酶的活性，防止细胞自溶。所用的容器、器械和液体也应预先冷冻。

2. 取材方法

取大小适中的玻璃平皿，其内放置适量冰块，在冰上放置取材板，在板上滴上预冷固定液备用。取出所需材料后，放在预冷的取材板上，用一分为二的双面刀片将其切割成 1mm³ 的小块，然后用牙签将组织块移至盛有冷固定液的小瓶中，并在小瓶上贴好标签。如果组织带有较多血液和组织液，应先用缓冲液或生理盐水漂洗几次，然后再切成小块固定。对于比较柔软的组织如胚胎、脑等，可切成稍大的组织块，放入固定液内 15min 后，再细切成 1mm³ 的小块，继续固定。

（二）固　定

固定的目的是尽可能使细胞中的各种细胞器及大分子结构保持在生活状态，并且牢固地固定在它们原来所在的位置上。固定方法分为物理方法和化学方法两类。物理方法是采用冷冻、干燥等手段来保持细胞结构，化学方法是用固定剂来固定细胞结构，其中化学方法更常用。

1. 常用固定剂

理想的固定剂应具备以下条件：①能迅速而均匀地渗入组织细胞内部，稳定细胞内各种成分且不发生明显的凝聚变化；②能迅速将细胞杀死，尽可能保持细胞微细结构，减少死后变化；③对细胞不产生收缩与膨胀作用，不产生人工假象和变形。

最理想的固定剂应能固定细胞内所有成分，但是各种固定剂对细胞成分的固定是有选择的，所以在试剂应用中应根据不同实验目的对固定剂进行选择。

1）锇酸　　锇酸即四氧化锇，是一种淡黄色、具有强烈刺激味的晶体。商品锇酸通常以 0.5g 或 1g 包装，密封在小玻璃安瓿瓶里。

锇酸是强氧化剂，与氮原子有较强的亲和力，因而能与各种氨基酸、肽及蛋白质反应，使蛋白质分子间形成交联，使蛋白质得以固定。四氧化锇还能与不饱和脂肪酸反应使脂肪得以固定，是唯一能够保存脂类的固定剂。此外，锇酸还能固定脂蛋白，使生物膜结构的主要成分磷脂蛋白稳定；能与变性 DNA 及核蛋白反应，但不能固定天然 DNA、RNA 及糖原。锇酸有强烈的电子染色作用，用其固定的样品图像反差较好。

锇酸的缺点是渗透能力较弱，每小时仅渗透 0.1～0.5mm。用锇酸固定的时间一般为 2h（4℃）左右，长时间停留在四氧化锇溶液中会引起一些脂蛋白复合体的溶解而使组织变脆，造成切片困难。锇酸还是酶的钝化剂，因而不适于细胞化学标本的固定。锇酸还可以与乙醇或醛类等还原剂发生氧化还原反应产生沉淀，故用锇酸固定后的样品必须用缓冲液充分清洗后才能进入乙醇溶液中脱水。

锇酸溶液在室温下易挥发，有毒性，极易还原变黑而失去固定效力；其蒸气对皮肤、呼吸道黏膜及眼睛角膜有伤害作用。因此，使用时要注意通风，操作宜在通风橱中进行。因受热或见光会促使锇酸氧化，故应保存于避光和阴凉处。锇酸溶液应在使用前配制，常用浓度为 1%。一般先配成 2% 锇酸溶液，临用前用缓冲液稀释成 1% 浓度。

2）戊二醛　　戊二醛是电镜制样中最常用的固定剂之一，于 1963 年开始使用并沿用至今。商品戊二醛通常为 25% 的水溶液。戊二醛放置时间过长会变质发黄，从而影响固定质量，尤其不利于酶的保存。此时可以加入活性炭或用蒸馏方法提纯后使用，这样可以大大提高固定效果。一般戊二醛的 pH 为 4.0～5.0，当 pH 低于 3.5 时便不能使用。戊二醛原液应在冰箱内保存。

戊二醛具有以下优点：①因分子质量小而对组织和细胞的穿透力比锇酸强，还能保存某些酶的活力；②具有稳定糖原，保存核酸、核蛋白的特性；③对微管、内质网和细胞基质等有较好的固定作用；④长时间的固定（几周甚至 1～2 个月）不会使组织变脆、变黑，特别适合于远离实验室的临床取材、野外取材。戊二醛的缺点是不能保存脂肪，没有电子染色作用，对细胞膜的显示较差。

3）甲醛　　甲醛分子质量较小，在组织中渗透快，固定迅速，对细胞精细结构的保存虽不如戊二醛，但在酶活性的保存上却优于戊二醛，故多用于组织化学、免疫电镜研究或快速固定，常与戊二醛混合使用。

福尔马林中含有抗聚合的甲醇，影响微细结构的固定效果，因此固定电镜样品所用的甲醛应在临用前用多聚甲醛粉末制备。

4）高锰酸钾　　高锰酸钾是磷脂蛋白膜结构的优良固定剂，适用于细胞膜性结构研究，如髓鞘、内质网膜、线粒体膜等，但几乎不能固定细胞的其他成分，偶尔在电镜样品制备中使用。

2. 常用缓冲液

由于细胞本身的缓冲能力很弱，为了防止细胞的损伤，要采用缓冲液配制固定液；固定后，要用配制固定液的缓冲液清洗样品，常用的缓冲液如下。

1）磷酸盐缓冲液　　磷酸盐缓冲液对细胞无毒性作用，适合各种固定液的配制，并适宜做灌注固定。这种缓冲液在 4℃ 下能保存数周，但长期保存会出现沉淀，并易受到细菌或霉菌污染。

2）二甲砷酸盐缓冲液　　二甲砷酸盐缓冲液易配制，稳定，不易被细菌污染，可长期保存。但其因含砷而有毒性，蒸气有异常气味，且成本较高。

3. 常用固定方法

1）浸泡固定法　　是最常用的一种固定方法。

采用戊二醛-锇酸双重浸泡固定，可充分发挥戊二醛和锇酸两种固定剂的优点，有利于保存细胞内各种微细结构，具体步骤如下。

（1）初固定：将取材后的样品立刻放入预冷的 2.5%～4% 戊二醛（4℃）内固定 2h 以上，液体量约为样品的 40 倍。

（2）漂洗：用配制固定液的缓冲液彻底清除戊二醛残液，避免与锇酸发生反应产生沉淀，一般清洗 3 次，每次 20min。若固定时间较长，要适当延长漂洗时间。

（3）后固定：用 1% 锇酸固定液固定 1～2h（4℃），固定后用缓冲液漂洗，步骤同前，然后进入脱水剂脱水。

2）原位固定法和灌流固定法　　这两种方法主要用于解剖关系复杂或对缺氧敏感、难以短时间取材的组织固定。原位固定法是在动物麻醉后保持血液供应的前提下，边解剖边将固定液滴加到器官上，直到组织适当硬化，再取出组织做浸泡固定。灌流固定法是通过血液循环途径将固定液灌注到动物的相应组织中，待组织硬化后取材，并继续浸泡固定。一般大动物可通过动脉或静脉导管灌注，小动物可直接用注射针插入心室或主动脉进行灌注。固定前，应先用生理盐水把血液冲净，然后再灌注固定液。

3）培养细胞、游离细胞的固定

（1）对于需要观察细胞内部结构的培养细胞，可先用酶消化成单个细胞，然后进行如下操作。骨髓、胸腹水等渗出液内有粒细胞也适用此方法。

A. 将细胞液放入离心管中，经 4000r/min 离心 10～15min，使细胞沉淀为团块。

B. 轻轻吸去上清，沿管壁缓慢加入 2%戊二醛固定液固定 10～15min。

C. 用牙签将细胞团块轻轻挑出，并切成小块，继续固定 30～60min。

D. 缓冲液漂洗后用 1%锇酸固定 15～30min。

（2）对于需要观察细胞形态或细胞连接的培养细胞，进行如下操作。

A. 先弃去培养液，向培养皿或培养瓶中加入 2%戊二醛固定液，4℃放置 5～10min。

B. 弃去固定液，用细胞刮轻轻将细胞刮下，移入离心管，沿管壁缓慢加入 2%～3%戊二醛固定液，经 4000r/min 离心 10～15min，使细胞沉淀为团块。

C. 以后步骤同前。

（三）脱水

常规电镜样品包埋所用的包埋剂是环氧树脂（epoxy resin），为非水溶性树脂。为了保证包埋介质完全渗入组织内部，必须先将组织内水分完全去除，即用与水及包埋剂均能相混溶的脱水剂来取代水。常用脱水剂有乙醇和丙酮。乙醇引起细胞中脂类物质的抽提比丙酮少且毒性小，但其不易与包埋剂相混溶，故用乙醇脱水后须经丙酮过渡，再转入包埋剂。急骤的脱水会引起细胞收缩，因此脱水应缓慢逐步进行。各级脱水剂分别为50%、70%、80%、90%、无水乙醇，每级脱水 10～15min，再经干燥吸水剂（如无水硫酸铜）处理的无水乙醇脱水 2次，每次 10～20min，最后用 100%丙酮过渡 20～30min。

脱水过程中应注意：①更换液体时，操作要迅速，避免组织标本表面干燥；②组织切片（如进行免疫电镜研究的已染色切片）、游离细胞或培养细胞的脱水可相应缩短时间，每次 5～10min 即可；③尽量避免在无水乙醇内长时间脱水，以防组织脆硬及细胞内物质丢失，损伤超微结构；④如当日不能完成包埋过程，标本可置于 70%乙醇内停留过夜，但不能在无水乙醇或无水丙酮中停留过夜，否则，过度的脱水不仅引起更多物质的抽提，还会使样品发脆，造成切片困难。贴壁生长在塑料培养板内的培养细胞可直接在培养板内脱水。细胞标本和振动切片标本可适当缩短脱水时间。

（四）浸透与包埋

浸透是利用包埋剂渗入组织内部逐步取代脱水剂，使细胞内外所有空隙都被包埋剂所填充的过程。浸透好的样品放入包埋板中的包埋剂中，经加温后聚合成固体，即软硬适中的包埋块，以便进行超薄切片。浸透与包埋的好坏是超薄切片成败的关键步骤之一。

1. 常用包埋剂

理想的包埋剂应具有以下性质：①黏度低，容易渗入组织内部；②聚合前后体积变化小，聚合后质地均匀；③对细胞成分抽提少，微细结构保存良好；④有良好的切片性能；⑤能耐受电子束轰击，高温下不变形；⑥透明度好，在电镜的高倍放大下，本身不显示任何结构；⑦价格低廉，来源丰富，对人体无害。目前使用的各种包埋剂都各有利弊，很难完全达到上述要求。

环氧树脂是目前常用的包埋剂，是一类高分子聚合物，在一定强度下，能与硬化剂、加速剂形成不可塑性的黄棕色固体。环氧树脂分子中有两种反应基团，即环氧基团和氢氧基团。其末端基团易与含有活性氢原子的化合物如胺类（如 DMP-30，又称为催化剂或加速剂）反应，使单体首尾相连接形成长链聚合物。此外，在单体中的氢氧基团能与有机酸酐（如 MNA、DDSA 等，又称为硬化剂或固化剂）结合，使单体分子形成横桥。所以，环氧树脂以单体渗入组织细胞，而这种单体在一定的温度条件下，在硬化剂和加速剂作用下，能形成一种具有非常强的耐溶剂和耐化学腐蚀能力的稳定交联聚合体。为改善包埋块的切割性能，可在包埋剂中加入增塑剂，以调节包埋块的韧性。环氧树脂的型号较多，常用 Epon 812、Spurr 树脂（ERL-4206）等。

2. 浸透与包埋步骤

1）浸透　　样品经乙醇脱水至丙酮或丙酮脱水后，放入 100%丙酮 1 份+包埋剂 1 份混合液中 30min 至几小时，然后放入纯包埋剂数小时，最后进行包埋。

2）包埋　　常规的包埋是把经渗透后的样品挑入硅胶包埋板，放入标签，将包埋剂灌满，然后根据包埋剂聚合时所需的温度及时间放进温箱聚合，制成包埋块。聚合时可在 60℃烤箱内加温 48h，也可按 37℃ 12h、45℃ 12h、60℃ 24h 依次进行。

（五）超薄切片

超薄切片是将固化在包埋块中的组织在超薄切片机上切成厚 50～60nm 切片的过程，是电镜标本制作程序的中心环节。

1. 超薄切片前的准备工作

1）载网的选择与清洗　　在电镜中，超薄切片必须置于金属载网上才能进行观察。电镜中使用的载网有铜网、不锈钢网、镍网、金网等，一般常用铜网，胶体金免疫电镜技术中应使用镍网，因为镍具有比铜更好的惰性，对免疫反应及酶反应不产生副作用。镍网的不足之处在于其具有磁性，可通过在实验中用无磁性镊子或者切片捞取器克服镍网这一缺点。在电镜细胞化学实验中，应使用金网，因为实验过程中往往使用与镍网和铜网均可发生化学反应的高碘酸（periodic acid）。载网为圆形，直径 3mm，网孔的形状有圆形、方形、单孔形等。网孔的数目不等，有 100 目、200 目、300 目等多种规格。目越多支持力越强，但观察面积越小，可根据需要进行选择，一般选用 200 目的载网。新载网一般可直接使用，必要时可用丙酮、乙醇清洗几次，待干燥后使用；使用过的旧载网经酸洗或超声波清洗后可反复使用。

2）制备支持膜　　为了使超薄切片能很好地贴附在载网上并提高切片抵抗电子照射的能力，可在载网上铺上一层聚乙烯醇缩甲醛（formvar）支持膜。支持膜厚度为 10～20nm，过薄时样品易被电子束打破，过厚时则降低图像的分辨率。

3）修块　　一般用手工对包埋块进行修整。将包埋块夹在样品夹上，在立体显微镜下用锋利的刀片先削去表面的包埋剂，露出组织，然后在组织的四周与水平面成 45°削去包埋剂，修成锥体形，切面修成梯形或长方形。

4）半薄切片定位　　利用超薄切片机对整块组织切厚度为 1～2μm 的切片，称为半薄切片。将切下的切片用镊子或小毛刷转移到干净的滴有蒸馏水的载玻片上，加温，使切片展平，干燥后经 1%甲苯胺蓝染色，光学显微镜观察定位。通过光学显微镜观察，确定所要观察的范围，然后保留需电镜观察的部分，修去其余部分。这一步对于结构非均匀的组织尤其重要，因为实际超薄切片面积只是我们样品中的一小部分。

5）**制刀** 超薄切片使用的刀有两种：一种是玻璃刀，另一种是钻石刀。玻璃刀价格低廉，但较脆，不耐用，适于初学者使用。制刀用的玻璃是一种特制的硬质玻璃。玻璃刀的制作，目前多用制刀机裁制。用制刀机制作玻璃刀，操作简单，制出的刀合格率也较高，还可以根据需要制作不同刀角（knife angle）的玻璃刀。钻石刀虽然质量好，耐用，适用面广，但价格昂贵，而且容易损坏，需小心保护。钻石刀无需制备，但使用前后都需要做适当清洗，不同厂家生产的钻石刀可能有所不同，使用前应仔细阅读钻石刀的说明书。

用玻璃刀切片前需在刀上做一小水槽（trough），以便在切片时让切下来的超薄切片漂浮在液面上。水槽制作的方法很多，通常用预先成形的塑料水槽或胶带制成。为防止漏水，水槽和玻璃刀相接处需用石蜡或指甲油焊封。在焊封时，应注意刀刃不要粘上石蜡或指甲油，以免损伤刀刃。钻石刀自带水槽，无须制备。

2. 切片

超薄切片在超薄切片机上进行。根据推进原理不同，超薄切片机分为两大类：一类是机械推进式切片机，用微动螺旋和微动杠杆来提供微小进退；另一类是热胀冷缩式切片机，利用样品臂金属杆热胀或冷缩时产生的微小长度变化来提供进退。

超薄切片的步骤包括：①安装包埋块；②安装玻璃刀；③调节刀与组织块的距离；④调节水槽液面高度与灯光位置；⑤调节加热电流及切片速度并切片；⑥将切片捞在有支持膜的载网上，晾干。适当调节水槽的液面高度、灯光位置及切片速度对切制理想的超薄切片非常重要。许多因素均能影响超薄切片的质量，故每个操作环节都需重视，只有仔细认真，反复实践，才能获得满意的结果。

普通透射电镜的加速电压为 70～100kV，该电子束难以穿透较厚的组织切片，所以医学生物学材料的切片厚度在 50～80nm 为宜。需要注意的是，通常切片机的指示仪显示的切片厚度并不能完全代表超薄切片的实际厚度，所以操作者应根据经验和超薄切片在水液面反光的颜色判断切片厚度，以银白色（厚度 50～80nm）为佳。切片呈紫红色时，厚度一般大于100nm，此时电子束对其穿透较差，难以识别微细结构；但切片太薄，如小于 40nm（暗灰色）时，图像的反差低，观察难度大。

（六）染色

生物样品主要由低原子序数的轻元素组成，如碳、氢、氧、氮等。这些元素原子对电子的散射能力很弱，相互之间的差别也很小，观察时像的反差很弱。为了提高像的反差，除了通过电镜的操作外，更主要的是通过对样品进行电子染色。电子染色是将某些重金属盐类（如铅盐、铀盐等）与细胞的某些成分或结构结合，利用重金属对电子的散射能力，增强那些与其结合的结构或成分对电子的散射能力，从而达到提高样品本身反差的一种方法。经过染色的超薄切片不但提高了反差，而且重金属沉淀在切片上还增加了切片对电子束损伤的抵抗力。

1. 常用电子染色剂

1）乙酸铀　　乙酸铀是被广泛采用的电子染色剂，可与大多数细胞成分结合，特别容易与核酸结合，而且染色比较细致、真实，不易出现沉淀颗粒。但铀有一定放射性，使用时应注意。常用浓度为2%饱和乙酸铀，用50%～70%乙醇配制。

2）柠檬酸铅　　铅对细胞和组织各种结构都有亲和力，易与蛋白质结合，尤其是对不能被酸染色的糖原也有染色作用。但铅易与空气中的CO_2接触，形成不溶解的碳酸铅结晶而污染切片。这种结晶物在图像中呈微细的针状、小颗粒或大的无定形沉积物，严重影响观察和记录。

2. 染色方法

1）组织块染色　　多在脱水之前进行。在锇酸固定后，样品可用70%乙醇配制的饱和乙酸铀溶液或1%乙酸铀溶液整块染色30min，这样不仅可以提高切片反差，还可以增强组织成分的稳定性。

2）切片染色　　由于铀和铅具有不同的染色特征，因此目前对于切片普遍采用乙酸铀-柠檬酸铅双染色法，即先用铀染色，再用铅染色，相互补充，从而获得较佳的染色效果。切片经双重染色后，即可在电镜下观察。

三、观察与记录

不同制造商生产的透射电镜在结构和控制部分有许多相似之处，特别是近年问世的新型号电镜的计算机控制系统更加完善，操作简便。下面介绍观察与记录过程及注意事项。

（1）启动电镜正常工作的必需条件是镜筒处于高真空状态，电气部分需充分预热，此过程最少需要30min，因此最好保持仪器长期处在真空状态，这样既有利于提高工作效率，又能延长仪器使用寿命。如果不能维持长期开机状态，每周至少启动两次，尽量保持电镜的真空状态，避免空气中的水分进入，引起镜筒内金属部件生锈，影响仪器正常运转。

（2）加高压确认真空度达到仪器要求标准后，启动高压开关，逐渐加压，一般从20～40kV开始，逐步升至所需加速电压值，生物样品观察的加速电压以70～100kV为宜。加速电压高，电子穿透力较强，可以得到较高分辨率的图像，但如超薄切片太薄，厚度小于50nm时，图像的反差反而降低，影响观察。

（3）目前生物医学研究用透射电镜常用的灯丝有钨和$LaB6$两种。当仪器高压稳定后，可缓慢转动灯丝旋钮，使电流通过灯丝，直至荧光屏呈现灯丝影像，同时观察电流表，通常电流为15～30μA，以灯丝影像稍微呈不饱和状态为最佳。

（4）电镜镜筒各部件的机械光轴中心应在同一直线上，称为机械轴，而各电子透镜的光轴中心也应在同一直线上，称为电子光轴。观察前应采用机械移动和电磁偏转等方法使电子光轴和机械光轴相重合，此过程称为镜筒合轴。但不必每次观察均进行合轴，日常观察可参考仪器使用说明书，仅进行电子光轴中心的调整即可。

（5）物镜极靴磁场的不对称性可产生固有像差，而极靴孔、样品架、光栅孔的污染等均可增加像差。因此，观察时，需通过调节使物镜的极靴磁场得到方向性补偿，消除像差，以获得较高质量图像。新型号的电镜固有像差较小，易于调节，而且仪器的计算机调控系统能够记忆不同研究者的最佳观察条件，每次调用储存的条件即可。

（6）装入样品后，低倍下选择欲观察的切片（操作较熟练者可先移开物镜光阑，选择观察切片，然后恢复光阑，以提高工作效率），按下自动调整焦距旋钮，通过调整零点（Z 点）使图像清晰为止。观察时，应先在较低倍率（2000～6000 倍）纵观切片全貌，并根据研究目的，选择感兴趣的部位在高倍率观察、记录。但是，在记录前不宜长时间观察摄影部位，因为长时间电子束照射易降低图像的清晰度，所以调整焦距和消除像散等操作最好在拟摄影部位的附近为佳。观察记录时应先低倍后高倍，养成低倍观察的习惯至关重要。低倍时，电子束照射切片面积大，切片不易破损，并有利于同半薄切片的图像对比分析；而高倍观察时，电子束亮度比较集中，容易损伤样品，所以应尽量避免先高倍观察再低倍摄影而导致图像质量降低。此外，电子束集中照射，可使样品的局部温度升高，切片发生缓慢漂移，所以高倍摄影记录时，应确定无图像漂移后再进行。

（7）记录电镜观察的目的是研究或测量组织细胞的微细结构，所以需要将结果保留。常用的方法是显微摄影或记录为数码资料。底片的分辨率远较荧光屏高，能够提供更多的信息。底片和数码资料均可长期保存。

四、冷冻超薄切片技术

冷冻超薄切片技术是在光镜冷冻切片和电镜超薄切片的基础上发展起来的透射电镜样品制备技术，其特点是生物组织标本不经脱水包埋而直接被冷冻，然后在冷冻状态下用特制的冷冻超薄切片机对其切片。由于常规超薄切片技术中需进行化学试剂固定、有机溶剂脱水、树脂包埋等一系列处理，生物样品因此易受到物理和化学性损伤，引起组织和细胞内蛋白质分子变性，大部分可溶性成分及某些生物大分子物质被抽提或发生移位；而且常规超薄切片制样过程要求严格、程序烦琐、周期长（3～5d）。而冷冻超薄切片技术制样时间短（数小时）、简单，可减少化学固定、有机溶剂脱水、树脂包埋等给样品带来的理化因素损伤，能较好地保存组织细胞的超微结构、酶和其他化学成分，因而可在分子水平上研究新鲜生物样品的超微结构、各种生物大分子和某些元素在细胞内的分布状态，并在细胞化学、免疫电镜、X 射线微区分析及可溶性物质放射自显影研究等方面发挥巨大作用。冷冻超薄切片技术的基本程序如下。

1. 样品预处理

冷冻超薄切片样品的预处理有两种方法：一种是直接将样品冷冻固定，该法有利于保存生物样品中可溶性物质及生物大分子的活性、天然构型和保持元素的分布状态，主要用于生物样品内可溶性物质的放射自显影和 X 射线微区分析；另一种是对样品先采用戊二醛固定、冷冻保护剂浸泡等预处理，此法适用于细胞化学、免疫电镜等超微形态学研究。

2. 超低温快速冷冻

冷冻超薄切片质量的好坏直接取决于快速冷冻效果。为了减少冰晶产生，要求冷冻速度越快越好。常用的快速冷冻方式有液氮直接冷冻法、金属镜冷冻固定法和中间冷媒法 3 种。

1）液氮直接冷冻法　将小块样品用一小滴冷冻保护剂粘在金属样品头上，迅速投入液氮中，样品即被冷冻固定。液氮在样品周围容易形成气套，使冷冻速率下降，冷冻固定效果常不理想。

2）金属镜冷冻固定法　将一面光洁如镜的金属柱放在液氮中冷冻，待温度平稳后，将修整好的样品迅速与金属镜面接触冷冻 0.5s，然后再投入液氮中。这种方法尤其适合于未经醛处理的新鲜样品。

3）中间冷媒法　为了提高样品冷冻速率，可选用丙烷、氟利昂等低熔点高沸点的物质作为冷冻剂。可如下操作：在保温瓶内充满液氮，再将一金属容器置于保温瓶的液氮中预冷，通入丙烷等冷冻剂，丙烷立即冷凝成液体。在保持低温情况下，迅速将样品投入冷冻剂中，完成冷冻固定。

此外，可用 KF-80 快速冷冻仪进行样品的快速冷冻固定。

3. 冷冻切片

1）冷冻超薄切片机　　冷冻超薄切片机由超薄切片机和附加低温操作装置组合而成。该装置包括冷冻室、冷冻刀台、冷冻样品头、存放制冷剂的杜瓦瓶及温度和制冷剂水平控制器等。冷冻室是一个具有绝缘性能的塑料箱，将冷冻刀台和冷冻样品头罩在其内。杜瓦瓶有管道分别与刀台、样品头相通，并输送制冷剂；在刀台和样品头内有温度传感器及加热装置，有盛制冷剂的容器，容器内还有制冷剂水平感受器。当用液氮作制冷剂时，其样品头温度可控制在–170～–70℃，刀温控制在–150～–70℃。温度传感器由温度及制冷剂水平控制装置进行自动调节，其调节过程是向刀台和样品台的制冷剂容器中灌满制冷剂。若将控制装置的温度选择在–100℃的位置，刀台和样品头的温度下降到–100℃以下，则传感器即给控制装置发出温度下降的信息，控制装置即可通过加热器产生补偿的加热电流，使刀台与样品头的温度保持在–100℃的状态。在切片过程中，由于不断消耗制冷剂，容器中的制冷剂不断减少而液面下降，容器中的白金电阻器可感受制冷剂量的变化。当液面低于预定标准时，白金电阻器即可引起杜瓦瓶中的加热器工作以提高瓶中的压力，使瓶中的制冷剂向制冷剂容器中流动，直至容器中的液面又恢复到原来水平。

2）切片操作

（1）向刀台和样品头的制冷剂容器中倒入液氮，使冷室的温度达到稳定的低温状态。

（2）安装冷冻样品头、玻璃刀（或钻石刀），调整刀与样品的距离，调好温度及液氮水平控制装置。

（3）切片：冷冻超薄切片的方法有湿刀法和干刀法两种。

A. 湿刀法：即用液槽法，切片槽里加入在低温下不冻结的液体，如二甲基亚砜、甘油、乙烯乙二醇、异戊烷等，当用二甲基亚砜时，其 6%的水溶液在–60℃时可不结冻；切片时样品的温度常为–80～–60℃，刀温高于样品温度 10～20℃为宜。其操作与常规超薄切片法相同，但应降低切片速度。

B. 干刀法：即不用液槽法，而用滴管上的饱和蔗糖液滴粘玻璃刀上的切片。

（4）收集切片：用注射器的针尖粘一滴约 0.5mm³的 2.3mol/L 的蔗糖溶液，将其轻贴刀口上的切片时，切片会贴在溶液表面，然后将凝固的蔗糖液滴从冷冻室里移出，在室温下待蔗糖融化后，利用其表面张力使切片展平，并放在附有支持膜的载网上，用双蒸水洗去蔗糖后染色。也可用注射器吸取 30%的甘油或二甲基亚砜液滴的方法，获得满意效果。

4. 染色冷冻

超薄切片可进行负染色，也可进行正染色。

五、冷冻断裂技术

冷冻断裂又称为冷冻复型（freeze replica），是一种将断裂和复型相结合的透射电镜样品制备技术，即在低温下将生物样品断裂，然后在断裂面上喷上一层金属（复型），制成复型膜在电镜下观察。若在冷冻断裂后使断裂面上的冰升华，然后再进行复型，即为冷冻蚀刻（freeze etching）。在冷冻断裂时，由于标本质地硬而脆，在受到断裂刀片的打击时，标本并非被刀切断，而是顺着外力方向断裂，断裂处一般在膜的薄弱处，即膜结构的疏水层裂开，因此冷冻蚀刻技术可以从不同角度、不同层次大面积暴露膜的表面结构及细胞表面的连接装置。此技术不采用化学固定剂、有机脱水剂、包埋剂等一系列化学试剂处理，能观察到更接近生活状态的微细结构。复型膜由铅、碳粒子组成，能耐受电子束的轰击，可以长期保存。

第二节　扫描电子显微镜技术

扫描电子显微镜（scanning electron microscope，SEM）简称扫描电镜，是继透射电镜之后发展起来的一种研究样品表面结构的工具。1935 年，德国的 Knoll 研制成第一台扫描电镜，但其分辨率很低。1942 年，美国研制成功实验室用扫描电镜，其分辨率为 50nm。至 1955 年，出现了第一批商品化扫描电镜。虽然扫描电镜真正投入使用的历史较短，但其性能的改进非常迅速，目前的新型扫描电镜分辨率可达 0.7nm。扫描电镜的使用日趋普及，在基础医学、临床医学领域，尤其在白血病、红细胞病、细胞凋亡等游离细胞的临床诊断及基础研究中得到广泛应用。

一、扫描电镜术的基本原理

扫描电镜术利用电子束在样品表面进行动态扫描时产生带有形态结构信息的二次电子，检测器收集二次电子并形成电信号传输到显像管，在荧光屏上显示样品表面的立体图像。由于扫描电镜是利用二次电子成像，其结构较透射电镜复杂。

（一）扫描电镜的基本结构

扫描电镜主要由电子光学系统、真空系统和图像信号处理系统组成（图 9-2）。

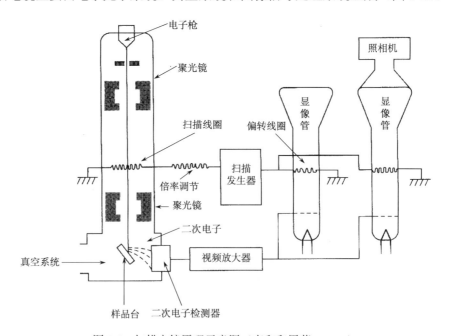

图 9-2　扫描电镜原理示意图（李和和周莉，2014）

1. 电子光学系统

电子光学系统即镜筒，包括电子枪、聚光镜、扫描系统及样品台。与透射电镜不同之处是没有中间镜和投影镜，其作用是产生很细的电子束（直径约几个纳米），并且使该电子束在样品表面扫描，同时激发出各种信号。

2. 真空系统

真空系统由机械泵、油扩散泵、真空管道、阀门及检测系统组成，其作用是使镜筒内部处于高真空状态。

3. 图像信号处理系统

此系统包括图像信号收集和图像显示两部分。二次电子检测器收集扫描样品发生的二次电子信号，并将其转变为显像管的图像信号。检测器的探头是一个闪烁体，当电子打到闪烁体上时，就在其中产生光，这种光被光导管传送到光电倍增管，光信号即被转变成电流信号，再经前置放大及视频放大，电流信号转变成电压信号，最后被送到显像管的栅极。

扫描电镜的图像在显像管上显示，并由照相机拍照记录。显像管一般有两个，一个用来观察，分辨率较低；另一个用来照相记录，分辨率较高。

（二）扫描电镜成像原理

在扫描电镜中，由电子枪发射为 $20\sim30\mu m$ 的电子束经过一系列电磁透镜汇聚后，聚焦于样品表面，按顺序对样品表面进行逐行扫描并激发出二次电子、背散射电子、俄歇电子及 X 射线等一系列信号。其中二次电子是被入射电子所激发出来的样品原子中的外层电子，产生于样品表面以下几纳米至几十纳米的区域，它的多少随入射表面的凹凸状态而改变。不同强度的二次电子信息，由二次电子检测器接收、转换成不同亮度的光信号，经光电倍增管放大并转换成视频电信号，最后被送到显像管调制显像管亮度。由于显像管的偏转线圈与扫描线圈保持同步，因此显像管画面上的样品图像定位点和样品表面电子束的定位点一直保持完全准确的对应关系，即同步扫描，从而得到反映样品表面形貌的扫描电镜像。图像可直接观察，也可照相记录。

在扫描电镜上针对不同的信息配上相应的检测器，就可以取得多种类型的扫描图像资料，如背散射电子像、吸收电流像、X 光谱像（微区分析）等。

（三）扫描电镜的特点

扫描电镜之所以能在许多领域得到广泛应用，主要因其具有许多突出的优点。

（1）放大倍率范围广，可从十几倍到几十万倍连续放大图像；分辨率较高，介于光学显微镜与透射电镜之间，可达 2nm。

（2）扫描电镜具有比光学显微镜大几百倍、比透射电镜大 10 倍左右的景深，而且不受样品大小和厚度的限制，能直接观察较大面积样品表面的三维立体结构，样品图像具有明显的真实感。

（3）扫描电镜样品制备过程简单、快速，有些样品可以直接观察。

（4）扫描电镜术在观察形貌的同时，还可对样品进行相关分析，如背散射电子像、微区成分分析等。

（5）扫描电镜透镜的焦深和景深不随放大倍数的变化而变化，因此观察和照相都很方便。

二、扫描电镜生物样品制备的基本方法

样品制备的质量是决定扫描电镜能否发挥最佳性能并拍出理想照片的关键。扫描电镜样品种类多、范围广，研究者应根据不同研究目的、不同样品种类选择不同的制备方法。大多数生物样品都含有水分，质地柔软，一般都需要经过取材、清洗、固定、脱水、干燥、样品粘固及导电处理等基本程序处理以后才能进行扫描电镜观察；对于含水分少、形态比较固定的样品，如骨骼、牙齿、毛发等，只需经样品粘固、导电处理即可观察。

（一）取材

取材的基本要求可参照透射电镜样品制备，除此之外还有一些特殊要求。

1. 样品大小

为了保证足够的观察面积，样品可以取大一些。观察表面结构的样品可取 5mm×5mm×3mm 大小，观察组织内部结构为主的样品可取 2mm×2mm×3mm 大小。取样原则为在满足所需要观察内容的条件下，样品块尽量小一些。

2. 保护好观察面

取材时避免用剪刀、镊子等器械损坏观察面，动作要轻柔、细致。

3. 注意标记观察面

没有特征结构的观察面注意应用一些方法进行标记，防止观察面粘反，实验前功尽弃。

4. 对较容易变形卷曲的样品的处理

如小肠黏膜，可先取一段肠管，剖开后展平固定在蜡盘上，滴上固定液，待形状已稳定（约 15min）后，再切成小块继续固定。

（二）清洗

扫描电镜观察的部位常常是样品的表面，而其表面常有血液、组织液或黏液附着而遮盖样品的表面结构，影响观察，因此在样品固定之前，应将这些附着物快速清洗干净。清洗方法主要有漂洗法、超声清洗法、加压清洗法和灌流清洗法 4 种，可根据不同样品要求选用。

1. 漂洗法

对于比较干净的样品，将其放入小烧杯，用等渗生理盐水或与固定液相应的缓冲液摆洗几次即可。

2. 超声清洗法

对于表面结构复杂、皱褶凹陷多的样品，可用超声清洗法清洗。在超声清洗时，要严格控制超声强弱，防止损坏样品。

3. 加压清洗法

适用于表面结构复杂、表面黏液较多的样品，如肠黏膜表面，可用大注射器放上针头加压将清洗液推向组织表面进行清洗。

4. 灌流清洗法

为了避免取材后血液对组织结构的污染，可先灌流生理盐水或缓冲液清洗，再取材。

（三）固定

固定所用的试剂和透射电镜样品制备相同，常用 2.5%戊二醛及 1%锇酸双固定。由于样品体积较大，固定时间应适当延长。

（四）脱水

由于扫描电镜样品块比透射电镜样品块大许多，因此充分脱水更为重要。样品经漂洗后用逐级增高浓度的乙醇或丙酮脱水，每一级浓度停留 15～30min，时间可根据样品大小进行调整，脱水后进入中间液，一般用乙酸异戊酯作中间液。

（五）干燥

生物样品虽然经过脱水处理，但样品内部还含有脱水剂及少量水分，无论是水还是脱水剂，在高真空中都会破坏样品的微细结构。因此，样品在用电镜观察前必须进一步干燥。常用的干燥方法有空气干燥法、冷冻干燥法、临界点干燥法和真空干燥法 4 种。

1. 空气干燥法

空气干燥法也称为自然干燥法，即将经过脱水的样品暴露在空气中，使脱水剂逐渐挥发干燥。该方法的最大优点是简便易行和节省时间，主要缺点是在干燥过程中，组织会由于脱水剂挥发时表面张力的作用而产生收缩变形。因此，该方法一般只适用于较为坚硬的样品。

2. 冷冻干燥法

样品用乙醇或丙酮脱水后过渡到某些易挥发的有机溶剂中，然后连同这些溶剂一起冷冻，经过冷冻的样品置于高真空中，通过升华除去样品中的残余水分或溶剂。冷冻干燥的基础是冰从样品中升华，即组织内的液体从固态直接转化为气态，不经过中间的液态，不存在气相和液相之间的表面张力对样品的作用，从而减轻干燥过程对样品的损伤。冷冻干燥法是除临界点干燥法以外一种较好的样品干燥方法，可以使用的有机溶剂有氟利昂 12、氟利昂 22、叔丁醇等。目前使用较多的为叔丁醇冷冻干燥法，样品依次用 50%、70%、80%、90%的叔丁醇乙醇溶液脱水，最后用叔丁醇替代，每步 15～20min，随后将样品放入低温装置（10℃以下）使其凝固，再放入真空镀膜仪抽真空，使冻结的叔丁醇升华，样品即达干燥。

3. 临界点干燥法

临界点干燥法是目前最理想的样品干燥方法，通过临界点干燥仪来完成。临界点干燥法是利用物质在临界状态时其表面张力等于零的特性，使样品的液体完全气化，并以气体方式排掉，以达到完全干燥的目的。此法可避免表面张力的影响，较好地保存样品的微细结构。此法操作较为方便，所用时间较短，一般 2～3h 即可完成，是最为常用的干燥方法。临界点干燥仪中起干燥作用的液体为液态 CO_2，因为乙醇、丙酮都与 CO_2 不相容，所以样品经过脱水后应进入中间液乙酸异戊酯。

4. 真空干燥法

真空干燥是将经过固定、脱水的样品直接放入真空镀膜仪内，在真空状态下使样品内的溶液逐渐挥发，当达到真空时样品即可干燥。该方法简单易行，但也存在表面张力问题，因此只在缺少其他干燥方法时才选用。

（六）样品粘固

样品在干燥处理或导电处理之前，需粘固到样品台上。将样品粘固到样品台上时，可根据样品种类和性质不同选用不同黏胶剂。常用黏胶剂有以下 3 类：导电胶、各种胶水和双面胶纸。对于导电或不需镀膜的样品用导电胶粘固，需镀膜的样品既可用导电胶，也可用胶水或双面胶进行粘固。导电胶有两种，一种是以大于 300 目的细银粉为基础的银粉导电胶，另一种是以石墨粉为基底拌以低电阻合成树脂的导电胶。

（七）导电处理

生物样品元素成分中原子序数都较低，故电子束照射后二次电子发射率较低；生物样品经过脱水、干燥处理后，其表面电阻率很高，即导电性能差；用扫描电镜观察时，当入射电子束打到样品上，会在样品表面产生电子堆积，形成充电和放电效应，并由此影响样品观察和图像分辨率。为增强生物样品的导电性，增加二次电子的产生率，防止充电和放电效应，减少电子束对样品的损伤作用，需对生物样品进行导电处理。常用的导电处理方法有金属镀膜法、组织导电法、化学浸镀法和电镀法，其中前两种最常用。

1. 金属镀膜法

金属镀膜法采用特殊仪器将金属，如金、铂、钯、金-钯合金等蒸发后覆盖在样品表面。目前应用最多的金属镀膜法主要有离子镀膜法和真空镀膜法两种。

1）**离子镀膜法**　又称为离子溅射镀膜法，通过离子镀膜机完成，其基本过程如下：在离子镀膜机的真空罩中设置一对电极，镀膜金属为阴极，样品台为阳极。当罩内真空达到低真空时，在两极间加以 1000～3000V 的直流电；当电场达到一定强度时，残留的气体分子被电离为阳离子和电子，它们分别飞向阴极和阳极，并不断与其他气体分子碰撞。阳离子轰击阴极上的金属靶，使部分金属原子被撞击下来，这些金属原子不断与气体分子碰撞并以不同的方向和角度飞向阳极，覆盖在样品表面，形成一层均匀的金属膜。

离子镀膜法具有以下优点：①空气离子撞击下的金属颗粒细而均匀，镀膜细腻；②镀膜时，金属粒子对凹凸不平、形貌复杂的样品可以绕射进去，镀膜均匀一致，没有死角；③离子镀膜时真空度低，不需要复杂的真空系统，所需时间短，造价低，操作简单。

2）**真空镀膜法**　使用真空镀膜法镀膜时，首先将样品放在真空镀膜仪的真空罩内，在 $(0.1～10)×10^{-4}$mmHg[①]高真空状态下，使铂金等金属加热、蒸发，从而在样品表面喷镀一层厚 10～25nm 的金属导电层。由于仪器性能及技术条件限制，真空镀膜法具有以下缺点：①较粗大的金属颗粒可能掩盖样品某些微细结构；②对于一些结构复杂的样品不易喷镀均匀而形成死角；③对样品易产生热辐射损伤。

2. 组织导电法

组织导电法是利用金属盐类，特别是重金属盐类化合物，与样品内蛋白质、脂类和糖类等成分结合，从而增强样品的机械强度、导电率及抗电子束轰击的能力等。经这种方法处理和常规脱水的样品，干燥后不镀膜即可进行观察。该方法可避免金属镀膜法在抽真空和热辐射过程中对生物样品的损伤。

---

① 1mmHg≈0.133kPa

1）组织导电法基本操作程序

（1）样品经常规取材、固定和漂洗。

（2）组织导电液处理：将样品浸泡于组织导电液中。浸泡的时间与样品的性质、大小及导电液的种类有关。一般质地较致密、体积较小和以观察表面结构为主的样品，仅需短时间（1～2h）浸泡，而体积较大而又柔软或以观察内部结构为主的样品，浸泡时间应延长至数小时以上。

（3）漂洗：样品经组织导电液处理后，用缓冲液反复、充分漂洗。

（4）脱水：乙醇或丙酮逐级脱水。

（5）将样品粘固到样品台上，电镜观察。

2）常用组织导电法　　常用组织导电法有单宁酸-锇酸法和硫卡巴肼-锇酸法两种，此外，还有应用硝酸银、乙酸铀、高锰酸钾、重铬酸钾、碘化钾等导电液的其他方法。

3）注意事项

（1）导电液易出现沉淀，故用前最好用微孔滤膜过滤，导电液处理后，要充分清洗样品，以免污染样品和镜筒。

（2）经组织导电处理后的样品硬而脆，易于损伤，所以对于观察表面结构的样品，应注意保护观察面。

（3）经组织导电处理的样品反差较强，在观察时应适当调整反差，以得到反差适当的图像。

（4）单纯组织导电处理的样品，如其导电效果和二次电子发射率仍很低，分辨率仍然较低，应与金属镀膜、临界点干燥方法结合使用。

三、特殊扫描电镜生物样品制备方法

（一）组织细胞内部结构观察样品制备

若要观察组织细胞内部结构，需将要观察部位暴露出来。暴露内部结构的方法主要有割断法和化学消化法。

1. 割断法

割断法有多种，主要有冷冻割断法、树脂割断法及水溶性包埋剂割断法等，其中以冷冻割断法最常用。日本学者田中敬一于1972年建立的二甲基亚砜冷冻割断法能充分显示内部结构的立体图像。

2. 化学消化法

为了观察组织细胞内部深层表面结构，可采用 NaOH 或 HCl 化学消化法制备样品。

（二）游离细胞样品制备

游离细胞（如血细胞、精子、培养细胞等）具有一些特殊性质，如游离细胞表面附着有黏液，游离细胞易受渗透压的影响产生变形等，因此游离细胞扫描电镜样品制备具有一定特殊性。

（1）清洗和固定。将细胞悬液与用 0.1mol/L PB 配制的 2%戊二醛等量混合，固定 10～20min，离心去上清，再用生理盐水混悬，离心清洗 2 次。

（2）脱水。用 30%、50%、70%、80%、90%、无水（2 次）乙醇逐级脱水，样品在每一

级浓度停留 5min。

（3）置换。无水乙醇与乙酸异戊酯等量混合液置换 10min。

（4）临界点干燥。用滤纸将盖玻片包裹后放入样品篮中进行临界点干燥。

（5）常规镀膜后扫描电镜观察。

为防止细胞变形，清洗液应选用等渗溶液，固定液选用低浓度。换液时，液体应从平皿边缘缓慢加入，防止细胞脱落。

（三）管道铸型样品制备

为了研究腔性器官特别是复杂器官内血管系统的立体分布，可先向腔内注射某种凝固较慢的铸型剂，待铸型剂硬化后再把组织腐蚀去掉，保留下来的即为能显示管道系统立体分布的铸型样品，这种技术称为铸型技术。铸型标本经过镀膜后，就可进行扫描电镜观察。

常用的铸型剂有甲基丙烯酸酯、聚苯乙烯及其共聚物与 ABS（acrylonitrile butadiene styrene）树脂等。ABS 树脂为丙烯腈、丁二烯和苯乙烯的三元共聚物，被认为是比较理想的铸型剂。下面简要介绍用 ABS 制作血管铸型标本的方法。

（1）固定选取新鲜标本，自动脉灌入生理盐水将血管中的血液冲洗干净，然后用 0.5%～1% 戊二醛对标本做灌注固定，以保证铸型效果。

（2）注入铸型剂。灌注配制好的铸型剂 ABS 丁酮溶液，浓度为 5%～30%，注入的压力为 100mmHg。随后，将注入铸型剂的标本放入 50～70℃ 温水中浸泡 6h 左右，以保持脏器的原形，促进铸型剂硬化。

（3）腐蚀和清洗。将标本放入 10%～20% NaOH 或 20%～50% HCl 溶液中腐蚀一周左右，然后用流水将血管铸型周围被腐蚀的组织冲洗干净，时间为 24～72h，冲洗速度要缓慢，防止损坏样品。

（4）修切铸型样品。将腐蚀后清洗干净的样品自然干燥后，放在体视显微镜下修整，并切成适当大小。

（5）干燥、镀膜。将修整好的样品放入 37℃ 温箱内 1h，使其彻底干燥，镀膜后观察。

第十章

显微图像分析技术

图像分析技术（image analysis technique，IAT）是在 20 世纪 50 年代发展起来的一门集计算机技术和数学形态学原理，通过从图像中提取特定数据，客观准确地以数据形式表达图像各种信息的技术。图像分析系统（image analysis system，IAS）则是对图像信息的收集、处理、测量、计算和分析，并得出图像各部分数量变化的分析仪器，它广泛应用于天文、地理、地质、生物和医学等各个领域中。随着生命科学技术的发展，组织化学特殊染色、免疫组织化学染色、原位杂交等技术广泛应用于组织和细胞的形态学教学及研究，不仅要求测出单一细胞和组织的几何参数，还要求测量细胞和组织染色所代表的不同成分的含量，从而获取与细胞功能相关的定量测量信息。因此，必须依赖于图像分析技术，对组织、细胞二维图像几何形态和三维结构形态给予测量与分析。

第一节 显微图像分析系统的基本原理

显微图像分析系统主要由显微镜、计算机、图像采集装置和图像处理与分析软件四大关键部件组成。作为显微图像分析系统的图像采集装置主要是电荷偶联摄影像机（CCD）和图像采集卡。CCD 采集模拟的显微图像，经图像采集卡将这些模拟的显微图像转换成数字图像，以供计算机的图像处理与分析软件对其进行处理与分析。

计算机图像的分析包括定性和定量两方面。图像的定性分析是指用肉眼、显微镜、电镜等了解图像的结构并用文字描述图像的结构特点。例如，用显微镜观察涂片和各种切片中的细胞和组织结构，即为病理学图像的定性分析。图像的定量分析是指用量化的方法以数字的表达形式对图像中各种结构信息的定量描述。本章介绍的图像分析就是指图像的定量分析。

1. 图像处理

进行图像分析时，往往要进行图像处理（数字化处理）。图像处理是指对图像的修饰，通过这种修饰去除图像的缺陷或不足，将模糊图像变为清晰图像或以新的图像形式来表达原图像。计算机图像处理即借助计算机技术，对计算机中的图像进行的处理。由于计算机图像处理是把图像用数字的形式来对待的，因此计算机图像处理又称为数字化图像处理。

2. 数值图像

数值图像就是把图像画面划分为由数字化的像素所构成的图像，各像素的灰度值用整数值表示。

3. 像素

像素是指把连续图像取样为离散图像的取样点，含灰度及坐标两方面的信息，这决定了图像的形状和颜色深浅。

4. 灰度

灰度是指图像各部分颜色的深浅程度，可分为 2^n 级（256 级=2^8，64 级=2^6）。在用 0～255 的灰度值表达图像的灰度的时候，有以 0 为白，以 255 为黑的灰度设定方法，也有以 0 为黑，以 255 为白的灰度表示方法，因此在进行灰度分析时应注意灰度的设定方法，把握灰度值变化的含意。当数字图像只有 0 和 1 两个级别，即各个像素值由 0（白或黑）或 1（黑或白）表示时，这样的图像称为二值图像，在二值图像上，一般设 0 为白，1 为黑。

第二节　生物显微图像分析系统

生物显微图像分析是一种基于显微镜技术和数字成像技术的分析测试方法，其中的内容包括视频显微镜、图像处理和图像分析。生物显微图像分析提供了对组织（细胞）中的有关参数的测量和评价功能。通常生物显微图像分析所感兴趣的参数主要集中在平面参数（面积、长度、分布等）和光度参数（光吸收率、荧光测量和光度计等）两方面。图像分析软件可以分为 3 种主要类型：①专门用于显微图像分析的软件；②通用图像分析软件；③为特殊目的设计的程序。不同生物显微图像的分析具有多样性和特殊性，因此目前并不存在全自动的可满足多种图像分析要求的生物显微图像分析系统。

一、生物显微图像分析系统的组成

可以将生物显微图像分析系统理解为一种执行显微图像输入、显微图像处理、形态学参数测量和光度（荧光）分析任务的计算机系统，它的组成部分主要包含图像输入和输出设备、图像数据存储设备、图像通信设备、主计算机（图像处理机），以及图像处理、测量和分析软件等（图 10-1 和图 10-2）。图像输入设备种类较多，应用时可根据需要或目的进行选择。

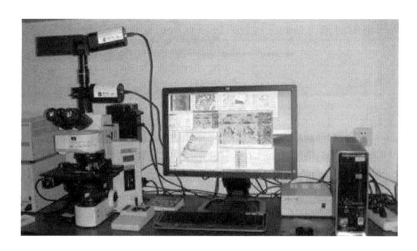

图 10-1　生物显微图像分析系统

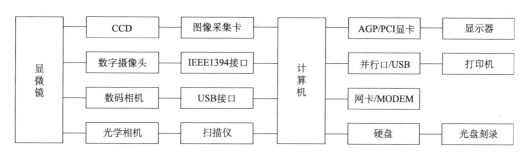

图 10-2　生物显微图像分析系统结构示意图

（一）图像输入设备

图像输入设备，又称为图像采集设备，其功能是获取显微镜下观察到的组织（细胞）图像，并将显微图像实时地传输到计算机并进行存储，完成模拟显微图像到数字显微图像的转换。显微图像采集设备的配置通常选择性地采用：①CCD+基于 PCI 总线的图像采集卡；②数字摄像头；③数码相机；④光学相机+扫描仪。

以 CCD 记录显微图像时，需要利用图像采集卡作为显微图像与计算机之间的通信接口，完成模拟视频信号到计算机数字图像的转换。图像采集卡以板卡的形式插在计算机的扩展槽中，它必须在软件的支持下才能充分发挥其具有的采集与处理功能。

数字摄像头直接输出数字视频信号。作为先进的图像输入手段，数字摄像头已经成为生物显微图像分析系统硬件技术发展的一个主流方向。

数码相机获得的是用像素矩阵描述的静态数字图像。在采用国际通用压缩标准 JPEG 对图像进行压缩后，或者存储在数码相机的存储介质中，或者通过 USB 接口将图像传给计算机做进一步处理，最终在显示器显示。

当不具备数码显微图像采集设备时，可使用光学相机记录显微组织（细胞）图像，然后利用平板扫描仪作为显微照片的数字化输入装置。

（二）图像输出设备

显微图像分析系统的输出设备主要有两类：①以图形图像形式显示处理前后的结果，供分析、识别和解释使用；②制作成硬拷贝。前者主要包括各种依据不同物理原理制造的显示器，如阴极射线管显示器 CRT、液晶显示器 LCD 和等离子体显示器 PDP 等，后者采用的设备主要是指激光打印机和喷墨打印机。

（三）图像数据存储设备

由于彩色生物显微图像的数据量较大，图像分析系统配置的存储介质要求具有超大容量，同时还要求具备"无挥发性"的特点。系统大都采用分层存储的模式，近期图像数据用硬盘存储，长期图像数据用光盘存储。

（四）生物显微图像分析系统主计算机（图像处理机）

生物显微图像分析系统所采用的主机包括：①Mac OS 计算机系统，该系统有其专用的操作系统及用户接口；②配备 Windows 系列操作系统或 Linux 操作系统的桌面计算机系统；③使用 UNIX 操作系统的图形工作站。为使系统具有更好的兼容性，有些图形工作站的操作系统仍然基于 Windows 平台。图形工作站的优点主要在于具有友好的高层次的用户界面、通过网络共享资源、图形功能强大、硬件可扩充性好，适用于大型生物图像处理系统，如用于蛋白质阵列分析、DNA 测序等工作。

（五）图像通信设备

为了查询相关的文献资料，或为了与同行共享实验结果，或为了将实验数据与世界著名的生物数据库进行比对，可以通过计算机系统内安装的网卡，在网络上实现数据的上传、下载等操作。

二、生物显微图像分析系统软件组成

根据生物显微图像处理与分析的需要，系统软件提供的功能应包括计算功能、存储功能、交互功能、输入功能、输出功能和管理功能等。据此将生物显微图像分析系统的软件结构大致分为 6 个层次：①基础库；②图像获取模块；③图像管理模块；④图像处理模块；⑤图像分析模块；⑥系统管理模块与用户界面。

（一）基础库

生物显微图像处理和分析操作的特点之一是运算量大。对于以桌面计算机为主机的系统而言，需要对图像采集卡提供的图像通用处理子程序库中的大量程序进行优化，这些程序包括大多数运算复杂度较高或者重复使用频率较高的库程序。优化的目的是为了提高系统的效率，减少图像存取、图像处理与分析的时间等。

（二）图像获取模块

图像获取模块提供从多种图像输入设备获取图像的功能，该模块支持的图像获取方式包括模拟视频输入、数字视频输入、数码相机输入、扫描仪输入及由粘贴板获取图像等。

模拟视频输入方式是为采用 CCD+图像采集卡的系统而设计的。系统通过图像采集卡，将由安装在显微镜上的 CCD 所采集的动态视频画面经外部设备互连总线（peripheral component interconnect，PCI）传输到计算机内存，并同时在计算机显示器上显示。利用图像冻结功能实现对其中某些单帧图像的冻结，以完成视频图像的获取。为提高对弱光静态图像的采集效果，模块应提供可选的时间曝光长度以便获取清晰度和亮度更为理想的图像。考虑到以视频方式输入显微图像时，图像的幅面大小是固定的（PAL 制和 CCIR 制的像素为 768×576；NTSC 制和 RS170 制的像素为 640×480），而感兴趣区的图像只占其中一部分，因此模块还应提供图像剪切与粘贴功能，能够将原图像的某一部分复制成新图像，供进一步的处理与分析使用。

扫描仪输入方式主要是面向采用图像扫描仪完成数字化工作的系统。图像获取模块支持 TWAIN 图像扫描接口，可以将显微胶片或照片等由扫描仪转换为数字图像传输到计算机中，供图像处理和分析软件使用。

在数码相机输入方式中，图像获取模块除了可以通过 TWAIN 接口来正确驱动数码相机外，还可以利用 USB 接口，编程直接对相机进行控制和拍摄图像。

数字视频输入方式主要应用的对象是采用数字摄像头的系统。系统通过 IEEE1394 接口直接将数字显微图像传输到计算机，能够由软件实现对显微镜机械系统的调节。

在交换图像资源方式中，图像获取模块通过 Windows 所提供的一个公共系统平台——粘贴板来获得其他应用程序中（如 Photoshop、PaintShopPro 等）正在编辑的图像。

（三）图像管理模块

图像管理功能包括图像信息获取、图像登记、图像查询、修改和删除图像的在册信息等。

该模块可对任何一个研究图像进行登记，登记的内容包括：研究名称、研究者、研究日期、研究摘要等。使用图像的查询及修改和删除图像的在册信息等功能，可方便地查找和载入图像。

系统中数据保存以图像文件为核心，但在数据图像文件的同时，有关该图像的所有相关检索信息和分析数据，都会保存在与该图像文件同一目录下自动建立的文件夹中，可对其进行必要的备份。

（四）图像处理模块

图像处理模块应提供基本图像处理功能，包括图像灰度反转，彩色图像到灰度图像的转换，画面镜像、画面旋转、图像亮度和对比度调整、图像滤波等。此外，模块还应提供与其他专业图像编辑软件（如 Photoshop、PhotoImpact 等）的软接口，以便相互调用，并进一步获得更强的图像处理能力。

图像处理模块提供的图像处理功能包括了灰度变换、图像平滑、图像锐化和各种效果等。

（五）图像分析模块

在各种显微图像分析系统中，该模块所具备的功能有着很大的区别。面对不同模式的显微图像，有专门针对凝胶图像分析的，有专门面向荧光显微图像分析的，还有专门应用于核酸或蛋白阵列显微图像分析的等。其中某些测量和分析功能具有通用性，这些具有共性的测量和分析功能包括：①可对显微镜的不同放大倍率进行定标从而测量出显微图像中目标实际大小的定标/测量工具；②有测量参数选择；③有点、线、曲线测量；④有矩形、圆形和任意区域测量；⑤有灰度测量和光密度测量等。

（六）系统管理模块与用户界面

生物显微图像分析系统基本的系统管理功能包括载入和保存图像、打印图像、各种系统选项的设置等功能。

组织（细胞）图像作为系统的分析对象，可永久性地以文件形式存放于硬盘中或进行光盘刻录。在系统管理模块中，记录存盘或打开的图像文件格式通常包括 BMP 图像、TIFF 图像、24bit 彩色或 8bit 灰度 JPEG 图像。系统管理模块在执行保存图像文件操作的同时，可在该图像文件的同一目录下自动建立一个文件夹，以保存有该图像的所有相关检索信息和分析数据。

系统管理模块提供图像硬拷贝输出功能，支持的图像打印设备是 Windows 支持的彩色激光打印机或者喷墨打印机。

系统管理模块提供的供用户设置的选项，可以包括用户界面设置、图像打印设置、专业图像处理、图像融合比较、图像获取、图像格式等。

第三节　显微图像处理

一、数字图像处理原理

图像采集装置输入计算机的数字图像含有同一般模拟图像一样的位置、灰度、色彩三大信息，它们是图像处理与分析软件对其进行图像处理与定量分析的基础。

数字图像是由众多离散的图像元素（简称像素）按图像显示器的 X 和 Y 方向排列构成，因此可用（x，y）表示图像中任一像素在此二维阵列中的位置。单位面积屏幕上像素越多则图像越清晰，即分辨率越高。各厂家生产各种不同规格的产品，如有像素为 640×480、896×704、512×480 的屏幕等。数字图像的分辨率越高，显示的图像越细腻，越接近被摄图像的真实清晰程度。

灰度信息显示图像每一个像素的明暗程度，即该像素的图像由黑到白变化的量化等级。现在，一般的图像分析仪的灰度量化等级不少于 256，可高达 $1024 \sim 2048$，图像的灰度量化等级越多，图像分析仪的灰度量化分辨率越高，显示的图像明暗层次越丰富，越接近被摄图像的真实颜色深浅层次。

依据图像的颜色分黑白图像与彩色图像，彩色图像又分为真彩色图像与伪彩色图像。黑白图像只有灰度信息没有色彩信息，伪彩色图像的颜色不是被摄图像的真实颜色，是人为地按图像的灰度等级划分附加上的，以增加人们对黑白图像的分辨能力。图像分析仪的真彩色图像是由图像采集装置将每一像素图像的真实色彩分解成红、绿、蓝三种色信号，每一种色信号又按其强弱量化成不少于 256 灰度等级，分别输入图像分析仪的计算机后再将它们按某一色度坐标重新编码还原成彩色图像。所以，彩色图像不单含有灰度信息，还拥有颜色种类、颜色纯度、色彩亮度的信息，可分别测量得到红、绿、蓝每一种色信号的灰度、色度、色饱和度和亮度的值。图像分析系统的中心信息处理系统可以从上述输入设备所形成的图像上取得几何参数和灰度参数，并可将测得的视场数据和特征数据按照实验要求进行统计分析，以表格、曲线图或直方图等形式表达最终的实验结果。

计算机依图像研究的不同目的进行图像的修正、变换、特征提取和测量。图像数字化过程由两步完成：首先是抽样的过程，即把时间和空间上连续分布的图像变成"离散的集合"的过程，抽样点即像素。实现这一过程最常用的方法是在二维平面上，按一定的间隔的水平方向上，做循序直线扫描而取得特征值。由于这一过程得到的像素值还是连续值，因此还必须通过灰度的量化操作，即第二步的数字化过程来完成。而数字化过程由图像采集板模数转换（AID）通道快速完成。然后再采用图像分割、图像变换、图像平滑、图像增强、图像识别等技术完成图像特征的提取和测量。

数字图像的空间分辨率越高，灰度量化等级越多，其显示和处理的图像质量越好，图像分析仪的分析结果的准确性越高。鉴于人眼对灰度的分辨不大于 30 和生物组织细胞的形态与染色特点，空间分辨率为 512×512、灰度量化等级 256 的图像分析仪已能满足大多数组织、细胞形态和化学物质计量分析的要求。

二、图像处理的基本步骤

显微图像处理基本流程图见图 10-3。

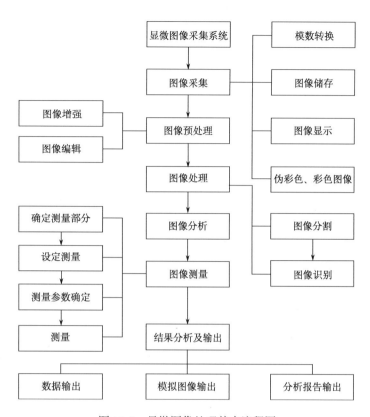

图 10-3　显微图像处理基本流程图

（一）确定图像的来源及系统设置

图像信息是多种多样的，检查这些图像信息的方法也不同。应根据这些图像信息的来源及成像特点，以及其测量和分析目的做出相应的系统设置。正确设置系统参数对于获得可靠的测量和分析结果是非常重要的。

为了保证测量结果的可重复性和可比性，对于显微图像分析系统而言，必须使显微镜照明光源的强度和波长恒定，物镜和目镜的放大倍率与数字孔径相等。

设定几何标尺，设置线性灰度和光密度并定标。定标分为尺寸定标和光密度定标两种。

1. 尺寸定标

一张切片上的细胞经过显微镜物镜的光学系统的放大，再经过摄像机光电转换后放大，在屏幕上显示出来的图像大小比原细胞大得多，也比显微镜下的细胞大得多。而且计算机系统计算一个细胞的直径、周长等几何参数时，只能计算出它的直径和周长是由多少个点排列而成的，如计算面积是计算它由多少个点组成的。怎样将这些点数转化为实际的尺寸，就需要进行尺寸定标。

采集进来一幅标准的标尺图像，选中图像分析系统中定标功能，出现一条线，让这条线左、右端分别抵住标尺图像中两条长线，并使这条线与标尺刻度线垂直，输入标尺的实际尺寸的长度及单位，开始定标计算。

在以后所进行的处理计算中，根据尺寸定标的实际过程和意义，可清楚地看到当处理不同倍数物镜的采集图像时，就需调出相应的倍数采集的标尺图像进行一次尺寸定标。而对都是同倍数物镜下采集的图像只需开始时定标一次即可。

当更换显微镜时，由于不同显微镜的光路参数不同，因此需要重新进行标尺图像采集和定标。

2. 光密度定标

光密度定标是为计算光密度而进行的。光密度值是测量光透过物体前后的强度，以此来计算物体对光的吸收强度。计算机采集的图像上只能测到一个物体上所透过的光的强度，而光透过物体前后的强度就要由密度定标来给出。选取屏幕上一块最亮的背景区域作为入射光线强度，以便后面计算光密度时使用。

每张切片甚至同一张切片的不同视场，由于切片厚度或是光源强度不同，其背景的光强度也不同，都需要重新进行一次光密度定标。

（二）图像采集

要对组织细胞图像采集装置的状态进行检测和控制，因为只有在相同系统设置下采集到的数字图像的测量和分析结果才有可比性。

1. 模数转换

通过图像采集板把模拟式图像转换为数字式信息，排列成二维数字阵列，阵列中每一元素称为"像素"。像素的大小和数目代表空间的分辨率，像素点越小，数目越多，分辨率越高。每一像素灰度分为 0～255 个等级。

2. 图像储存

把模数转换的数字暂存在计算机内存，以便迅速存取和预处理。

3. 图像显示

计算机图像处理卡可将储存器的数字反向转换，把数字转换为模拟图像（DIA）显示在显示器上。

4. 伪彩色、彩色图像显示

人眼能分辨几千种彩色色调和强度，但对灰度的检测只有 20 灰级以下。因此，把黑白图像变成彩色图像后，使人眼对图像的分辨率大大提高，可检测出黑白图像所无法检出的信息。伪彩色就是对每个像素根据它们的灰度等级给予一定的彩色处理，真彩色是通过 R（红）、G（绿）、B（蓝）三基色原理进行数字化和配色而显示。采用彩色密度分割、彩色增强、伪彩色合成等方法，对图像进行伪彩色或彩色处理，可提高图像信息的识别效果。

（三）图像预处理

通过各种形式输入图像分析系统中的生物显微图像，往往包含了各类噪声甚至伴随着失真、模糊等现象，图像质量并不符合图像分析的要求。图像预处理的任务主要是去除噪声、图像增强和图像复原；也可使图像变换成某种标准形式，以便于特征提取识别和测量。

1. 图像增强

图像增强是指按特定应用突出一幅图像的某种感兴趣信息，同时抑制或去除一些不需要的信息，以提高图像使用价值的处理方法。针对不同的图像，可选择不同的图像增强方法。例如，当图像的动态范围较窄时，可利用对比度拉伸或直方图均衡来提高图像对比度；需要消除图像中的噪声时，可进行平滑处理；若要实现模糊图像的去模糊，则应用图像复原方法；

当图像边缘失锐时，利用边缘增强方法能够实现图像锐化等。

由于影响图像质量的因素很复杂，而一般图像增强技术主要是有选择性地加强图像中某些感兴趣的信息而抑制或去除另一些不需要的信息，以适应图像测量分析的需要，因此图像增强不存在某种普遍适用的或统一的技术与方法。例如，来自光镜或电镜的图像，由于成像模式不同，所应用的图像处理方法就不一样；而同一类切片图像也会因厚度和染色质量的差异等，需要采用不同的增强技术进行处理。另外，各种图像增强方式都只能在一定程度上改善图像质量，因此在增强图像时只要能达到图像分析的要求即可。

1）线性与非线性灰度变换　　亮度的最大值与最小值之比称为对比度。光学显微镜系统仅具有一定的亮度范围，因为亮度有限，图像常会出现对比度不足的表现，此时人们看到的图像如同蒙上了一层薄雾。通过灰度变换可扩展图像的动态范围，使图像对比度得到拉伸，图像细节表现充分，特征明显。灰度变换可分为线性变换和非线性变换。前者采用的变换函数为线性函数，后者采用的变换函数是非线性函数，如对数函数、指数函数等。对数变换可使图像的低灰度区扩展，高灰度区压缩；指数变换可使图像的高灰度区扩展，低灰度区压缩。

2）直方图修正　　对一幅图像所包含的全体像素的灰度值做统计，并且用横坐标表示灰度值，纵坐标表示图像中具有该灰度值的像素数目，或表示具有某一灰度值的像素数目在总的像素数目中所占的比例，这样绘制的曲线称为图像的灰度分布直方图。灰度分布直方图反映了一幅图像中灰度值和出现这种灰度值的概率关系，反映图像明暗程度、细节清晰度和动态范围等图像的整体性质，所以图像的灰度变换可以通过直方图修正来实现，通过改变直方图的形状来达到增强图像对比度的效果。直方图修正的基本原则是灰度直方图应该在 0～255 的灰度值范围内具有较平坦的分布，此方法适用于切片染色不佳而造成对比度差的样本。

3）图像锐化　　图像的锐化处理主要用于增强图像中的轮廓边缘、细节及灰度跳变部分，形成完整的物体边界，达到将目标从图像背景中分离出来或将表示同一目标表面的区域检测出来的目的。从空间域的处理角度出发，可以采用微分法，如梯度法、Roberts 算子、Sobel 算子及 Laplacian 算子等；将空间域的图像通过傅里叶变换变换到频率域，由于图像中的边缘对应于频谱中的高频分量，因此采用高通滤波器让高频分量顺利通过，而抑制低频分量，可使图像的边缘变得更清楚，从而实现图像的锐化。但高通滤波的应用同时会增加噪声，因此须有控制地使用这种方法。

4）图像平滑　　实际获得的图像在形成、传输、接收和处理过程中，不可避免地存在着内部和外部的干扰。图像平滑的目的是去除噪声，改善图像质量。图像受到的噪声干扰来自成像系统的各个环节，应根据图像噪声的性质，针对特定的噪声模型，选择相应的图像平滑算法。图像的平滑可以在空间域进行，也可以在频率域进行。在空间域，可采用多幅图像平均、邻域平均法和中值滤波法等实现去噪声。在频率域，噪声主要对应于频谱中的高频分量，适当衰减高频分量和保留低频分量，即可达到去除噪声的效果。

5）图像复原　　将图像形成过程中受多种因素影响而导致的图像质量下降称为图像退化，由于获得图像的方法不同，其退化形式是多种多样的。如果能够对退化的类型、机制和过程都十分清楚，那么就可以利用其逆过程复原已退化的图像。图像复原主要取决于对图像退化过程的先验知识掌握的精确程度。典型的图像复原是根据图像退化的先验知识建立一个退化模型，以该模型为基础，采用各种反退化处理方法使复原后的图像符合某些准则，从而使图像质量得到改善。例如，将光学显微镜看作一个线性移不变系统，理想的点光源通过光学系统后成为一个光斑，所以通过显微镜获得的图像是光学系统的点扩散函数（point spread function，PSF）对理想图像作用的结果，其结果是造成理想图像的模糊。为了对实际图像去模糊，必须通过理论计算或实际测量，首先得到光学系统的点扩散函数，然后利用点扩散函数并通过反退化处理得到理想图像的近似结果。

2. 图像编辑

从严格意义上讲，图像编辑并不能视为图像处理的一类方法，但图像编辑能提供多种手段对不适合图像分析的图像进行增补、修改、擦除、清理、搬动、组合等操作。例如，去除一些不必要的信息和添加一些重要的信息，最后使其成为一幅能适合分析的图像。从实际应用的角度出发，有时图像编辑技术比图像增强更为实用和有效。例如，为了正确计数和测量细胞，可应用图像编辑中的画线功能，分开两个互相紧邻的细胞；对一幅图像中的许多测量目标，可通过画矩形框的方法来分别对目标进行测量。

在缺乏图像分析系统的情况下，也可利用一些非生物图像分析的商业图形软件进行图像编辑，如 Photoshop、Fireworks、Flash 等，能获得几乎相同的编辑效果。

（四）图像分割

在进行图像分析时，通常将图像中特定的和具有特殊含义的物体或者区域称为目标（object），其余部分则视为背景（background）。从一般意义上说，图像分割就是将图像中的目标从背景中分离并提取出来。例如，在分析组织（细胞）图像时，根据需要可能会将细胞核作为目标，以区别于作为背景的细胞质、细胞膜等部分；有时也可能视细胞质为感兴趣的目标，还可能将细胞膜作为研究的对象。因此图像中的目标与背景是相对的，主要由图像分析的目的来确定。

应用图像分析系统获得精确和定量的特征参数，其前提是如何快速、准确地分割图像。像素灰度值的不连续性和相似性是灰度图像分割的两个基本出发点。区域内部的像素一般具有灰度相似性，而在区域之间的边界上一般具有灰度不连续性。依据像素灰度不连续性进行分割的方法主要有阈值分割法和边缘检测法；依据像素灰度的相似性原则进行分割的方法主要是区域增长法。

1. 阈值分割法

阈值分割法利用了图像中要提取的目标与其背景在灰度特性上的差异，把图像视为具有不同灰度级的两类区域（目标和背景）的组合，选取一个合适的阈值，以确定图像中每一个像素点应该属于目标还是背景区域，从而获得相应的分割结果。

分割过程是首先确定一个灰度阈值 T，然后将 $f(x, y)$ 与 T 值进行比较判断，若 $f(x, y)$ 大于阈值 T，则将这些像素并归为一类，赋予同一个编号；如果 $f(x, y)$ 小于阈值 T，那么就将相应像素并归为另一类，赋予另一个相同的编号。显然，要从复杂的景物中分辨出目标并将其形状完整地提取出来，阈值的选取是阈值分割技术的关键。如果阈值选取过高，则过多的目标点被误归为背景；阈值选取过低，则会出现相反的情况。灰度阈值分割的缺点是应用范围十分有限，当图像中不存在明显的灰度差异或各目标的灰度值有较大范围的重叠时，分割效果不甚理想。此外，由于该方法仅考虑图像的灰度信息而不涉及图像的空间信息，因此对噪声和灰度不均匀很敏感，从而影响分割的效果。

2. 边缘检测法

边缘包含了图像如形状、方向和阶跃性质等丰富的内在信息，对于图像分析和识别十分重要和有用。边缘检测是通过检测每个像素和其邻域的关系，以确认该像素是否位于一个目标的边界上。若某个像素位于一个目标的边界上，那么其邻域像素灰度值的变化就较为明显。应用一定的算法检测出上述变化并进行量化表达，就能够划分目标的边界。常用的边缘检测方法是 Sobel 边缘检测算子、Prewitt 边缘检测算子和 Kirsch 边缘检测算子等。

边缘检测法的不足是对噪声比较敏感，另外在边缘像素值变化不明显时，也容易产生假边界或不连续的边界。

3. 区域增长法

将图像中的目标所占领的区域寻找出来，其区域的外界即目标的边缘，这是一种叫作区域增长法的目标边缘检测的方法。这种目标轮廓边缘检测方法是基于对目标内成员隶属程度的性质进行计算。例如，灰度图像中隶属于目标内的像素的灰度性质应该具有某种相似性，或者说在目标所在区域内各像素的灰度值应相差不大。在应用区域增长方法时，首先需要选择并确定能够正确代表所需分割目标的种子像素；接着确定合适的增长或相似准则；再就是制定使增长过程停止的条件。从上述过程来看，区域增长方法的关键是选择合适的增长或相似准则。增长准则或相似准则可以根据不同的原则制定，而使用不同的准则一般会影响区域增长的过程及分割的效果。

区域增长方法的优点是能够直接和同时利用图像的若干种性质来决定最终轮廓边缘的位置，尤其适合于分割小的结构。区域增长方法的缺点是，初始时需要人工交互确定种子像素，可能会带来人为误差；与一些较简单的技术相比，区域增长方法的计算量偏大；另外，该方法对噪声也比较敏感，从而导致提取的区域存在空洞，还会出现将原本分开的区域连通起来的现象。

4. 基于数学形态学的图像分割

数学形态学是建立在集合论基础上，用于研究几何形状和结构的一种数学方法。基本的形态学操作是腐蚀（eroding）和膨胀（dilating），对图像腐蚀的直观效果是图像区域的缩小；对图像膨胀的直观效果是图像按照结构元素的形态扩张了一定范围。基本运算的相互结合可以产生复杂的效果。数学形态学应用于图像分割，具有定位效果好、分割精度高、抗噪声性能好的特点。但基于数学形态学的图像分割技术的局限性主要有：①进行图像处理后，依然存在大量与目标不符的短线和孤立点；②由于预处理工作不彻底，还需要进行一系列的基于点的开（闭）运算，降低了运算速度。

在生物显微图像分析中经常使用的形态学操作是开运算（open）、闭运算（close）、轮廓化（outlining）和骨架化（skeletonization）等。

开运算可移除二值图像中的小的不规则颗粒和背景噪声。开运算的执行顺序是首先腐蚀二值化目标整个边界上的像素，然后用同样的像素数再次膨胀目标。作为背景噪声的点和微小的细长物体会在腐蚀阶段消失，不参与膨胀。在每次开运算的最后，被选对象恢复了它们原始的大小和形状，但噪声已被清除。另一种有效的方法是用图像编辑功能提供的擦除工具交互式地擦除需要去除的对象。

闭运算去除二值图像中微小的颗粒和细长物，它与开运算的方式相反。在所有的目标/背景边界，目标首先被膨胀然后被腐蚀。当二值化的目标（如 Feulgen 染色的细胞核）中包含小孔或缺口时，这些小孔将被黑色像素所填满，从而使得整个目标变为全黑。如果使用软件提供的绘图工具，交互式填满空洞，也可获得同样的效果。

根据需要，有时将开运算和闭运算按不同的顺序进行组合，可以获得比单独使用开运算或闭运算更好的处理效果。

第四节　生物显微图像分析

生物显微图像定量测定与分析的内容主要包括形态学参数的测量和光度学参数的测量。形态学参数是指那些用于描述细胞显微和超微结构的几何特征及其相对大小的定量指标，包括平面的二维参数和立体的三维参数。形态学参数的测量与计算一般包括两个环节：首先对样品的二维显微图像的几何参数进行测量和计算，然后应用生物体视学（biological stereology）公式将二维图像几何特征参数转换为三维空间特征参数，复原组织（细胞）的空间形貌。生物显微图像分析中的光度学参数一般指灰度和光密度（optical density，OD），它们可用来反映细胞化学反应的量。

一、二维几何参数测量

组织（细胞）的有形成分一般可归为膜结构、颗粒结构和纤维结构三类。膜结构包括质膜、核膜、线粒体膜、内质网膜、高尔基体膜等，具有一定的面积；颗粒结构包括线粒体、溶酶体、微体、各种分泌颗粒等，具有一定的大小、形状和数目；纤维结构包括微管、微丝、胶原纤维等，具有一定的长度。因此面积、长度、数目等是描述细胞及其各种结构成分的最基本的二维形态学参数。在生物显微图像分析系统中，组织（细胞）的几何形态学参数的测量是通过像素点进行的，通过校正过程，可获得在某个放大倍数下像素点所代表的样品图像中目标的形态学参数。

（一）形态学参数测量

1. 面积测量

面积是在图像分割基础上指定的某个区域的内部像素点的总和。用该区域内所有像素的总和乘以每一像素点所代表的实际面积就可得出该区域的面积，如细胞、细胞核或血管等的面积。

2. 周长测量

周长是在图像分割基础上指定的某个区域的外边界的长度。用组成边界的像素点总和乘以每一像素点的实际长度，就可得出闭合线的周长，如细胞周长等。

3. 长度测量

非闭合曲线目标的长度，用目标的曲线所含有的像素点总和乘以每一像素点的实际长度，就可得出非闭合曲线的周长，如神经纤维、轴突或树突的长度。

4. 直径测量

对一类形状近似圆形的目标，可通过对近似圆形的中心划直线至两边边缘代表其直径，测定其长度，直线所有像素点总和乘以每一像素点的实际长度即测量物的直径，如细胞、血管或腺体等的直径。

5. 长径与短径测量

以目标重心为圆心，沿边界的每个像素前进，通过圆心的最大直径距离称为长径；以目标重心为圆心，沿边界的每个像素前进，通过圆心的最小直径距离称为短径。长径或短径投影线的所有像素点总和乘以每一像素点的实际长度即目标的长径或短径，如细胞呈椭圆形时可分别测出其长径和短径。

6. 等效圆直径测量

对形状不规则的目标测量时，可先求出该目标的面积，然后再求出其等效面积的圆直径，即等效圆直径。

7. 圆形因子测量

这一参数反映了目标形状不规则的程度，其值为 0～1，值越接近 1，说明该目标形状越接近圆。

8. 椭圆形因子测量

这一参数反映了目标形状接近椭圆的程度，其值为 0～1，值越接近 1，说明该目标形状越接近椭圆。

9. 矩形因子测量

矩形因子反映目标面积与其最小外接矩形面积的比值大小，反映目标对其外接矩形的充满程度，其值为 0～1。矩形结构的矩形度值接近 1，圆形结构的矩形度值为 $\pi/4$。

10. 外接矩形长短轴之比测量

以 3°左右的增量旋转目标的边界，共计旋转 90°。每旋转一次，就用一个水平放置的最小外接矩形来拟合目标的边界。在某个角度下，最小外接矩形的面积达到最小值，则此时该矩形的长度和宽度即外接矩形长短轴之比，用于归类目标形状属于近似圆形、方形，还是细长形。

11. 凸边周长测量

目标若表面非常凹凸不平时，可拟合成表面极度光滑而最接近原来形状的物体，该拟合体的周长即凸边周长。它和周长不同，周长反映的是物体实际周边的长度。但这两个参数联合使用可鲜明反映出测量物的形状变化，如细胞膜或核膜的形态变化。

当然，平面的二维几何参数并不止上述提及的这些参数指标，对于其他一些较为复杂的参数指标，可参阅相关的文献资料。

（二）区域几何参数测量

区域几何参数除应用于平面几何测量外，更主要的是应用于体视学参数的测量。

1. 计数

计数为在测量区域内相互独立的目标数量。

2. 面积百分比

面积百分比为目标的总面积占测量区域面积的百分比。

3. 区域内结构总面积

区域内结构总面积为测量区域内所有目标的面积之和。

4. 被测区域面积

被测区域面积为测量区域的面积之和。

5. 数目/面积

数目/面积为测量区域内目标的密度。

二、体视学参数测量

将二维坐标系中几何参数的有关概念外推至三维坐标系，可获得三维结构参数，又称为体视学参数，包括密度参数（体密度、面密度、数密度等）、形状参数、尺寸参数、分布参数等。

（一）生物体视学基本概念

体视学是一门关于多维几何结构及图像的边缘与交叉科学分支，是不同学科中获得三维显微组织结构几何形态信息的基本工具。将体视学理论用于研究生物组织的三维结构参数，并根据生物组织结构特点研究相应的体视学测量方法，称为生物体视学。生物体视学根据平面测量学原理和方法从切片二维形态信息定量地推断出细胞的三维结构参数，客观而精确地描述组织或细胞的形态特征和变化。计算机图像分析是体视学的重要测量手段，用图像分析系统定量测得的二维显微图像特征参数是体视学推论的基础之一。

应用生物体视学原理时必须注意到，细胞或细胞器的二维显微图像上结构的维数总是小于实际结构本身的维数。细胞及细胞器是具有三维坐标的空间结构，但在二维显微图像上仅表现为截面，度量时以面积为量纲；膜结构在空间表现为二维的面结构，但在二维图像上只是显示为截线，度量时以长度为量纲；纤维结构在空间表现为一维的线结构，如果二维切片的法线方向与纤维结构的走向基本一致，则在二维图像上看到的仅为一些截点。

虽然通过体视学方法并不能直接得到细胞的三维结构图像，但可以得出细胞群体许多定量的结构信息，反映群体间不同实验条件下细胞及细胞内结构的形态定量变化。与细胞切片图像的三维重建相比，体视学方法较为简单，更易于实现。

（二）生物体视学参数符号

体视学的研究对象包括细胞、组织或器官等结构及其结构成分，称为组分或粒子；相同组分的集合体称为相；含有各种组分的结构称为包容空间。体视学测量值是用测得的组分值与包容空间值的比例来表达，从而确定二维平面上测得的比例与三维空间结构内相应比例的精确关系。这种比例的参数符号的表示方式是：大写字母代表组分参数；以下标形式的小写字母代表包容空间参数（表10-1）。

表 10-1   空间组分的密度

参数	符号	单位
体积密度	V_v	μm^0
表面积密度	S_v	μm^{-1}
长度密度	L_v	μm^{-2}
数密度	N_v	μm^{-3}

（三）参照系

在体视学参数测量和计算过程中，会经常使用参照系的概念。参照系是指在参数测量过程中作为比较基准的一种结构，相对于不同的测量对象和范围，参照系的大小是可变的。例如，对于细胞核与细胞质的测量，将整个细胞作为参照系；测量细胞内的核仁等结构时，将整个细胞核作为参照系；测量细胞质内的颗粒结构时，将细胞质作为参照系；测量整个细胞时，将一定面积的组织作为参照系。从中可以看出，参照系是比某一结构更大一些的结构。

（四）体视学参数测量方法

1. 计算机测量

应用图像分析系统提供的专用体视学程序，可以由获取的二维数据，快捷而准确地推算出三维结构参数，获得体视学测量结果。

2. 经典的网格人工测试方法

体视学的基本计算公式建立在测试点、线、面与结构之间的相互关系基础上，因此可以说点、线、面是体视学研究结构的探针。人工测试方法是通过各种测试网格系统（以下简称"测试系统"）完成的，最常用的测试系统为方网测试系统，它是画在透明纸上的网格，网格呈正方形，将其边长等分为 x 份，依次用相互平行的线条连接两条边的等分点。方网内纵横交错的实线为测试线，纵横实线的交点为测试点。通常用 P_t 表示测试系统中的测试点数，L_t 表示测试线的长度，A_t 表示测试面积，方网内每个小方格边长为 d，测试面积为 $A_t=P_t d^2$。方网测试系统的网格大小和疏密，应视测试颗粒的平均截面面积和颗粒多少而定。网格过大，测量点少，效率虽高，但误差大；网格过小，测量点多，测量较精确，但耗时多，效率低。网格大小以测量点代表面积小于或等于所测结构的平均截面积，或测试颗粒的点计数不超过200 个以上为较佳网络测试系统。

人工测试时先把具有网格的透明纸作为测试系统，放在测量对象如照片或置于显微投影图像上即可测量。最常用的是点计数法，如被测量图像是细胞，则将其轮廓与网格相交的点用人工方法加以计数。通过相应的体视学公式即可求得体视学的各种参数。在体视学测量中，点计数法最简单、应用最广泛，但耗时多，复杂的图像在计数时会出现差错。除方网测试系统外，还有短线测试系统、各向异性曲线测试系统和摆线测试系统等，它们可适用不同的使用要求。

（五）体视学参数

1. 表面积密度

表面积密度（surface density）简称为面密度，用来表示单位体积参照空间内某种膜结构所具有的面积的大小。

细胞的一些结构的表面积（如核膜、内质网膜、溶酶体膜、微体等）对于分析细胞功能，反映组织和细胞的形态或特点具有重要的意义。

2. 体积密度

体积密度（volume density）简称为体密度，用来表示单位体积参照空间内某一结构所具有的体积的大小。体密度的测量可反映细胞形态结构的变化，如细胞核的大与小，某种细胞器的丰富与缺乏程度等。

3. 长度密度

长度密度（length density）主要用来描述如微管、微丝、纤维等线性结构。其定义为单位体积参照空间 V_r 内某类线性结构的长度 L_x 的大小。

4. 数密度和面数密度

数密度（numerical density）用来描述单位体积参照空间 V_r 内某种颗粒数量 N_t 的大小。面数密度（surface numerical density）用来描述单位体积参照空间的截面积中某种颗粒截面的数目。

5. 膜密度

某一种结构的膜面积与膜所在区域的体积之比，称为膜密度。值得注意的是，膜密度只与膜区域本身有关，与原来的参照系无关，这相当于以膜区域作为包容空间。

6. 比表面

比表面（specific surface）定义为某结构的表面积与其结构本身体积之比。它与面密度的最大区别在于所用的参照空间不同，它是用结构本身的体积作参照，而不是用结构所在的参照空间作参照。比表面可用来表示细胞或细胞器扩张或固缩等形态变化和功能状况。例如，线粒体或内质网扩张，其比表面变小。细胞核固缩，其比表面变大。

7. 核质比

细胞核的体积与细胞质的体积之比，称为核质比。

8. 平均截距

测试线穿过目标结构截面内的长度，称为截距（intercept）。大量截距的平均值称为平均截距（mean intercept），以 $\bar{I}$ 表示，结构的比表面与它的平均截距成反比，结构越大，平均截距越长，比表面就越小。

9. 屏障厚度

薄膜型特征物或屏障是指两个界面之间的一层结构，其厚度远小于其界面的延伸。测量屏障的某一界面的一点，至屏障的另一面的最短直线距离，即称为该点的屏障厚度（thickness of barrier）。当屏障的各处厚度一致时，则算术平均屏障厚度与调和平均屏障厚度相同；屏障各处的厚度变异越大或厚度较薄的地方越多时，调和平均屏障厚度也就越小。因此，当屏障的厚度变异越大时，算术平均屏障厚度就比调和平均屏障厚度值越大。

10. 圆偏度

面积一定的图形，一般周长越小，图形表面越光滑，越接近圆；反之，周长越大，则图形表面褶皱越多，形状越复杂。在生物显微图像分析时，经常会将细胞和细胞器等颗粒截面的形态与圆形相比较，以描述它们与圆形的相似程度。圆偏度（degree of deviation from a circle）就是这样一种指标，其定义为与截面同周长的等效圆面积 A_c 与截面本身面积 A_x 之比。

如果要将某一结构如细胞或细胞器等颗粒立体形状和圆球相比较，以描述它们与圆球的相似程度，则称为圆球度（sphericity）。均匀圆球的 φ 值为 1，形状偏离圆球越大，φ 值越小。

（六）抽样代表性和抽样误差

在体视学参数测量中所使用的显微图像，仅对应于整个样本中的极少数区域，因此这是一种抽样测量方法。抽样测量就是按照随机原则从所研究的总体中抽出一部分单位，作为样本进行观察研究，并运用统计学原理，以被抽取的那部分单位的数量特征为代表，对总体做出数量上的推断分析，以达到认识总体的一种统计研究办法。由于推断分析建立在样本信息掌握的基础上，因此样本对推断总体是否具有充分的代表性决定推断目标能否实现及实现的满意程度。具体到细胞面积测量时，不可能精确知道物理切片与细胞真实位置的对应关系，而且在切片上细胞截面的形状、位置会随着切片标号的改变而变化，并非严格的几何图形。解决这类问题的方法是随机切片、随机测量，以获得足够的样本容量。实验中，如果一张切片基本上能够代表样本的细胞结构特征，则可将其作为样本的一个单位。如果代表不了细胞的结构特征，则应该以一个组织或一个实验个体为样本的一个单位。

抽样误差表示抽样样本指标与推断总体指标之间的差异。以动物实验为例，属于抽样误差中的样本误差包括：动物个体差异产生的误差；动物取材部位造成的误差；细胞及细胞截面间的差异造成的误差。如果在样本具有充分代表性的前提下，减小这些误差的基本方法是增加样本容量。通过增加实验动物数量，减小动物个体差异产生的误差；通过增加组织块数，减小取材部位造成的误差；通过增加切片数或照片数，减小细胞及细胞截面间的差异造成的误差。

增大样本容量，势必导致实验成本和工作量增大。因此，在抽样设计中，如何在推断目标实现的满意程度与实验成本这一对矛盾间进行权衡是一个需认真对待的问题。一般可以用相对标准误（relative standard error）作为度量标准，相对标准误对于均匀结构可以小于 5%，对于稀少结构可达 10%。观察的切片数要达到最少切片视野数；另外，实验中要设计空白对照组，以消除样本制作过程中出现的组织细胞胀缩变化，减少误差。

三、光度学参数测量

在生命科学的光镜标本中，常应用组织化学反应、抗原-抗体反应、核酸杂交反应及荧光标记、酶-底物反应等技术来反映某种物质存在的部位。通过光度学参数的测量，可对这些组织或细胞化学反应的变化进行定量分析。

生命科学研究中的光度学参数一般指灰度和光密度，它们可用来反映细胞化学反应的量。细胞光度技术主要通过对细胞化学反应最终产物进行定量测定，并与标准物做对照，获得定量结果。细胞光度学参数的主要测量手段包括显微分光光度技术、流式细胞光度技术和图像细胞光度技术，此处仅介绍图像细胞光度技术。

（一）灰度

如果图像分析系统中图像采集卡的模数转换器的字长为 8 位，当对来自视频摄像机的模拟信号实现数字化后，光强度将被转化为 0～255 的灰度值。因此，图像分析系统中数字图像的像素颜色的深浅程度是用灰度来表示的。一般的，将灰度值 0 对应于显示器上的黑点；将灰度值 255 对应显示器上的白点。按照这样的约定，灰度值越小则目标越暗淡。或者采用相反的约定，那么灰度值越小则目标越明亮。而对于彩色数字图像，像素的颜色是由 R、G、B 三种基色以不同比例混合而成的。R、G、B 三基色也按照 256 级进行量化，如图像上一个纯红像素的 R 分量是 255，而 G 和 B 分量的取值均为 0；一个纯绿像素和一个纯蓝像素各颜色分量的取值情况也如此类推。因此，可以按照灰度图像处理的方法，分别对彩色图像的 R、G、B 三个颜色通道进行处理，就像处理一幅 8bit 的灰度图像一样。

在利用图像分析系统进行测量的整个过程中，必须保持约定的连续性，以求实验数据处理、方法讨论、论文描述的统一。

（二）光密度

对于切片细胞显微图像而言，各类细胞和细胞器对单色光的吸收程度不同，因而产生不同的吸光度或光密度。一般而言，吸光度或光密度不可能直接测量，而只能从测量光通过物体的数量即透光度间接计算获得。一定的物质会吸收一定波长的光，从而显示一定的色彩；而在灰度或黑白图像中则表现为灰度的改变。当采用 CCD 图像传感器作为光度测量的探头时，一幅染色的组织（细胞）彩色图像能够通过使用单色入射光转换为灰度图像，该灰度图像具有单一的线性数值范围的像素亮度；或者通过分别分析红色、绿色和蓝色 3 个颜色通道来获得对彩色像素的补偿。在这样的情况下，光密度的计算公式为

$$OD = -\lg \frac{I_{Fi}}{I_{Bi}}$$

式中，I_{Fi} 为目标（如细胞核）像素的亮度；I_{Bi} 为背景（空白区域）像素的亮度。

严格的光密度分析需要进行系统的光密度标定，方法是系统拍摄已知吸光度和透光度的一套标准中性滤光片，由软件绘制二维散点图，然后根据标准直线做出校准。光密度值越大，透光度越低，表示某种化学物质的含量越高，光密度值乘以 10 等于以分贝（dB）为单位表达的透光度的损失。例如，0.3 的光密度值对应于透光度降低 3dB。

（三）光密度参数

在生命科学研究中，测定组织（细胞）样品化学反应后最终产物的光度密值，是为了通过 OD 值了解样品上阳性物质的相对含量，该含量应该是样品上阳性物质的总含量。很显然，这种总含量并非与样品上某一像素的 OD 值相对应，而是与整个样品某一区域内所有像素点的 OD 值的总和发生关联，即这是一个积分光密度（integrated OD，IOD）的概念。另外，有时还需要了解组织（细胞）被染色的深浅程度，以表征吸光物质总的分布状态。因此，平均光密度（average OD，AOD）也是一个用来描述被测目标细胞的化学成分含量结果的基本参数。

1. 积分光密度

积分光密度为被测个体的截面或投影轮廓或完整个体体积内各个像素点的光密度值的总和，表述被测个体的截面或投影轮廓或完整个体体积内吸光物质的总含量。积分光密度分为面积积分光密度（AIOD）和体积积分光密度（VIOD）。前者代表被测个体截面或投影轮廓内各像素光密度值的和，反映切片细胞的截面内某种化学成分的总含量。后者表述以被测目标完整个体体积为单位的阳性物质的总含量。

2. 平均光密度

平均光密度为被测个体的截面或投影轮廓内各像素的光密度值的总和除以像素点的个数，即像素的光密度的算术平均值。平均光密度可以反映组织细胞被染色的深浅，表述的是被测个体的截面或投影轮廓内吸光物质的密度。

3. 平均光密度方差

平均光密度方差（variance of AOD）反映被测个体的截面或投影轮廓内各像素的光密度值间的离散程度，描述被测个体的截面或投影轮廓内各像素间被染颜色的深浅差异或颜色的均匀性。

（四）光密度与灰度的关系

光密度与灰度是图像分析中的两个重要的光度学参数。它们虽然在某些性质上有着相通之处，但在概念和应用上存在着差别。利用图像分析系统，如果采用透射光做含量或密度分

析，必须采用质量与光吸收有线性关系，即符合化学计量学关系的染色方法。如果采用荧光强度作含量或其他细胞学参数，则必须采用所测参数与荧光强度呈线性关系的荧光标记方法。在显微镜光度术测量装置中，用单色光照射样品后测出的透光度为光密度，代表样品某种化学成分的含量。在黑白显微图像分析系统中，灰度与染料在细胞中的染色强度有着线性或近似线性的关系，普通光照射后测出的透光度表示的是灰度值。可利用灰度与光密度转换公式，通过计算获得细胞图像的光密度值。细胞通过特殊染色将某种化学成分转换成灰度量，灰度量通过灰度与光密度转换公式转换为光密度，由光密度表示某面积内有各种灰度内容的质量，因此可以说，图像分析光度术的关键技术之一，是以最小的误差建立起某种化学成分信息量与光密度所表达的某面积内有各种灰度内容的质量之间的表达关系。要注意到，灰度值在不同的图像分析系统中有所不同，但光密度值在不同的图像分析系统中则是具有可比性的。当采用彩色图像分析系统进行测量时，尽管仍然使用普通光源，但通过 R、G、B 三通道数字化后获得了标准红光（700nm）、绿光（546.1nm）和蓝光（438.5nm）图像。图像分析系统分别对这些图像进行透光度测量可获得对应单色光的光密度数值。

由于图像分析系统的光密度是由直接测得的灰度通过一定关系转换过来的，直接利用朗伯-比尔定律会带来非线性误差；同时显微镜的光场不可能绝对均匀，载/盖玻片对背景光强度的影响及切片染色的不一致都会对测量带来误差，因此必须对转换过程实行质量控制。

第五节 显微图像分析质量控制

图像分析的误差因素是多方面的，即使具备了熟练的操作人员、精良的仪器设备、合理的实验设计等，也总不可避免地会带来测量误差。有时在对组织（细胞）图像的测量过程中，分析对象本身的数量级就很小，如果存在较大的测量误差的话，就很难获得有价值的和可信的实验数据。因此，有必要了解图像定量测量过程中误差产生的原因，从而进一步掌握有效控制误差的方法。

一、图像分析的误差因素

生物显微图像分析过程中产生的误差因素，总体上可以从切片制备、细胞分割和显微观察等几个方面加以说明。

在光镜标本制备过程中，染色是一个非常重要的环节。与单纯光镜下的肉眼观察不同，它不仅要在光镜下清晰表现观察样品的结构，更重要的是要将对细胞内化学成分的染色结果正确地反映在 0～255 灰度等级的范围内。例如，在免疫组化切片的制作过程中，常常由于抗体不纯、抗体反应时间过长、非特异物质未清洗干净等，而导致背景过深、杂质过多、被测图像中阳性特征不易识别。

显微镜的光学特性可影响测量结果的准确性，如光的衍射现象对显微结构光度测量结果的影响。由光的衍射原理可知，某一均匀密度的微细粒子在显微镜下成像时，所成图像周边的密度总是较其中央的密度低。由于衍射宽度不随入射光强度、物镜倍率大小、待测物实际面积和平均光密度的改变而变化，因此光衍射现象导致待测物面积积分光密度测量值随待测物实际面积和周长的增大而减小。光衍射现象不仅直接影响测量结果，还可通过影响测量过程，如影响图像的准确分割而间接影响测量结果，放大倍率越大，衍射现象对图像的准确分割的影响越大。显微镜物镜的倍率大小同样也能影响测量结果的准确性，因为数字图像是由点阵组成的，如果所测量的物体组成的点阵较小，则测量误差较大。因此，应根据目标的大小和密度，在保证测量精度的前提下，选择合适的物镜倍率。

CCD 图像传感器在光敏单元的响应、噪声水平、量子效率等方面均存在差异，导致在相同的条件下各光敏单元产生不同的光电子数，所对应的输出信号也不相一致，这种现象称为响应的非均匀性（photo-response non uniformity，PRNU）。如果系统中采用镜头等偶合器件，则系统表现出来的响应非均匀性更加严重。例如，镜头的渐晕现象将导致均匀光场在 CCD 光敏面上的成像不是平场（flat field）而是一个具有与渐晕分布相似的光场。而 CCD 本身也会因为制造上的原因，各光敏单元的响应率、暗电流的水平不一样，最后造成输出图像中各像素存在差异。

商业化的图像分析系统普遍采用灰度阈值法分割图像。阈值分割方法的固有缺点是只考虑了图像的灰度信息，未能利用空间分布信息、梯度信息及形状和纹理信息等，因此存在误分割情况。生物图像信号本身的噪声是不可避免的，细胞的形态结构也非常复杂和不规则，图像分割的简单化和程式化，势必损失某些有用的信息特征，从而直接导致测量误差。最常见的现象是出现区域不正确的合并和边界的缺失，在分割结果中存在待测目标的重叠（overlapping）和粘连（touching），影响对目标的正确记数。

总之，由于图像分析系统采用 CCD 作为视频显微镜的图像采集设备，因此进行细胞光度学参数测量时存在许多的误差源。已知误差的许多因素来自于扫描和积分细胞光度的测量过程，包括用白光代替单色光、光场分布的非均匀性、闪烁、衍射、暗部变形及不合适的视场深度等。与显微镜及其视频系统或图像分析相联系的特定误差源包括弥漫（blooming）现象、有限的灰度等级动态范围、摄像机的非线性响应、误差传递、光子噪声、暗电流、读出噪声、固定场景噪声和空间标定等。然而可以肯定的是，即使是在使用相对简单和低廉的设备的情况下，只要正确地实现标定步骤及遵循适当的图像分析流程，图像分析就能被安全地应用于每个细胞染色数量的定量或者是切片上组织的每个体积的定量。

二、图像分析误差的计算

测量值与真值之间的差值称为测量误差。一般而言，在参数测量与分析中出现的误差有系统误差、测量误差和抽样误差。

1. 系统误差

系统误差是由某些固定不变的因素引起的，这些因素影响的结果永远朝一个方向偏移，其大小及符号在同一组实验测量中完全相同。实验条件一经确定，系统误差就是一个客观上的恒定值，多次测量的平均值也不能减弱它的影响。例如，样品由于固定收缩，总是使颗粒的数密度偏大，颗粒的体积偏小。切片厚度引起的系统误差也很常见，因为切片厚度的本身测量不易实现，所以校正相当困难。当对不同的实验组进行形态测量的比较时，系统误差对各实验组具有相同的影响，此时可不必考虑系统误差对由实验结果做出的结论的影响。

2. 测量误差

测量误差是由某些不能预料的因素所造成的。在相同条件下做多次测量，其误差数值是不确定的，时大时小，时正时负，没有确定的规律。若对某一量值进行足够多次的等精度测量，就会发现随机误差服从统计规律，这种规律可用正态分布曲线表示。随着测量次数的增加，测量误差的算术平均值趋近于零，所以多次测量结果的算术平均值将更接近于真值。

3. 抽样误差

抽样误差是指各样本单位之间参数的变异情况。对于细胞或细胞器三维参数的测量是一种抽样测量，误差来源于观察对象的个体差异、个体内同一细胞群中各细胞之间的差异、细胞不同切面的差异等。减少抽样误差，提高细胞结构参数的可靠性，可以通过增加样本数量和随机抽样实现。

图像分析结果及结论的误差一般用测量参数的均值（$\bar{x}$）、标准差（S）和标准误（$S_{\bar{x}}$）表示。均值反映一组数据的平均水平和集中趋势；标准差反映数据的离散程度，标准差越大，波动越大，反之，波动越小；标准误反映样本均数的抽样误差的大小，即样本均数与总体均数的接近程度。在表达研究成果时，可用 $\bar{x}\pm S$ 或者 $\bar{x}\pm S_{\bar{x}}$ 表示结果。$\bar{x}$、S 和 $S_{\bar{x}}$ 的计算公式分别为

$$\bar{x}=\frac{1}{n}\sum_{i=1}^{n}x_i,\quad S=\sqrt{\frac{\sum_{i=1}^{n}(x_i-\bar{x})^2}{n-1}},\quad S_{\bar{x}}=\frac{S}{n}$$

如果将标准差转化为相应均值的百分数表示，则得到变异系数（CV）。作为衡量一批数据中各个测量值的相对离散程度的一种特征数，变异系数的计算公式为

$$CV=\frac{S}{\bar{x}}\times100\%$$

三、图像分析的误差控制

总体说来，为了减小图像分析中的测量误差，必须高度重视以下因素。

（1）严格控制切片的厚度，染色良好准确，对比度高。

（2）灰度与光密度实现线性转换，消除非线性误差。

（3）在恒定的光源种类、物镜倍率和一定的亮度范围内进行测量。

（4）消除背景光强度分布的不均匀性，透射图像与背景图像在同一空间位置进行密度转换。

（5）根据目标细胞的大小和密度，选择适当的物镜倍率。

（6）利用人眼灵敏度聚焦清晰图像。

（7）精确实现图像分割。

（8）正确选择测量参照系。

（9）图像分析标准化。

在使用显微镜获取图像时，要注意操作的标准化，即在图像输入过程中保证设备参数的一致性。设备参数包括图像尺寸（即放大倍数）、光源亮度、图像空间分辨率和图像格式等。在图像分析过程中，应首先根据感兴趣区域的大小和灰度（或颜色亮度）直方图的分布来确定图像尺寸和光源亮度，然后依据图像质量与处理速度的最优化原则来确定空间分辨率及其他图像参数，并且在同批次所有切片的输入过程中保持这些参数设置恒定。

此外，在同一批切片的灰度测量中，应在染色较深与染色较浅的切片之间选择一个合理的中间值，在输入图像不丢失灰度层次的情况下，固定显微镜光照条件的同时注意室内自然光的影响。大批量切片分析时最好能够做到图像同批输入，以减少由于其他客观因素的不同而造成的测量误差。例如，在时间或计算机容量不允许同批输入时，应对光照条件做好记录，

确保同一批实验的切片有相同的输入条件，从而保证灰度测量的准确性和实验组之间具有较好的可对照性。

第六节　国内外图像分析仪

随着计算机技术的飞速发展，我们已进入一个信息化、数字化的时代，医学领域也是如此。目前国内外的图像分析技术越来越趋于通用化、多功能化，科学性、易用性、适用性更强。本节仅就目前常用的国内外图像分析系统及公司产品进行简介。

一、国产图像分析仪的情况简介

20 世纪 80 年代初，以 IBM-PC 为代表的个人计算机得到了突飞猛进的大发展和普及，为微机图像处理系统的问世奠定了硬件基础。国内先后有武汉大学、清华大学、中国科学院自动化研究所与中国科学院计算技术研究所、重庆大学、四川大学等单位，纷纷进行微机图像处理与分析系统的研制和推广应用工作。其中以四川大学计算机学院图形图像研究所研制开发并定型生产的"MIAS 系列图像分析仪"系列起步较早；北京航空航天大学图像处理中心自主开发的"CMIAS 系列多功能真彩色病理图像分析系统"目前已发展到数码医学图像分析，在国内具有较大的优势；此外，还有北京凯瑞德图像技术公司开发的凯瑞德通用图像分析系统，无锡朗珈生物医学工程有限公司开发的朗珈 PAS9000 病理图像分析系统，以及上海复申科技实业有限公司的 FPAS 系列等。

（一）MIAS 系列图像分析仪

MIAS 系列图像分析仪由四川大学图形图像研究所研制，历经十余年的不断更新与完善，已从过去双屏黑白伪彩色的 MIAS-300 图像分析仪，发展为基于 Windows 操作系统的单屏真彩色图像分析仪 MIAS-2000。该系统具有标准视窗风格操作界面，提供联机帮助及自动操作演示，用户界面极为友好；在图像处理方面，不仅具有强大的黑白图像处理分析功能，还提供了极具特色的真彩色图像处理功能，可以对合金材料、石油地质铸体薄片等彩色图像进行定量分析处理；所有的测量数据可以由系统提供的数据统计分析软件进行处理，也可以直接与 SAS、SPSS、Excel 等统计分析软件相连，进行数据后处理；同时，所有的处理图像、分析结果、统计数据及图表等，均可以以照片、胶片等形式打印输出。

MIAS 系列图像分析仪包括伪彩色型 MIAS-300、真彩色型 MIAS-400、超高分辨率型 MIAS-2000 等面向生物医学、金相分析、石油地质及其他专用目的的各种图像仪，均由硬件系统和软件系统两大部分构成。

1. 硬件系统

主要包括 MIAS 图像处理计算机、图像输入设备、图像输出设备和交互式处理设备等。主要性能指标：图像分辨率 512×512，640×480，1280×1024。灰度等级：256 或 4096。在各种图像输入设备中，以视频摄像机为图像的基本输入设备，也可以配接视频录像机、数字扫描仪和连接扫描电镜的专用接口。高分辨色监视器为图像的基本输出设备。该系统还具有自动移位的载物台和自动聚集控制系统供用户选择。

2. 主要功能

包括初始化及环境设置、图像输入和输出、图像编辑、图像增强、图像分割、图像测量、实用程序等。测量参数包括一维和二维目标的各种形态参数、灰度参数和纹理参数等数十种。

（二）CMIAS 系列多功能真彩色病理图像分析系统

CMIAS 系列起步于 20 世纪 90 年代初，在生物医学图像处理方面，与全国各地的多家大型医院建立了广泛的联系，将图像处理与模式识别技术用于医学领域，推出了有自主知识产权的软、硬件产品，其技术水平居国内领先，达到国际先进水平。目前其自主开发的全内置一体化设计的数码显微镜，可通过 USB 端口直接与计算机相连，将数字图像通过图像软件直接输入计算机中进行各种处理。

（三）凯瑞德通用图像分析系统

凯瑞德通用图像分析系统是北京凯瑞德图像技术公司开发的新一代 32 位同类产品，是显微图像或一般图像进行检测与分析的有力工具，该系统在教学、科研及生产第一线都有着广泛的用途。

（四）朗珈 PAS9000 病理图像分析系统

朗珈 PAS9000 病理图像分析系统内嵌病例数据库管理内核、病理图文报告管理模块和专业图像分析模块三大功能模块，可做多种分析、测量、管理等用途，并可结合其他常用软件实现功能扩展。支持病理诊断报告、DNA 分析报告、特殊染色检查报告、免疫组化分析报告和脱落细胞图文报告等报告输出功能。

（五）FPAS-2000 病理图像分析系统

FPAS-2000 病理图像分析系统集成了计算机技术、图像技术、网络技术与多种医学图像检查方法，它从图像的采集、显示、处理、检查结果的分析、报告的编辑到图文报告的打印输出，实现了全部信息的实时化、影色化、智能化，是临床医技科室提高检查质量的得力助手，大大提高了医务人员的工作效率。在档案管理方面引入自动化存档和检索，在形态测量、光密度测量方面可进行 DNA 含量、免疫组化等的定量分析。

（六）其他图像分析系统

此外，目前国内还有一些自主开发的医学图像分析系统，如安琪精密仪器有限公司开发的"多功能显微图像分析系统"。该系统的特点是采用最先进的显微图形成像技术、图形处理技术与精密硬件配置，从系统信号的捕获、图像数据的处理、特殊部位的标注、采集图片的文字说明、数字化存储到打印输出全部实现彩色化、自动化、信息化，为医院及各科室形成完整的病理图文数据文献资料库，是一种实用、简洁的操作工具。

北京大恒图像视觉有限公司开发的"CIAS-1000 细胞图像分析系统"，主要功能包括细胞形态学测量、免疫组织化学统计分析、细胞核质比分析、DNA 含量分析、图文报告自动生成等。

二、国外图像分析仪的情况简介

美国 Media Cybernetics 公司是一家专门从事图像技术分析软件的公司，自 1985 年从事对图像分析软件的研究与开发以来，许多图像和软件工业中领先的公司皆依赖它的技术进行图像处理应用。

美国 C-imaging 公司也是一家著名的人事图像技术分析软件的公司。

美国的主要厂家还有 Milton Roy 公司，生产 Omnicon 图像分析系统。Omnicon Alpha 500 用于常规检验和研究。Omnicon FAS-III用于医学和生物学领域较合适。Omnicon 3500 为一种多用途的系统，配有 64K 通用 NOVA4×计算机。Omnicon 5000 是该公司发展的使用起来最方便的定量图像分析仪。Onnicon 7500 是为了对图像做实时分析而设计的产品。

美国 Alpha 公司的 IS-8800 超级数字图像分析系统适用范围较广。IS-5500 数字图像分析系统主要用于数字凝胶图像分析。

德国的 Opton 公司生产的 IBAS 2000 图像分析系统可应用于显微图像分析的所有领域，如放射自显影、染色体分析、真彩色图像信息、细胞学分析、用连续切片来重建原形、颗粒大小分析、纤维分析、可测定交叉的或重叠的纤维长度及纤维的长宽比例等。

英国 Joycez-Lobel 公司生产 Magiscam 图像分析系统，操作较简单，可解决一般图像分析问题，并可进行影色图像分析，在医学和放射学等方面适用。

英国的主要生产厂家还有剑桥仪器公司（Cambridge Instruments Company），其产品在图像的测量、计算、比较、分类等功能上都比过去的产品更完善，使用了大功率的新型计算机，使用 QUIPS 程序可获得各种图像分析测量的数据，重现性好。操作者不必精通程序设计语言，只需接受几小时的使用 QUIPS 语言的教学训练即可。

第十一章

流式细胞术

流式细胞术（flow cytometry）是通过流式细胞仪（flow cytometer）对流动的细胞或颗粒进行鉴定、分类计数和分选纯化的技术，是目前细胞组织学研究和疾病诊断的最重要的工具之一。自 1949 年库尔特原理（Coulter principle）奠定流式细胞术的理论基础后，在短短半个世纪，特别是 20 世纪 90 年代以来流式细胞术得到飞速发展。流式细胞仪是一项集激光技术、电子物理技术、光电测量技术、计算机技术、细胞荧光化学技术及单克隆抗体技术为一体的新型高科技仪器。随着各相关技术的迅速发展，流式细胞检测技术已经成为日益完善的细胞分析和分选的工具。

第一节　流式细胞仪原理和组成

流式细胞分析是以高能量激光照射高速流动状态下被荧光色素染色的单细胞或微粒，测量其产生的散射光和发射荧光的强度，从而对细胞或微粒的物理、生理、生化、免疫、遗传、分子生物学性状及功能状态等进行定性或定量检测的一种现代细胞分析技术。

流式细胞仪通过对荧光素标记后的大量单个细胞进行激光激发和荧光信号收集，记录每个细胞的光学性质，如有无荧光、荧光的强度、荧光的种类等，从而对所有细胞群中各种荧光信号组合的细胞进行定量或分选纯化。

一、流式细胞术分析的基本原理

流式细胞仪可同时进行多参数测量，当测定标本在鞘液约束下，其细胞成单行排列依次通过激光检测区时，产生散射光和荧光信号。

散射光分为前向角散射（forward scatter，FS）和侧向角散射（side scatter，SS），散射光不依赖任何细胞样品的制备技术，因此称为细胞的物理参数或固有参数。

（1）FS 与被测细胞的大小有关，确切地说，与细胞直径的平方密切相关，通常在流式细胞分析中，选取 FS 作阈值，排除样品中的各种碎片及鞘液中的小颗粒，以避免对被测细胞的干扰。

（2）SS 是指与激光束正交 90° 方向的散射光信号，侧向散射光对细胞膜、胞质、核膜的折射率更为敏感，可提供有关细胞内精细结构和颗粒性质的信息。

在实际使用中，仪器首先要对光散射信号进行测量。光散射测量最有效的用途是从非均一的群体中鉴别出某些亚群。当光散射分析与荧光探针联合使用时，可鉴别出样品中被染色和未被染色的细胞。

荧光信号主要包括两部分：①自发荧光，即不经荧光染色，细胞内部的荧光分子经光照射后所发出的荧光，一般很微弱；②特异荧光，即由细胞经染色结合上的荧光染料受光照而发出的荧光，它是我们要测定的荧光，荧光信号较强。因为这两种荧光信号的同时存在，测定时需要设定阴性对照，以便从测出的荧光信号中减去细胞自发荧光和抗体非特异结合产生的荧光。自发荧光信号为噪声信号，在多数情况下会干扰对特异荧光信号的分辨和测量。

在免疫细胞化学等测量中，对于结合水平不高的荧光抗体来说，如何提高信噪比是关键。一般来说，细胞成分中能够产生的自发荧光分子的含量越高，自发荧光越强；培养细胞中死细胞/活细胞的值越高，自发荧光越强；细胞样品中所含亮细胞的比例越高，自发荧光越强。减少自发荧光干扰、提高信噪比的主要措施是：①尽量选用较亮的荧光染料；②选用适宜的激光和滤片光学系统；③采用电子补偿电路，将自发荧光的本底贡献予以补偿。

二、流式细胞仪的基本结构

流式细胞仪主要由 4 部分组成：光路系统（optics）、流路系统（fluidics）、电子系统（electronics）及电脑系统（workstation）。

（一）光路系统

流式细胞仪的光路系统包括光源、收集棱镜、各种滤光片、散射光和荧光检测器。光源的种类有弧光灯和激光器。激光器的功率通常为 15～400mW，种类为气体、固体和二极管激光。激光器的功率越大，对荧光素的激发越完全，信号的分辨率越高。流式细胞仪最常用的激发波长为 488nm，提供 2 个或更多散射光信号和 1～5 色荧光信号。某些特殊的应用对激发波长有特别要求，如活细胞 DNA 分析需要紫外光（350～370nm）激发；侧群细胞（side population cell）需要大功率紫外激光；染色体分析需要紫外光激发 Hoechst（染 DNA 碱基 A/T）和 450～460nm 光源激发 CA3（染 DNA 碱基 G/C）。在某些流式细胞仪上会再附加红区光源（630～650nm）以增加染料选择的范围或增强荧光。在一些仪器上，紫光区激光（400～430nm）也被用来进行表型分析或与其他激光器配合进行荧光共振能量转移（FRET），进行蛋白质相互作用分析。560nm 左右的光源常被用于激发藻红蛋白及其衍生染料。不同型号的流式细胞仪配置的光源数量不一样，目前最多可以同时配置 5 根不同的激光器，可同时检测的荧光数量接近 20 种。多激光同时应用，可以选择不同的激发方式，如共线激发、平行激发或空间立体激发，这主要与仪器的设计和空间有关。

光路系统的另一个重要部分是滤光片系统，主要功能是分光，即将各种单色荧光分配到特定的荧光检测器，而尽可能不相互干扰。组成流式细胞仪的滤光片的种类有长通型（long pass）、短通型（short pass）、带通型（band pass）、双向型（dichroic long pass 或 dichroic short pass）和阻断型（block）等。不同仪器的滤光片的组合不一样，但新型流式细胞仪的滤光片组合都可以更换，以适应更新的荧光素检测和新应用。

前向散射光的检测器一般是二极管放大器，部分新型的流式细胞仪可有两个以上的 FS 信号，可更精确地区分大小不同的样本细胞。侧向散射光和每个特定荧光的检测器为光电倍增管。二极管放大器的放大线形宽，而光电倍增管的灵敏度更高。

（二）流路系统

流路系统包括流动池（flow cell）、鞘液系统（sheath fluid）、样本流系统（sample flow）、

压力系统（pressure and vaccum）、废液系统（waste）和清洁液系统，保证样本中的细胞单个并且稳定通过检测窗口。流式细胞仪的检测窗口是流动池，即细胞被激光激发的区域。依据细胞被激光激发的位置，可分为石英流动池和空气流动池（图 11-1A 和 B）。细胞在石英流动池内被透过来的激光激发，而在空气流动池内细胞在喷出流动池后在空气中被激光激发。石英池激发可用于分析型和部分分选型流式细胞仪，使用的激光器功率较低。空气流动池一般用于高速分选型流式细胞仪，以适合大功率激光激发和长时间稳定的分选。

流动池内径的大小和分选型流式细胞仪流动池下方的喷嘴（orifice，又称为 nozzle）的大小决定整台流式细胞仪能检测的细胞或颗粒的大小，通常为 50～200μm，对应的最适细胞或颗粒的大小为其 1/5～1/3。

压力系统对鞘液和样本流施加不同的压力，这之间的压力差形成两股液流在流动池内保持相对独立流动，此即流体力学聚焦（图 11-1C）。分析型流式细胞仪的鞘液压力一般固定，而分选型流式细胞仪的鞘液压力可在 0～700kPa 调节，以便能适应不同细胞分选的需要。各种流式细胞仪的样本压力都可以调节，以维持合适的压力差和细胞控制样本检测的速度。

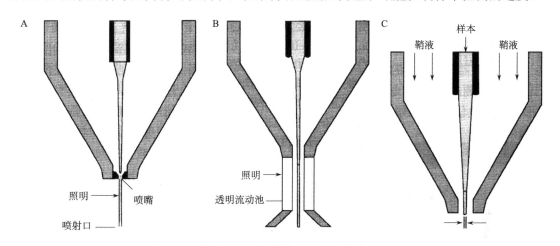

图 11-1　流式细胞仪的流路系统（李继承，2010）

A. 空气流动池；B.石英流动池；C.流体力学聚焦

废液系统收集检测完成或分选后的样本流和鞘液流，而清洁液系统通过对液流管道的清洗和去污，维持管道无菌或畅通。

（三）电子系统

检测器检测到荧光并转换成电子信号后，由电子系统进行放大和数字化处理，数字化信号处理器（digital signal processor，DSP）是电子系统的重要组成部分，其精度决定信号质量，其速度决定样本上样速度和分选效果，其信号保持容量决定单次获取能分析和保存的细胞总数（包括碎片）。一般流式细胞仪的 DSP 的数量为一个，精度为 10～20bit，运算频率为 5～10MHz，单次获取和储存细胞数量为 100 万～200 万个。目前较先进的 DSP 应用在 CyAn ADP 和 MoFlo XDP，精度分别为 24bit 和 32bit，运算频率为 100MHz，单次储存的细胞数量为 1 亿个和 10 亿个。MoFlo XDP 的 DSP 有两个，可成倍提高信号采样密度，降低系统时间，适宜更高的分析和分选速度，提高分选细胞的回收率，其检测和分选稀有细胞的比例可低于百万分之一。

（四）电脑系统

所有流式细胞仪的操作都由专业软件控制，软件同时可以实现对获取原始数据的重新分析和报告。一般流式细胞仪配置一台电脑工作站，操作平台一般都是 Windows 系统。目前，只有定型于 20 世纪 90 年代的 FACSCalibur 用的是当时的 Mac 系统。MoFlo XDP 有另一个服务器专门对信号进行运算和处理，与电脑工作站通过局域网以 1G 速度相连，代表了未来高端流式细胞仪的发展方向。

第二节 荧 光 素

流式细胞仪通过对标记在细胞上的荧光种类和数量进行识别，实现对细胞的鉴定、分类计数和分选。因此，对细胞的荧光标记非常重要。一种细胞区别于另一种细胞的标记物（marker）主要有蛋白质表达（有或无，多或少）、DNA 含量多少、生物大分子暴露、细胞器状态（代谢差异或生理差异）。例如，T 细胞区别于其他淋巴细胞的标记物在于所有 T 细胞的细胞膜上都表达 CD3 分子，如果对淋巴细胞样本用 FITC 荧光素标记的抗 CD3 分子的抗体进行标记，那么只有 T 细胞可以被标记上，即只有 T 细胞上才有 FITC 荧光。流式细胞仪对标记后的这个样本进行检测，可以检测出有荧光信号的细胞占所有检测细胞的比例，即得到样本中 T 细胞的比例。很多细胞并没有一个特异性的标记物，而是需要多个标记物的组合才能定义，因此需要对多个标记物同时进行荧光标记才能检测到。多色标记的检测也是流式细胞仪发展的一个方向。

一、荧光

在光的照射下，具有荧光特性的物质的电子在吸收能量后，由低能级电子层跃迁到高能级电子层。高能态的电子是不稳定的，它会在极短的时间内（10^{-8}s），以辐射光的形式释放能量后，回到原来的能态。这时发出的光即荧光（fluorescence），其波长比激发光的波长要长。

利用物质对光吸收的高度选择性，可制成各种滤片，吸收一定波长范围的光或允许特定波长的光通过，用来激发不同的荧光素，产生不同颜色的荧光（表 11-1）。

表 11-1　激发光的波长与荧光颜色的关系

光谱范围	波长范围/nm	光谱颜色	光谱范围	波长范围/nm	光谱颜色
紫外光区	<390	肉眼不可见	可见光区	500～570	绿色
可见光区	390～430	紫色		570～600	黄色
	430～450	蓝色		600～630	橙色
	450～500	青色		630～670	红色

二、荧光素的特性

荧光素（fluorescein 或 luciferin）又称为荧光物质（fluorescent）、荧光色素或荧光探针，是指能够吸收光，并能在较短时间内发射荧光，并且能作为染料的化合物。荧光素通常具有芳香环结构。

1. 荧光效率（fluorescence efficiency）

荧光素能发出荧光，除具备合适的能量外，还需具备高荧光效率。荧光效率即荧光量子产率，是指荧光物质吸收光后，发射出的荧光光量子数与其吸收激发光量子数之比。

荧光量子产率数值反映了荧光素将吸收的光能转化为荧光的效率，其数值越大，该物质的荧光越强，用于荧光分析的荧光素荧光量子产率数值要求达到 0.35 以上。大部分物质没有发射荧光的性质，即使是荧光素也不能将吸收的光全部转变为荧光，而是在发射荧光的同时，或多或少地以其他形式释放其所吸收的光能。因此，荧光量子产率数值在通常情况下总是小于 1。

2. 荧光强度（fluorescence intensity）

荧光强度是指荧光素发射荧光的光量子数，它决定荧光素检测的灵敏度。在一定范围内，激发光越强，荧光也越强，即荧光强度等于吸收光强度乘以荧光效率。所以，选用适当强度的光源作为激发光源和选用适合于被检荧光素选择吸收的光谱滤片作为激发滤片，是提高荧光强度的根本方法。

3. 荧光素的吸收光谱和发射光谱

每种荧光素的吸收光不但有一定波长，而且在各波长的吸收量也不同，从而构成特殊的吸收光谱曲线；发射荧光的情况也类似。因此，荧光素在一定条件下有一定的吸收光谱（激发光谱）和发射光谱（荧光光谱），如吖啶橙与不同细胞成分结合后，可产生橙、黄、红、绿等不同颜色的荧光。

大多数荧光素的激发光波长处于紫外或可见光区域，荧光物质的发射波长总是大于激发光波长，两者之间的差值称为斯托克斯位移（Stocks shift）。在荧光显微镜的应用中，就是通过斯托克位移现象将激发光与发射光分离出来，只检测发射光，从而提高检测的灵敏度。

4. 荧光稳定性

一般情况下，提高激发光强度可以提高荧光强度，但是激发光的强度不可能无限度提高。因为当激发光强度超过一定强度时，光吸收趋于饱和，而且将不可逆地破坏激发态分子，引起光漂白现象，严重影响检测。解决光漂白问题最直接的方法是降低光照强度和使用抗淬灭剂（antifade reagent）。

5. 荧光素分子对环境的敏感性

荧光素的荧光光谱和量子产率受环境影响，这也是众多荧光素具有探针作用的基础，其影响因素主要如下。

（1）荧光素染液的 pH：荧光素是否发射荧光及辐射何种荧光与其在溶液中存在的状态具有重要关联。荧光素均含有酸性或碱性助色团，溶液的酸碱性对它们的电离有影响，而且每种荧光都有其最适 pH，如 1-萘酚-6-磺酸在 pH 6.4～7.4 的溶液中发射蓝色荧光，但当 pH<6.4 时，则不发射荧光。

（2）温度：荧光素的荧光量子产率和荧光强度，通常随溶液温度的降低而增加，如荧光素的乙醇溶液在 0℃以下每降低 10℃，荧光量子产率增加 3%。降至 -80℃时，荧光量子产率接近 100%；反之则减弱，甚至导致荧光淬灭。一般情况下，在 20℃以下荧光量子产率随温度变化不明显，因此在进行荧光染色过程中需控制温度。

（3）溶剂性质对荧光素的影响：同种荧光素在不同性质的溶剂中，其荧光光谱的位置和强度均有明显差别，在荧光染色时，常需要根据所需要的 pH 缓冲液配制染液。

（4）荧光素浓度的影响：荧光素浓度对荧光强度的影响更明显。在稀溶液中，荧光强度与荧光素的浓度呈线性关系；浓度增加到一定程度后，荧光强度保持恒定，即便再增加浓度，荧光强度也不发生变化；若浓度继续增加，超过一定限度后，由于荧光物质分子间的相互作用引起自身荧光淬灭现象，使荧光强度随浓度的增加反而减弱。荧光素染色的应用浓度一般为 $10^{-5} \sim 10^{-3}$mol/L。

总之，在进行荧光探针实验时，应注意合适的 pH、温度、溶剂和荧光素浓度等条件。另外，染色液最好新鲜配制，先配制高浓度储存液，临用前再稀释，避免因储存时间过长而失效。

6. 荧光的淬灭及抗淬灭

（1）荧光的淬灭：荧光淬灭（quench）是指荧光分子由内部因素和外部因素同时作用造成的不可逆破坏。内部因素主要是分子从激发态回到基态，以非辐射跃迁形式释放能量。外部因素包含多方面：①光照射是致荧光淬灭的最常见原因，荧光的产生需要光照射，但同时光照射也会促进激发态分子与其他分子相互作用而引起碰撞，使荧光淬灭；②荧光物质的分子与外部分子（或离子）形成非荧光的化合物；③共振能量转移；④溶剂种类、pH 和温度等。

能够引起荧光淬灭的物质称为淬灭剂，如卤素离子、重金属离子、具有氧化性的有机化合物及氧分子等。

（2）荧光的抗淬灭：标记样品的荧光淬灭是荧光操作时遇到的主要问题，由于光漂白作用，荧光素的荧光在连续观察过程中逐渐减弱或消失，因此需考虑使用抗荧光淬灭剂。常用的抗荧光淬灭剂有对苯二胺（p-phenylenediamine，PDA）、n-丙基没食子酸盐（n-propyl gallate，NPG）、1,4-二偶氮双环[2,2,2]-辛烷（1,4-diazabicyclo[2,2,2]-octane，DABCO）等。PPD 是最有效的抗荧光淬灭剂，但由于其对光和热有较强的敏感性，且具有毒性，限制了其在生物体内的应用。理想的抗荧光淬灭剂混合液配方是：9 份甘油、1 份 PBS 和浓度为 2~7mmol/L 的 PPD，最终 pH 为 8.5~9.0。NPG 无毒性，对光和热稳定，但抗荧光漂白的效果不如 PPD，可用于体内研究。推荐 NPG 浓度为 3~9mmol/L，用甘油配制效果较好。DABCO 是一种稳定的非离子性抗淬灭剂，价格便宜且易使用，可用于体内研究。

三、常用的荧光素

常用的荧光素有异硫氰酸荧光素、四甲基异硫氰酸罗丹明、四乙基罗丹明（tetraethyl rhodamine B200，RB200）、花青类染料（cyanine，如 Cy3、Cy5）、乙酸乙酯、Indo-1 及新型荧光染料[如量子点（quantum dot）]等。

1. 异硫氰酸荧光素

FITC 性质稳定，易溶于水和乙醇，能与蛋白质结合，是检测组织、细胞内蛋白质最常用的荧光探针。它还能标记抗体，可用于免疫组织化学单染或多重染色。缺点是在光照下易淬灭，易受自发荧光的影响。最大激发光波长为 490nm，最大发射波长为 525nm，呈现黄绿色荧光。

2. 四甲基异硫氰酸罗丹明

TRITC 能与细胞内蛋白质结合，比 FITC 稳定，生理条件下对 pH 变化不明显，荧光强度受自发荧光干扰小。最大激发光波长为 550nm，最大发射光波长为 620nm，呈现橙红色荧光，与 FITC 发出的黄绿色荧光对比鲜明，常用于免疫组织化学双重染色。

3. 四乙基罗丹明

RB200 可与细胞内蛋白质结合，不溶于水，易溶于乙醇和丙酮，可长期保存，广泛用于双标记示踪染色。最大激发光波长为 570nm，最大发射光波长为 595～600nm，呈橙红色荧光。

4. 花青类染料

常用的是 Cy3、Cy5，能与细胞内蛋白质结合。此类染料的荧光特性与传统荧光素类似，但其水溶性和对光稳定性较强，对 pH 等环境不敏感，荧光量子产率较高，常用于多重染色。Cy3 的最大激发光波长为 570nm，最大发射光波长为 650nm，呈绿色荧光。但是，在绿色光谱波长激发 Cy3 也可出现红色荧光。Cy5 的最大激发光波长为 649nm，最大发射光波长为 680nm，呈红色荧光。由于 Cy5 的最大发射波长为 680nm，很难用裸眼观察，且不能使用高压汞灯作为理想的激发光源，因此用普通荧光显微镜观察时不推荐使用 Cy5。

5. 乙酸乙酯

本身不发荧光，但当其透过膜进入细胞质后，在酯酶作用下转变为具有荧光特性的乙酸乙酯。其激发光谱有 pH 依赖性，是使用最多的细胞内 pH 荧光指示剂。最大激发波长为 505nm，最大发射光波长为 530nm，呈现绿色荧光。

6. Indo-1

Indo-1 是典型的双发射荧光探针，无钙时在 485nm 左右有发射峰，结合钙后则在 405nm 处有发射峰，两者的比值与细胞内游离钙离子浓度呈线性关系，将此比值与标准曲线相比，即可得出细胞内游离钙浓度。因此，可利用此探针定量检测细胞内游离钙离子浓度。最大激发波长分别为 330nm、346nm，最大发射光波长分别为 405nm 和 485nm，呈紫色（405nm）或青色（485nm）荧光。

7. 量子点

量子点是近年来研制的新型荧光染料，又称为半导体纳米晶体（semiconductor nano crystal），是由几百个或几千个纳米级颗粒构成的半导体材料，性质稳定，溶于水，细胞本身不能合成和组装。量子点具有荧光时间长，可产生多种颜色，检测方便和应用范围广等优点。当某一波长的激发光对多种大小不同的量子点进行照射时，可以同时得到多种颜色，因而可以同时进行多个目标的观察和检测。量子点可与抗体、链霉亲和素等多种分子进行偶联，用于检测靶分子的分布和功能。

第三节　流式细胞仪样本制备和标记方法

一、实验准备阶段

（1）目标细胞的标记物、对应的抗体和荧光选择。了解需要检测的目标细胞的特异性标记和对应的抗体，选择商品化的抗体。

（2）选择合适的荧光和抗体对照。了解流式细胞仪的类型及荧光素的荧光光谱选择荧光抗体，并根据检测物（抗原）表达量选择荧光染料。

二、样本处理

总的要求是将样本制备成单细胞悬液，细胞数量达到检测所需。

（1）外周血和骨髓收集时，需加抗凝剂，即可进行染色，但染色完成后必须溶解红细胞。

（2）培养细胞需要消化（推荐用混合蛋白酶消化），过滤和洗涤至少一次后才能染色。组织样本必须通过研磨成单细胞，并过滤后才能进行染色，通常使用 100～300 目滤网。

三、荧光染色

（1）按照 1×10^6 个有效细胞与 1μg 抗体进行染色，或按照抗体说明书推荐的量进行，如果商品化抗体指明实验次数，也要对标本的细胞浓度进行计数。染色通常室温 30min 或冰上 1h 即可完成，染色体系的体积通常在 100～500μl，可以适量加入去除非特异性染色的牛血清白蛋白（bovine serum albumin，BSA）或其他血清。部分有特殊要求的抗体需按照说明书进行染色。避光保存任何加有荧光的样本，可以保护荧光素不被其他因素引起淬灭。

（2）稀释和过滤。在染色完成后，通常加入 PBS 稀释样本至 500～1000μl 备检。在上机前，最好再行过滤，以防部分细胞（如肿瘤细胞）聚集成团。

四、细胞分选

（1）如果样本细胞需要分选，保证样本处理和染色过程在无菌环境进行，并尽量保持低温，以保证细胞活性。

（2）收集分选细胞的试管或多孔板也要无菌，最好使用之前用 10%小牛血清封闭，4℃过夜，使用前弃去，加入 1～2ml 培养液待用。

（3）细胞分选所需的时间与样本细胞浓度有关，如果要快速分选，可以减少样本体积。MoFlo XDP 检测样本的最大细胞浓度为（5～10）$\times 10^7$ 个/ml。

第四节　流式细胞仪的数据处理

流式细胞仪测定样品时，针对每个细胞都会记录其各自属性的检测数据，包括物理属性和化学属性，并通过模数电路转换后，将全部结果传送到计算机进行储存并做进一步分析。流式细胞仪的数据处理主要包括数据的显示和分析，至于对仪器给出的结果如何解释则根据研究者所要解决的具体情况而定。

一、数据的显示

数据的显示通常可分为单参数直方图（histogram plot）、二维点图（dot plot）、二维等高图（contour）与密度图、假三维图（pseudo 3D）和列表模式（list mode）等。在分析中，最常用的单参数直方图和二维点图。

1. 单参数直方图

单参数直方图是一维数据用得最多的图形，可用来进行定性分析和定量分析。横坐标表示荧光信号或散射光信号强度的相对值，其单位用"道数"（channel）表示，横坐标可以是线性的，也可以是对数的。纵坐标通常代表细胞出现的频率或相对细胞数。单参数直方图只能表示具有同一特征细胞的数量及其荧光信号的强度。

2. 二维点图

当需要研究两个或更多测量参数之间的关系时，可采用二维点图。二维点图能够显示两个独立参数与细胞相对数之间的关系，横坐标和纵坐标分别代表与细胞有关的两个独立参数，平面上每一个点表示具有相应坐标值的细胞。

3. 二维等高图与密度图

二维等高图由类似地图上的等高线组成，其本质也是双参数直方图。等高图上每一条连续曲线上具有相同的细胞相对或绝对数，即"等高"，越在里面的曲线代表的细胞数越多。等高线越密集则表示细胞数变化率越大。二维等高图与密度图多用于分析的重点不是每个象限的细胞百分率，而是不同的细胞整体的活性带型时，它提供了一个对图中任一团点的位置的定性评价，不仅能判定细胞的阴、阳性，还可以区分所代表的参数的相对强度。另外，还可以通过着色处理，使其轮廓水平（曲线环）或强度水平（色）易于分辨，使图形更容易观察和理解。

4. 假三维图

假三维图是利用计算机技术对二维等高图的一种视觉直观的表现方法。它把原二维图中的隐坐标-细胞数同时显现，参数维图可以通过旋转、倾斜等操作，以便多方位地观察"山峰"和"谷地"的结构和细节，有助于对数据进行分析。

5. 列表模式

列表模式其实只是多参数数据文件的一种计算机存储方式，3 个以上的参数数据显示是用多个直方图、二维图和假三维图来完成的。可用列表模式中的特殊技术，开窗或用游标调出相关部分再改变维数进行显示。例如，"一调二"就是在一维图上调出二维图；"二调一"就是从二维图中调出一维图。

二、数据的分析

流式细胞仪检测的原始结果保存为国际统一的标准格式 LMD 或 FCS，需要专业软件进行分析和报告。该软件可以用来获取和分析数据，常见的有 Beckman Coulter 公司的 EXPO32、CXP、Quanta SC、Summit 和 Kaluza 等。这些软件一般带有加密装置，但 Beckman Coulter 公司的软件都具有开放安装功能。另有一些商业或免费的分析软件，如 WinList、FlowJo、FCS Express、WinMDI 等也可实现对标准格式数据的分析处理。

对原始结果进行分析的主要步骤，包括设计图形（plot and histogram）、设门（gating）、叠加（overlay）、离线补偿（off-line compensation）等，目的是输出直观的细胞分布图和清晰的统计数据。

第五节　流式细胞仪的应用

流式细胞仪的细胞鉴定、细胞定量和细胞分选的功能被广泛应用在血液学、免疫学、肿瘤学、细胞生物学、育种和海洋生物等诸多方面。

一、细胞周期检测

正常细胞进行增殖和分裂时的一个循环，称为一个细胞周期，分为 5 期，分别为 G_0 期（静止期）、G_1 期（合成前期）、S 期（合成期）、G_2 期（合成后期）、M 期（有丝分裂前期）。细胞周期是单个细胞分裂成两个细胞，进行物质（主要是 DNA）准备，首先表现在细胞核的准备上。因此，通过检测细胞的 DNA 的量，可以对一群分别处在不同时期的细胞进行定量分析。

G_0、G_1 期细胞的 DNA 含量为 2 倍体，G_2、M 期细胞的 DNA 含量为 4 倍体，S 期的 DNA 含量介于 2 倍体与 4 倍体之间。如果要区分 G_0 和 G_1 期或 G_2 和 M 期，需要多加另一个标记。

二、细胞凋亡检测

细胞凋亡分析的方法很多，如检测凋亡相关蛋白的表达、DNA 链的断裂（tunnel）、检测细胞膜膜磷脂酰丝氨酸的翻转（annexin V 结合）、检测线粒体或细胞膜电位等。综合多个参数一起检测是最好的细胞凋亡检测方法。annexin V/Pl 双染是目前最常用的方法。

细胞凋亡检测的意义主要在于对诱导凋亡的诱导物和处理方法进行效果评估。虽然实验所用的方法完全相同，但是在不同的学科有不同的应用，如药物的疗效、给药的方式、病理的作用途径、运动引起的损伤和效应细胞的杀伤作用等。

三、细胞增殖检测

荧光染料羟基荧光素二乙酸盐琥珀酰亚胺脂（5,6-carboxyfluorescein diacetate succinimidyl ester，CFSE）是一种可穿透细胞膜的荧光染料，具有与细胞特异性结合的琥珀酰亚胺脂基团和具有非酶促水解作用的羟基荧光素二乙酸盐基团。所以，CFSE 是一种良好的细胞标记物。当 CFSE 以含有两个乙酸基团和一个琥珀酰亚胺脂功能基团的形式存在时，不具有荧光性质，但具有细胞膜通透性，能够自由进入细胞；而当其扩散进入细胞内环境，内源的酯酶可将其乙酸基团水解，此种形式的 CFSE 分子具有很高的荧光活性，被激发能够产生绿色荧光，却不再具有膜通透性。同时，其含有的琥珀酰亚胺脂基团能与细胞内的细胞骨架蛋白中的游离胺基反应，最终形成具有荧光的蛋白复合物。因此，当细胞进行分裂增殖时，具有荧光的胞质蛋白被平均分配到第二代细胞中，这样与第一代细胞相比，其荧光强度便会减弱至一半；随着细胞的分裂荧光强度在子代细胞中对半减少。在增殖细胞群中，可以观察到在不同代的细胞中 CFSE 的荧光强度对半降低，通过强度的递减峰可以观察细胞增殖的情况。

四、细胞膜标记检测——淋巴细胞亚群

抗凝外周血裂解红细胞后，通过 T（CD3），B（CD3$^-$CD19$^+$），NK（CD3$^-$CD16$^+$/CD56$^+$）细胞的标记，可以将这 3 群淋巴细胞分类计数。如果要继续对 T 细胞进行分类，可利用各个 T 细胞亚群的不同标记来区分。

五、细胞质标记检测——细胞内细胞因子检测

要对细胞进行深入的分类，需要对细胞内部的蛋白质进行标记和检测。常见的这方面的标记为细胞因子、信号转导蛋白和细胞周期相关蛋白等。对细胞内蛋白质进行流式细胞仪检测需要特殊的样本处理方法，主要步骤包括固定细胞、细胞膜通透、胞内抗体标记。如果需要同时对细胞表面的蛋白质进行检测，其抗体标记可以在固定前或通透后与胞内抗体一起进行。T 细胞根据其分泌细胞因子种类的不同可分成不同的亚型，如 Th1、Th2、Tc1、Tc2、Th17 等。

六、流式细胞仪分选技术

流式细胞仪分选是对样本中特定的一群或几群细胞同时进行分选纯化，得到高纯度的目标细胞，进行后续实验。流式细胞仪分选是细胞学研究的重要手段。

目前，主流的分选技术是电荷式分选。分选型流式细胞仪的流动池在检测的同时高速上下振动，其中的鞘液和样本流被振荡成液滴，细胞被随即分布在液滴当中。当液滴产生的速度超过上样细胞的速度时，一个液滴只会含有一个细胞或不含细胞。因此液滴振荡频率越高，

液滴产生的速度越快，分选的速度也越快。分选时样本细胞进入流动池分析后，系统马上判断这个细胞是否需要分选。如果需要分选，在含有这个细胞的液滴即将从液流断开的瞬间对整个液流进行充电，液滴断开后已经带有电荷，通过分选区域一个高压电场时就会发生偏转，液滴连同其内的细胞被收集管接收。如果系统判断该细胞不被分选，含这个细胞的液滴离开液流时液流不会充电，因此液滴断开时不会带电，通过高压电场时也不会发生偏转，而是直接流入废液接收系统。通过控制液滴带电的种类和强度，可以实现同时对同一个样本中的 4 群细胞进行四路分选（图 11-2）。目前最新的电荷分选系统的分选能力可达六路分选。

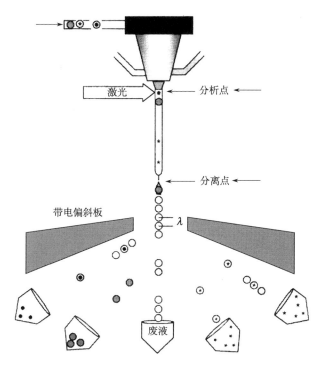

图 11-2　MoFlo XDP 分选示意图（李继承，2010）

λ 为射线，为分选液滴充电

　　现在的分选型流式细胞仪还具有克隆分选的功能，可将目标细胞单个分选入微孔板（96～1536 孔）或任意矩阵的玻片，实现高通量的细胞克隆分配或细胞芯片制备。

　　在短时间内得到大量高纯度、状态良好的目标细胞是流式分选的终极目标，它与仪器的运算能力、液滴产生的速度、分选的稳定和系统的清洁密切相关。MoFlo XDP 分析和分选速度达 7000～100 000 个细胞/s，是最快的流式细胞仪。

　　（一）肿瘤干细胞的检测和分选

　　干细胞和肿瘤细胞均存在着侧群细胞（side population），侧群细胞具有干细胞特性，并高表达肿瘤耐药蛋白 ABCG2/BCRP1。因此认为，侧群细胞是肿瘤产生耐药和复发的最重要原因之一。这一理论从猜想到确认，其中主要的研究工具是带大功率的紫外激光（UV）的分选型流式细胞仪。这种独特的流式细胞仪通过对活细胞小分子染料 Hoechst 33342 的代谢，将普通肿瘤细胞和侧群细胞区分开来。所有干细胞实际上都存在一个分化、发育和成熟的过程，基于表型分析的抗体染色方法只能在特定的时期（一般是较成熟的时期）检测，而在非常原始的干细胞阶段，表型尚未表达或未发现，传统的流式细胞仪就无法检测。但是利用侧群细胞的特殊染色方法，可以检测到更原始阶段的干细胞。

侧群细胞的重要特征是具有外排活细胞染料 Hoechst 33342 的能力。因此，在用该染料对细胞进行活体染色时表现为 Hoechst 33342 荧光阴性或弱阳性的细胞群体，能与非侧群细胞区分。检测侧群细胞的必要条件是大功率能激发 50mW 以上紫外激光（UV）的激光器，高效的滤光片组合能同时区分 Hoechst 33342 的强蓝色发射荧光和弱红色发射荧光，以及高敏感的光电倍增管和数字化信号处理收集系统。Beckman Coulter 公司的 EPICS ALTRA、Quanta SC、MoFlo 是国际和国内最主要的进行侧群细胞检测和分选的流式细胞仪。

（二）精子分选

含 X 染色体和 Y 染色体精子的 DNA 含量的差异在 2.5%～4%，可利用 Hoechst 染料对精子进行活体染色。由于精子不规则，活性又很脆弱，对仪器的速度、分辨率、激光功率和流路系统要求很高，目前只有 MoFlo 及 MoFlo XDP 才能保证分选成功，进行人工授精。

（三）阳性转染细胞的分选

利用构建目的基因和绿色荧光蛋白表达序列的质粒转染载体细胞，研究基因功能是细胞组学研究最常用的实验方法。此时，绿色荧光蛋白可作为目的基因灵敏的共表达标记，可用于阳性细胞的筛选、移植细胞的体内示踪等。利用流式细胞仪可用来检测转染效率和分选纯化阳性细胞。

七、染色体分析

不同染色体之间的 DNA 含量差异很小，普通的 DNA 染料无法精确区分 23 对染色体。利用高功率 355nm 紫外激光激发的 Hoechst 33258 和高功率 458nm 激光激发的 CA3，分别对染色体的 DNA 进行染色。不同的染色体因其 G-C/A-T 碱基对的比例不同，而被分离开。选中任何一条染色体设门后，即可进行高纯度分选。染色体分析的分选可以应用在高精度 FISH、染色体移位、基因定位、染色体序列测定和染色体相关蛋白分析等。

第十二章

组织芯片技术

生物芯片（biochip）是指采用光导原位合成或微量点样等方法，将大量生物大分子如核酸片段、多肽分子甚至组织切片、细胞等生物样品有序地固化于支持物（如玻片、硅片、聚丙烯酰胺凝胶、尼龙膜等载体）的表面，组成密集的二维分子排列，然后与已标记的待测生物样品中靶分子杂交，通过特定的仪器如激光共聚焦扫描或电荷偶联摄影像机（CCD）对杂交信号的强度进行快速、并行、高效的检测分析，从而判断样品中靶分子的数量。由于常用玻片和硅片作为固相支持物，且在制备过程模拟计算机芯片的制备技术，因此称为生物芯片技术。组织芯片（tissue chip）又称为组织微阵列（tissue microarray，TMA），是生物芯片的一种，是将成百上千个组织标本整齐有序地排列在固相载体（载玻片）上而制成的缩微组织切片。利用组织芯片，结合免疫组织化学、核酸原位杂交、荧光原位杂交、原位 PCR 等技术，可对数百种不同生物组织同时进行形态结构比较、基因和蛋白质表达水平的定位检测。组织芯片具有高通量、可比性强、成本低等优点，并能减少实验误差，尤其适用于大样本的研究。

第一节　生　物　芯　片

一、生物芯片简介

生物芯片（biochip）又称为微阵列（microarray）。这一名词是 20 世纪 80 年代初提出来的，美国海军研究实验室 Carter 等科学家试图把有机功能分子或生物活性分子进行组装，构建微功能单元，实现信息的获取、储存、处理和传输功能。真正的生物芯片出现于 20 世纪 90 年代，DNA 微阵列技术自 1995 年诞生之时，就被预言为具有划时代意义的技术，将从根本上改变生物科技的面貌。

生物芯片将生命科学研究中所涉及的不连续的分析过程（如样品制备、化学反应和分析测试），利用微电子、微机械、化学、物理、计算机技术在固体芯片表面构建的微流体分析单元和系统，使之集成化、微型化。

微阵列主要应用在对基因表达问题的研究上，特别是在人类基因组和其他生物基因组计划完成之后，需要从全基因组水平定量或定性检测转录产物 mRNA。与基因组数据相比，基因表达数据更为复杂，数据量更大，数据的增长更快。基因表达数据中包含着基因活动的信息，可以反映细胞当前的生理状态。通过对该数据矩阵的分析，可以回答一系列的生物学问题：基因的功能是什么；在不同条件或不同细胞类型中，哪些基因的表达存在差异；在特定条件下，哪些基因的表达发生了显著变化，这些基因受到哪些基因的调节，或控制哪些基因的表达。微阵列广泛应用的另一个重要原因是可以理解基因网络（network）或通路（pathway）。传统的分子生物学方法针对"一个基因一个实验"的设计思路，其通量极为有限，同时也无法获得基因功能的整体框架。例如，研究基因之间相互作用关系的传统方法之一是"基因敲除"技术，只能在很小规模上观测到相同或不同组织中对其他基因表达的影响。而微阵列可以在单一芯片上同时监测整个基因组的变化，因此可以同时理解成千上万个基因之间的相互作用，对整个表达谱有一个全面理解。

生物芯片会对 21 世纪的生命科学和医学的发展产生巨大的影响，可以大大促进后基因组计划的各项研究。通过比较不同个体或物种之间及同一个体在不同生长发育阶段，正常状态和疾病状态下基因转录及其表达的差异，寻找和发现新基因，研究它们在生物体发育、遗传、进化等过程中的功能。生物芯片还将在研究人类重大疾病如癌症、心血管病等相关基因及其相互作用机理方面发挥重要作用。在预防医学方面，生物芯片可以使人们尽早认识自身潜在的疾病，并实施有效的防治。

二、生物芯片的种类

（一）生物芯片的分类

1. 根据支持介质划分

制备芯片的固相支持介质有玻片、硅片、聚丙烯酰胺、尼龙膜等。选择固相支持介质时需要考虑的主要因素有：荧光背景的大小、化学稳定性、结构复杂性、介质对化学修饰作用的反应、介质表面积及其承载物能力和非特异性吸附程度等因素。

2. 根据制备方法划分

芯片制备的方法主要有原位合成和直接点样法。其中原位合成的代表技术是光引导聚合法，其中最具有代表性的有 Affymetrix 公司的多寡核苷酸微阵列。直接点样法用聚丙烯酰胺凝胶作为支持介质，将凝胶固定在玻璃上，然后将合成好的不同探针分别加到不同的胶块上，制成以胶块为阵点的芯片。此外还有喷墨打印合成法，具有代表性的是 Agilent 公司的微阵列。

3. 根据芯片上固定的探针划分

生物芯片按其探针分为基因芯片（gene chip）、蛋白质芯片（protein chip）、细胞芯片、组织芯片等。

（二）常见的生物芯片

1. 基因芯片

基因芯片是目前最重要的生物芯片，又称为 DNA 芯片（DNA chip）或 DNA 微阵列（DNA microarray）。基因芯片这一技术方法是 1991 年首次提出的，该技术将成千上万的探针同时固定于支持物上，所以一次可以对大量的 DNA 分子或 RNA 分子进行检测分析，从而解决了传统核酸印迹杂交等技术复杂、自动化程度低、检测目的分子数量少、低通量等不足。而且，通过设计不同的探针阵列（array），还可以用于序列分析，称为杂交测序（SBH）。

基因芯片以其无可比拟的信息量、高通量及快速、准确的分析基因的能力，在基因功能研究、基因诊断及药物筛选等方面显示出巨大的威力，被称为基因功能研究领域的最伟大发明之一。基因芯片以其高通量、并行检测等特点与分析人类基因组计划对海量生物信息提取、分析的需要相适应。深入研究基因突变和基因表达的有效方法的需求是基因芯片发展的动力。

结构基因组学研究所有基因的结构和染色体定位，用传统的方法费时费力，而基因芯片具有高速度、高通量、集约化和低成本的特点，诞生以后就受到科学界的广泛关注。

2. 蛋白质芯片

蛋白质芯片又称为蛋白质微矩阵（protein microarray），是指固定于支持介质上的蛋白质构成的微阵列。蛋白质芯片与基因芯片类似，是在一个基因芯片大小的载体上，按使用目的的不同，点布相同或不同种类的蛋白质，然后再用标记了荧光染料的蛋白质结合，扫描仪上读出荧光强弱，计算机分析出样本结果。从理论上讲，蛋白质芯片可以对各种蛋白质进行检测，弥补基因芯片检测的不足，不仅适合于抗原、抗体的筛选，同样也可用于受体、配体的相互作用的研究，具有一次性检测样本巨大、相对低消耗、计算机自动分析结果及快速、准确等特点。基因芯片通过检测 mRNA 的丰度或者 DNA 的拷贝数来确定基因的表达模式和表达水平。然而 mRNA 的表达水平（包括 mRNA 的种类和含量）并不能反映蛋白质的表达水平，许多功能蛋白质还有翻译后修饰和加工过程，如磷酸化、羧基化、乙酰化、蛋白质水解等修饰，直接进行蛋白质分析是蛋白质组研究领域的重要内容。目前，蛋白质组学研究的主要技术是质谱（MS）和双向聚丙烯酰胺凝胶电泳（2D-PAGE）。质谱是一种十分有用的检测工具，但目前尚不能用于定量分析；双向聚丙烯酰胺凝胶电泳技术由于样本需求量大、操作复杂也不能满足医学诊断的需求。因此，蛋白质芯片刚刚兴起就成为研究热点。蛋白质芯片技术的优点主要体现在：①能够快速并且定量分析大量蛋白质；②蛋白质芯片使用相对简单，结果正确率较高，只需对少量血样标本进行沉降分离和标记后，即可加于芯片上进行分析和检测；③相对传统的酶联免疫吸附测定法（ELISA）分析，蛋白质芯片采用光敏染料标记，灵敏度高、准确性好。此外，蛋白质芯片所需试剂少，可直接应用血清样本，便于诊断，实用性强。

3. 组织芯片

组织芯片是将多种组织切片代替核酸或蛋白质，按照一定顺序固定在玻片上。其优点在于可以原位检测信号发生的位置；缺点是切片较大，因而不能在一张片子上大规模固定多个样品。同时，由于组织切片的样品来源很不稳定，每张玻片之间都不相同，重复性和稳定性一直是一个主要问题。不过，将芯片概念引入免疫组化和原位杂交中确实是一个概念和技术上的突破。下一节将重点介绍组织芯片。

第二节　组织芯片技术

组织芯片，是生物芯片的一种，是将成百上千个组织标本整齐有序地排列在固相载体（载玻片）上而制成的缩微组织切片。广泛用于人类基因组、医学诊断和基础研究，尤其在肿瘤基因筛选、肿瘤抗原筛选及寻找与肿瘤发生、发展及预后相关的标记物等方面显示了巨大潜能。根据研究目的的不同，组织芯片可以分成肿瘤组织芯片、正常组织芯片、单一或复合组织芯片、特定病理类型组织芯片。

一、组织芯片的制备

组织芯片的制作方式主要有石蜡切片法和冷冻切片法，但以石蜡切片法更常用，因此目前制备的组织芯片多为石蜡标本组织芯片。石蜡标本组织芯片的制备方法有手工制作和利用组织芯片制备仪半自动制作两种。手工制作方法简单，成本低，但技术难度大，并且对模具蜡块和目标蜡块都有不同程度的损伤。目前，组织芯片主要利用组织芯片制备仪来完成。组织芯片制备仪包括操作平台、特殊的打孔采样装置和定位系统三部分。通过组织芯片制备仪细针打孔的方法，从众多的组织蜡块（供体蜡块，donor）中采集圆柱形小组织（组织芯，tissue core），并将其整齐排列于另一空白蜡块（受体蜡块，recipient）中，制成组织芯片蜡块，然后对组织芯片蜡块进行切片，再将切片转移到载玻片上制成组织芯片（图 12-1）。组织芯片制备的基本过程如下（图 12-2）。

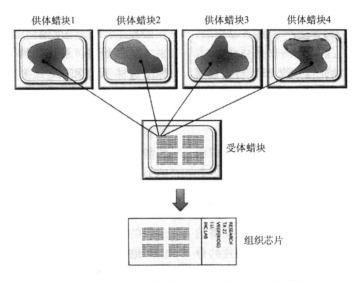

图 12-1　组织芯片（TMA）制备原理示意图（李和和周莉，2014）

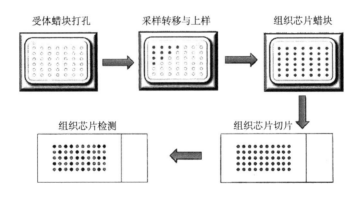

图 12-2　组织芯片制备主要过程示意图（李和和周莉，2014）

1. 芯片的设计

在制作组织芯片之前，应根据研究目的和待检测样本的数目设计组织芯片排列模式，包括芯片上标本的数目、标本在芯片上的布点位置、芯片的方位标记等。根据标本直径（0.2～2.0mm）不同，在一张 45mm×25mm 的玻片上可以排列 40～2000 个组织标本。一般按照标本数目的多少，将组织芯片分为低密度芯片（<200 点）、中密度芯片（200～600 点）和高密度芯片（>600 点）。常用组织芯片含有组织标本的数目在 50～800 个，大多数研究用组织芯片排列 300～500 个标本。如果标本排列过于密集，易导致芯片制作和（或）芯片检测失败。

在受体蜡块的边缘预留一定的空白，能避免因石蜡质量问题导致打孔时出现蜡块碎裂。将相关标本排列在一起有利于显微镜观察检测组织芯片测试结果。组织芯片的位置标记有利于方位辨识。

2. 受体蜡块打孔

利用打孔采样装置对受体蜡块按芯片设计进行打孔定位，利用定位装置使取样针按照 X 轴和 Y 轴方向进行线性移动，最终制备出孔径、孔距、孔深完全相同的组织微阵列蜡块。受体蜡块的蜡质必须具有合适的韧度和硬度。韧度过高，打孔时会出现滞针现象，并且在芯片制作完成以后切片时容易出现掉片、点阵移位及点阵折叠现象。硬度过强，容易损伤针头，使点阵周边的石蜡出现裂纹。在国产石蜡中加入适量的硬脂酸钠或将进口石蜡和蜂蜡按一定比例混合，可以克服受体蜡块韧度和硬度不合适的问题。

3. 供体蜡块制备、选样和定位

按照一般组织切片标本制作方法制备供体蜡块，在进行仔细的组织形态学观察基础上准确选择、定位目标组织，标出相关区域，确定取样点。定位时应避开过多间质和严重的出血坏死区（图 12-1）。

4. 采样转移和上样

用组织芯片制备仪打孔采样装置对供体蜡块采样并转移到受体蜡块相应孔内，并做好准确记录。将采取的组织蜡芯移入受体蜡块孔内时，组织蜡芯应与受体蜡块表面平齐或略高于受体蜡块表面。如此反复即可将组织蜡芯有序移入受体蜡块中，制成组织芯片蜡块。随后将制成的组织芯片蜡块倒置在一张玻片上，放入 37℃温箱 15min，使蜡块适当软化，再轻轻将蜡块压平，使组织样本更深地进入蜡块。

5. 组织芯片切片

将预冷后的组织芯片蜡块固定在石蜡切片机标本夹上进行修整，暴露出所有组织蜡芯后再一次冷却，然后进行常规石蜡切片，切片厚度为 3～5μm。在 38～40℃蒸馏水内将切片展平后裱贴于洁净的涂有黏附剂的载玻片上，室温下晾干后，放入 60℃烤箱内烘烤过夜。

6. 组织芯片检测

对组织芯片先行常规 H-E 染色，观察其组织定位、大小、质量等是否合乎要求。符合要求的芯片进行后续免疫组织化学、原位杂交或原位 PCR 检测。

二、组织芯片结果分析

组织芯片可进行免疫组织化学、原位杂交、荧光原位杂交及原位 PCR 等适于大组织片的原位检测，可与基因芯片、蛋白质芯片相结合，组成完整的基因表达分析系统。到目前为止，对组织芯片的分析仍多局限于人工或半自动化分析方式，即通过人工对组织样本逐一进行定位观察、摄取图像，再利用现有图像分析手段进行结果分析。这种分析方式显然制约了组织芯片的检测效率且易出现漏检、重检。在许多学者的共同努力下，组织芯片的分析技术已向自动化方向发展。例如，Chen 等开发了一套具有自动摄像、注册、智能存档功能的网络系统，该系统可供多个用户使用，还可对组织芯片的免疫组织化学结果进行可靠的检测和定量分析；Camp 等提出一种可对组织芯片进行自动定量分析的新技术，该技术可对蛋白质指标进行亚细胞定位。

三、组织芯片的优点与问题

组织芯片作为一种高通量的生物芯片技术，结合分子生物学和形态学的优势，可在基因、基因转录和相关表达产物的生物学功能 3 个水平上进行研究，这对人类基因组学的研究与发展，尤其对基因和蛋白质与疾病关系的研究、疾病相关基因的验证、疾病的分子诊断、治疗靶点的定位和疗效的预测、预后指针的确定、抗体和药物的筛选及基因治疗的研发等方面具有实际意义和广泛的市场前景。

（一）组织芯片的优点

1. 大样本、高通量

一次实验可分析成百上千种同一或不同组织标本，获取大量的生物学信息。例如，利用组织芯片技术和免疫组织化学技术检测 120 例胃黏膜病组织中 13 种细胞周期调控因子的表达，仅用 13 张芯片就完成了全部实验，并获得了胃黏膜疾病中 13 种细胞周期调控因子表达的数据。

2. 高效性

组织芯片体积小，信息含量高，省时、省力且成本较低，1～2 周即可完成数千个组织标本的数十个基因表达或蛋白质分子的定位、定量、定性分析，成本是传统病理学方法的 1/100～1/10，并可最大限度地利用有限的标本资源。

3. 平行性

肿瘤微阵列/芯片技术采用同一标准选材、操作和判定结果，所得结果均一可靠。

4. 实验误差小

组织芯片可同时检测一种肿瘤不同阶段的基因表达状况，能在一张切片上同时看到一个肿瘤组织在原位、转移、复发中的基因扩增情况，能一次性分析成百乃至上千个肿瘤标本中的 DNA、mRNA、蛋白质，便于设计对照试验，众多标本都处在相同条件下进行实验，因此较传统的病理切片的实验误差小。

（二）组织芯片技术存在的问题

组织芯片技术主要存在标准化问题，也就是对来源标本处理的标准化、组织芯片制备技术的标准化、组织芯片分析的标准化。只有对组织芯片的特点及其存在的问题有一个客观而正确的认识，并对这些问题进行较好的解决，组织芯片技术才有可能与其他生物芯片一起在生命科学的研究中发挥重要作用。

1. 人体标本石蜡组织库的建立

制备组织芯片的首要问题是组织标本的来源和质量问题。目前，国内外制备组织芯片，大多应用库存档案蜡块作为组织样本的来源，虽然取得了显著的成绩和一定成果，但仍存在许多不容忽视的问题，其中最为重要的一个问题是来源标本的标准化处理。由于档案蜡块组织的前期固定和处理不规范，处理方法不统一，特别是对 mRNA 水平指标的检测，常常出现假阴性结果，因此难免影响检测结果的可靠性和客观性，同时也不利于实验结果的综合分析与评价及各个实验室之间的合作和资源共享。

2. 组织芯片制备的标准化

应尽早研发满足高个性化需求的组织芯片制备技术和实现制备的标准化。组织芯片是一种个性化极强的新型生物芯片，每一张组织芯片均可能有其特有的组织样本种类和排列方式。

组织芯片的制备较为烦琐，涉及组织样本的来源、处理方式、切片石蜡的种类、物理化学性状、包埋方式及切片技术等诸多方面。尽管目前有少数生物公司推出了成套的组织芯片，用户可根据需要，购买相应组织芯片进行原位指标的研究，但是由于研究工作的深入，特别是进行实验动物研究或者多种指标的临床观察时，按照研究指标和研究目的，自行制备组织芯片十分必要。正因为组织芯片是一种个性化很强的生物芯片，所以在确保其来源标本的标准化处理的前提下，实现组织芯片制备的标准化，是正确应用并客观评价组织芯片检测结果的一个重要因素。

3. 组织芯片的自动化分析

组织芯片的自动化分析包括组织芯片的自动化搜索和组织学图像的自动化分析。组织学图像的分析与基因芯片和蛋白质芯片结果的分析具有本质的区别。后两者仅需要对芯片的阳性、阴性信号的强度进行摄取分析（无论是用可见光、紫外线还是激光均为激发可检测信号），不涉及组织形态学的结构关系。然而，组织学图像的摄取和处理，不仅涉及组织形态学结构，还涉及阳性、阴性信号的组织学部位和强度，是在组织结构的基础上研究、分析阳性、阴性信号的强度。图像分割是由图形处理技术进行图像分析的关键。目前已提出了包括聚类法、熵阈值与博弈论标记结合法、区域分裂合并、区域生长、松弛及边缘检测、基于种子点的区域生长法和基于主动轮廓模型相结合、神经网络等的彩色图像分割方法，但仍不能实现组织学图像的自动化分析，对组织芯片而言则更为困难。

第十三章

细胞凋亡检测技术

细胞凋亡（apoptosis）又称为程序性细胞死亡（programmed cell death，PCD），是发生于多细胞生物的一种非随机性的且由多种基因调控的特殊死亡形式，具有独特的分子调控机制和形态学特征，其在发育、组织更新、组织萎缩、免疫系统阴性选择和 T 细胞杀伤等多种生命活动过程中扮演着重要的角色。细胞凋亡的检测方法多种多样，可从死亡受体、线粒体功能、细胞内凋亡相关的蛋白质和酶、DNA 的变化、细胞膜的变化等几个角度出发，所涉及的方法也是多种多样，包括电泳、免疫印迹、ELISA、流式细胞术、原位末端标记法等。但是目前尚无一种通用且完美的凋亡检测方法，因此在实际操作中，需综合考虑实验目的、实验对象、特异性、敏感性及是否需要定量等因素，选择适宜的方法进行检测，而且应尽可能选择两种或以上的方法同时进行检测，以获得更加准确、客观的实验结果。

第一节　细胞凋亡的形态学检测

凋亡与坏死不同，是一种特有的死亡形式，具有特定的形态学特征。与坏死相比，凋亡是一种生理过程，有一系列凋亡相关基因进行调控，没有炎症反应，细胞膜保持完整，细胞器结构保留，染色体边集，最后胞质浓缩并形成凋亡小体，因此可通过不同的制片和染色方法，并利用普通光学显微镜、荧光显微镜、电子显微镜和流式细胞仪观察或检测到一系列典型的形态学特征。细胞凋亡最明显的特征是在光镜和电镜下观察到的一系列形态学变化。细胞坏死时出现细胞膜破裂、染色质及细胞器肿胀和溶酶体酶等的释放引起的炎症反应，而细胞凋亡时，则不引起炎症反应，其形态变化的共同特征是细胞体积缩小，以细胞核的形态改变尤为突出。光镜下，凋亡细胞体积缩小，染色质密集成斑块状。在组织内，细胞凋亡的典型特征是单个细胞受影响并且出现于单个细胞，且凋亡的细胞周围有环状带。用相差显微镜（phase contrast light microscope，PCLM）可清楚地观察到凋亡细胞的发泡（bleb）和凋亡小体（apoptotic body）。电镜下，凋亡细胞的变化更富有特征性。开始时，凋亡细胞体积缩小，失去细胞连接，微绒毛等一些特殊的膜表面结构消失，染色质浓集并靠近于核膜，形成沿核膜收缩的新月状体，该细胞与邻近组织和细胞失去接触，但细胞膜、线粒体、高尔基体等细胞器仍保持完整。然后，核体积进一步缩小，并可裂解为一或数个致密体，其与一定的核糖体及各种细胞器成分形成具有完整膜性结构的凋亡小体。最后，凋亡细胞或凋亡小体被邻近正常细胞或吞噬细胞所识别而吞噬。利用扫描电镜（scanning electron microscope，SEM）可更加客观、真实地观察到凋亡细胞表面泡状突起的形成。以电镜结合定量数字式影像技术可观察到凋亡细胞核浓缩时的细微变化，用碘化丙啶（PI）对细胞核进行染色后，在激光共聚焦扫描电镜下，可十分清楚地对凋亡细胞固缩的染色质及核碎片进行定位。也有利用延时摄影术（time-capse photography）对细胞凋亡发生的整个过程进行动态观察，这被认为是检测细胞凋亡形态学的最佳方法，因这种观察可排除其他形态学观察中因组织固定所造成的人为假象而使形态学指标不能重复。用流式细胞仪也可进行形态学分析。

在细胞凋亡形态学鉴定的各种方法中，除流式细胞仪外，其他检测手段均不能很好地对凋亡细胞做定量分析，且费时、费力。除延时摄影术外，重复性也欠佳。但是，这些鉴定方法的形态学观察简便、直观，标本也可以保存。在观察凋亡细胞时，组织内的细胞凋亡与体外培养细胞凋亡形态有所不同。同时，并非所有凋亡细胞都具有上述凋亡细胞的形态学特征。在鉴定凋亡细胞时，还需与细胞的有丝分裂区分，后者也是一种细胞常见的变化。

一、普通光学显微镜观察法

（一）石蜡切片 H-E 染色法

石蜡切片经 H-E 染色后细胞核呈蓝黑色，细胞质呈淡红色。凋亡细胞在组织中常单个散在分布，表现为核染色质致密浓缩、核碎裂等。坏死组织则呈均质红染的无结构物质，核染色消失。

（二）甲基绿-派洛宁染色法

细胞凋亡和细胞坏死的发生机制不同。细胞凋亡是一种细胞主动死亡过程，需要细胞内蛋白酶的激活，细胞质内常有 mRNA 表达的增强。而细胞坏死则是一种被动的细胞死亡过程，细胞质内常有 RNA 的损失。根据这一特点，可应用甲基绿对 DNA 染色的特异性和派洛宁对 RNA 的亲和性，使甲基绿对固缩细胞核内的脱氧核糖核酸着色，如果细胞质内核糖核酸呈派洛宁阳性染色则为凋亡细胞，呈阴性染色则为坏死细胞。

经甲基绿-派洛宁染色法染色后凋亡细胞回缩，细胞核呈绿色或绿蓝色，胞质呈红紫色；坏死细胞只有固缩细胞核呈绿色，胞质无色。观察时可用凋亡指数计数，即随机选择 10～20 个视野（每张切片 1000～2500 个细胞）计数凋亡细胞的百分率。

（三）倒置显微镜观察法

将含有细胞培养物的细胞培养板直接置于倒置显微镜下观察；或将从外用血、组织中分离出的细胞悬液滴在载玻片上，直接置于普通光学显微镜下观察。观察比较实验组和对照组的细胞形态、大小和有无凋亡小体的出现。凋亡细胞体积小、变形，细胞膜完整，但出现发泡现象，细胞凋亡晚期可见凋亡小体；而坏死细胞的体积肿胀，细胞膜损坏或裂解成碎片，有时可见网状的染色质结构。

（四）吉姆萨染色法

组织切片或者细胞涂片经吉姆萨染色后在普通光学显微镜下观察细胞核形态，凋亡细胞的染色质浓缩，靠近核膜，有核边集现象，核膜裂解，染色质分割成块状，可见凋亡小体等。

二、荧光显微镜检测法

某些荧光素可与细胞中的特定成分发生结合，通过在荧光显微镜下吸收激发光的光能发出荧光这一特征进行检测。常用的荧光素包括溴化乙锭（ethidium bromide，EB）、碘化丙啶（propidium iodide，PI）、吖啶橙（acridine orange，AO）、Hoechst 33258、Hoechst 33342、DAPI（4′,6-diamidino-2-phenylindole）及 7-ADD（7-aminoactionomycin D）等。以下以吖啶橙和 Hoechst 类染料为例说明。

（一）吖啶橙

吖啶橙是一种常用的荧光素，其检测激发滤光片波长为 488nm，阻断滤光片波长为 515nm，可与核酸中的碱基对和磷酸盐结合，首先与碱基对结合形成第一复合物，然后与磷酸盐基团结合在核苷酸表面形成第二复合物。该染料具有膜通透性，能透过细胞膜，结合于 DNA 和 RNA，使细胞核呈绿色或黄绿色均匀荧光，在凋亡细胞中，因染色质固缩或断裂为大小不等的片段，形成凋亡小体，吖啶橙使其染上致密浓染的黄绿色荧光或形成黄绿色碎片颗粒，而坏死细胞黄色荧光减弱甚至消失。吖啶橙常与 EB 合用，因 EB 只染死细胞使之产生橘黄色荧光，由此可区分出正常细胞、凋亡细胞及坏死细胞。此外，吖啶橙的荧光随 pH 变化而变化，同时 pH 改变影响吖啶橙与 DNA 的结合，但不影响与 RNA 的结合。

经吖啶橙染液染色后在荧光显微镜下观察，正常细胞的核 DNA 呈均匀的黄色或黄绿色荧光，细胞质和核仁的 RNA 呈橘黄色或橘红色荧光；出现凋亡细胞时，细胞核或细胞质内可见致密浓染的黄绿色荧光，甚至见黄绿色碎片；细胞坏死时，细胞质内黄绿色或橘黄色荧光均可减弱或消失。

（二）Hoechst 类染料

Hoechst 33342 和 Hoechst 33258 均为特异性结合 DNA 的染料，在酸性条件下可与 RNA 结合，因此进行 DNA 染色时应将染液 pH 调至 7.0 以上。该染料对死亡细胞或 70% 乙醇固定的细胞着色速度较快，而对活细胞着色速度较慢，大约 10min 可达到饱和状态。

原代培养细胞、细胞涂片或细胞爬片经细胞固定液固定后用 Hoechst 33258 染色液染色后在荧光显微镜下观察，活细胞的核呈弥散均匀的荧光，出现细胞凋亡时，细胞核或细胞质内可见浓染致密的颗粒状荧光。

三、电子显微镜观察法

用于电镜观察的标本在制作方面有特殊的要求。对于培养细胞，扫描电镜制备过程较简单，贴壁细胞可培养于盖玻片，悬浮细胞可经离心后贴附到载玻片上，而后用 2.5% 戊二醛直接固定即可，随后按常规进行扫描电镜标本制备和观察。透射电镜细胞培养标本要制备单细胞悬液，细胞数在 1×10^5 个左右，经 2000r/min 离心形成细胞团，用 2.5% 戊二醛固定，而后按常规进行透射电镜标本制备和观察。透射电镜对于凋亡形态学的观察及与死亡的鉴别有着十分重要的作用，典型的凋亡表现为细胞质的固缩，染色质浓缩成半月形或帽状附于核膜，核碎裂和凋亡小体形成等，细胞凋亡过程中细胞核与染色质的形态学改变分为三期：早期的细胞核呈波纹状或呈折缝样，部分染色质出现浓缩状态；中期细胞核的染色质高度凝聚、边缘化；后期的细胞核裂解为碎块，产生凋亡小体。在扫描电镜观察中，可观察到凋亡小体形成的过程，在早期，细胞内容物向外突起，形成球状小体，有膜状物与细胞相连，最后断裂并与细胞分离，到了晚期，细胞分解为数个小体，有助于周围吞噬细胞将其吞噬消化。

细胞凋亡的电子显微镜观察法中样品制作过程较复杂，且仪器、设备的费用昂贵，较难广泛大量开展。同时，由于样品范围局限，在凋亡细胞数较少时需进行大量的观察才能观察到典型的凋亡改变。另外，在观察体外培养的凋亡细胞时，典型的凋亡小体很少见到，出现较多的是凋亡初期胞体收缩、染色质边集和后期凋亡小体（或整个凋亡细胞）被吞噬和降解的现象，同时一些不典型的改变容易被忽略，在观察时要特别予以注意。

第二节　凋亡的细胞膜结构改变检测

正常细胞与凋亡细胞相比，由于细胞膜的结构和功能不尽相同，因此呈现出不同的染料结合方式，进而通过荧光显微镜、共聚焦显微镜及流式细胞仪进行观察或检测，常用的染料包括插入染料和结合染料两种类型，前者主要包括碘化丙啶、溴化乙锭、吖啶橙等，后者则主要包括 Hoechest 33342、Hoechest 33258、DAPI 和普卡霉素（mithramycin）等。不同的染料所带电荷的不同，不同的细胞种类、凋亡发展的不同阶段及诱导凋亡的不同因素均可导致凋亡细胞摄取染料的浓度、时间和最佳温度有所不同，因此在不同的实验设计中应考虑到这些因素，进而摸索最佳的实验条件。

Hochest 33342 和 Hochest 33258 为膜通透性染料，在凋亡研究中十分常用，由于凋亡细胞的膜通透性增加及染料从凋亡细胞中运出减少而导致凋亡细胞着色增加，其中 Hoechest 33258 不能被正常细胞摄取，仅被凋亡细胞摄取，因此在区分凋亡细胞时更为有利。

PI 和 Hochest 33342 共同应用在鉴别凋亡或坏死中也有着广泛的应用，通过两种染料的共同孵育，死细胞可通透两种染料，活细胞则能拒染 PI，而凋亡细胞则能够排出 PI 但不能够排出 Hoechst，根据这一原理，可利用荧光显微镜、共聚焦显微镜和流式细胞仪鉴别出凋亡细胞的比例。但这一方法具有时间依赖性，因为 Hochest 33342 与细胞孵育的时间不宜过长，否则可引起其发射光谱由蓝光向红光迁移，从而影响结果的判断。

此外，尚有利用 LDS（laserdyestyryl）751 与 PI 共同染色检测凋亡的方法，前者为红色 DNA 染料，凋亡细胞和死亡细胞对这种染料的着染能力不同，进而通过共聚焦显微镜或流式细胞仪进行检测。

在所有根据凋亡细胞细胞膜结构和功能变化而检测凋亡的方法中，最为经典的当属磷脂结合蛋白 V（annexin V）联合 PI 法，其原理是在细胞凋亡早期位于细胞膜内侧的磷脂酰丝氨酸（PS）迁移至细胞膜外侧。annexin V 是钙依赖性的磷脂结合蛋白，它与 PS 具有高度的结合力。因此，annexin V 可以作为探针检测暴露在细胞外侧的磷脂酰丝氨酸。因此利用对 PS 有高度亲和力的 annexin V，将 annexin V 标记上荧光素（如异硫氰酸荧光素 FITC），同时结合使用 PI 拒染法（因坏死细胞的 PS 也暴露于细胞膜外侧，且对 PI 高染）进行凋亡细胞双染法后用流式细胞仪即可检测凋亡细胞。正常活细胞 annexin V、PI 拒染；凋亡细胞 annexin V 高染、PI 低染；而坏死细胞 annexin V、PI 均高染。细胞发生凋亡时，膜上的 PS 外露早于 DNA 断裂发生，因此 annexin V 联合 PI 染色法检测早期细胞凋亡较 TUNEL 法更为灵敏。同时 annexin V 联合 PI 染色不需固定细胞，可避免 PI 染色因固定造成的细胞碎片过多及 TUNEL 法因固定出现的 DNA 片段丢失。因此，annexin V 联合 PI 法更加省时，结果更为可靠，是最为理想的检测细胞凋亡的方法。

第三节　凋亡细胞的流式细胞术检测

传统的光镜和电镜技术为研究细胞凋亡和坏死提供了很好的检测方法，但不能进行定量分析；生物化学可进行 DNA 梯状带或 DNA 片段的测定和定量，但只能进行定性检测或凋亡细胞比例的检测或测定群体细胞中所含凋亡细胞的大致数量，而不能分析群体细胞中单一细胞的生物学变化。流式细胞术可通过荧光激发来分选细胞，大量快速地测定单个细胞。

流式细胞仪检测凋亡细胞是通过检测其光射特征及荧光参数进行的。细胞穿过流式细胞仪的激光束集点时使激光发生散射，分析散射光可以提供细胞大小及结构的信息。散射光包括前向散射光（forward light scatter）和侧向角散射光（side light scatter）两种，前向散射光的强度与细胞大小、体积相关，侧向角散射光的强度与细胞结构的折射性、颗粒性有关。细胞凋亡过程中出现的形态改变如细胞皱缩、胞膜起泡、核浓缩和碎裂等可以使光散射特性发生改变。早期凋亡细胞主要表现为前向散射光减弱而侧向角散射光增强或不变，前者反映了细胞的皱缩，后者反映了细胞的核皱缩及碎裂。晚期凋亡细胞的前向散射光和侧向角散射光均减弱。由于光散射特性改变并非凋亡细胞的特异性指标，细胞的机械性损伤和细胞坏死也可以使前向散射光减弱。因此，只有将光散射特性的检测与荧光参数的检测结合起来才能准确地辨认凋亡细胞。

一、PI 染色法

细胞凋亡时，流式细胞术检测可呈现亚二倍体核型峰的特征。此外，根据细胞光散射特点，应用碘化丙啶（PI）染色可使凋亡细胞与坏死细胞相区别。在 DNA 直方图上，凋亡细胞出现二倍体峰（G_1 细胞）的减少，G_1 峰左侧出现亚二倍体细胞群的峰型。而细胞坏死时，细胞周期中不同时期的细胞均出现不同程度的减少，亚二倍体细胞数多少不等。在光散射图谱上，前向散射光与细胞大小有关，细胞凋亡时常表现为细胞皱缩，故前向散射光低于正常。而细胞坏死时，常表现为细胞肿胀，故前向散射光高于正常。侧向角散射光与细胞内颗粒性质有关，由于细胞凋亡或坏死均出现细胞碎片增多，因此侧向角散射光均高于正常。总之，细胞凋亡出现低于正常的前向散射光和高于正常的侧向角散射光，坏死细胞则呈较高的前向散射光和侧向角散射光光谱。

二、Hoechst-PI 染色法

PI 染色法可观察 DNA 直方图上凋亡细胞的亚 G_1 峰，操作简便，但这只是代表 G_0/G_1 期发生凋亡的细胞，S 期和 G_2 期发生的细胞凋亡是在 G_1 峰后，无法观察。此外，因全部细胞均经过固定，所以不能区分活细胞和死细胞。Hoechst-PI 染色法则可弥补上述不足。Hoechst 33258 可被活细胞摄取，与 DNA 结合，在紫外光下呈蓝色荧光。继后，PI 使死细胞着色产生红色荧光。因此，在细胞二维直方图上根据红蓝两种荧光可分辨出 3 种细胞：正常活细胞对染料有兼染性，蓝色和红色荧光均较少；凋亡细胞有膜通透性改变，主要摄取 Hoechst 染料，呈强蓝色和弱红色荧光；死细胞由于有很强的 PI 嗜染性，并可覆盖 Hoechst 染色，呈弱蓝色和强红色荧光。

三、Annexin 法

早期凋亡细胞因细胞膜的磷脂对称性改变而使磷脂酰丝氨酸（PS）暴露于细胞膜外，

PS 可特异结合标记有异硫氰酸荧光素的磷脂结合蛋白 V（annexin V），但细胞仍维持其细胞膜的完整性，使变性染色质着色的荧光染料碘化丙啶不能进入细胞；然而，坏死或凋亡晚期的继发性坏死细胞可同时被 annexin 和碘化丙啶标记，用流式细胞仪可定量分析被标记的凋亡与坏死的细胞数，流式细胞仪检测时正常活细胞为凋亡细胞为 annexin$^-$/PI$^-$，继发性坏死细胞 annexin$^+$/PI$^-$，坏死细胞和机械性损伤细胞为 annexin$^-$/PI$^+$。

第四节 细胞凋亡的 TUNEL 法检测

TUNEL 即末端脱氧核糖核苷酸转移酶（TdT 酶）介导的标记脱氧脲核苷酸缺口末端标记法（terminal deoxynucleotidyl dUTP nick end labeling），其原理是由 TdT 酶将标记了的 dUTP 转移到 DNA 缺口末端的 3'-OH 上，dUTP 用其 5'-P 与之形成磷酸二酯键相结合。这样，就在 DNA 缺口末端结合上一个标记了的 dUTP，然后测定其标记物的强度。标记物的强度是与 DNA 片段化的程度成正比的，由此可判断出 DNA 片段化的程度，而作为细胞凋亡的指标。TUNEL 法实际上是分子生物学与形态学相结合的研究方法，对完整的单个凋亡细胞核或凋亡小体进行原位染色，能较准确地反映细胞凋亡最典型的生物化学和形态学特征，可检测出极少量的凋亡细胞。此法可用于石蜡包埋组织切片、冰冻组织切片、培养细胞和从组织中分离出来的细胞的检测，并可将极少量的凋亡细胞检测出来，灵敏度远比一般的组织化学和生物化学凋亡检测法要高，因而在细胞凋亡的研究中已被广泛采用。

一、过氧化物酶标记测定法

脱氧核糖核酸衍生物地高辛（Dig-11-dUTP）在 TdT 酶的作用下，可以掺入凋亡细胞双链或单链 DNA 的 3'-OH 端，与 dATP 形成异多聚体，并可与连接了报告酶（过氧化物酶或碱性磷酸酶）的抗地高辛抗体结合。在适合底物存在下，过氧化物酶可产生很强的颜色反应，特异准确地定位出正在凋亡的细胞，因而可在普通光学显微镜下进行观察。洋地黄植物是地高辛的唯一来源。在所有动物组织中几乎不存在能与抗地高辛抗体结合的配体，因而非特异性反应很低。抗地高辛的特异性抗体与脊椎动物甾体激素的交叉反应不到 1%，若此抗体的 Fc 段通过蛋白酶水解的方法除去后，则可完全排除细胞 Fc 段受体非特异性的吸附作用。

本方法可以用于甲醛固定的石蜡包埋的组织切片、冷冻切片和培养的或从组织中分离的细胞凋亡测定。

二、荧光素标记测定法

脱氧核糖核苷酸衍生物地高辛在末端脱氧核糖核苷酸转移酶（TdT 酶）作用下，可以掺入凋亡细胞双链或单链 DNA 的 3'-OH 端，与 dATP 形成异多聚体，与荧光素连接的抗地高辛抗体可与反应部位结合，当遇到波长为 494nm 的激发光时，荧光素产生波长为 523nm 的发射光，从而可使用流式细胞仪进行定量测定，也可在荧光显微镜下计数。

荧光素标记测定法可以测定早期凋亡细胞和细胞周期中 DNA 发生断裂的具体时相，并比 DNA 缺口翻译标记法（ISNT）灵敏 10 倍以上。使用 dUTP-地高辛/抗地高辛抗体标记系统具有很低的非特异染色，凋亡细胞产生的信号强度至少比非凋亡细胞高 38 倍以上，测定凋亡细胞的灵敏度要比测定坏死细胞高 10 倍以上。

该法除可用于培养细胞外，还可用于甲醛固定的石蜡包埋切片、冰冻切片和分离组织中的凋亡细胞的测定，但必须设立阳性和阴性对照。阳性对照的切片可使用 DNase I 部分降解的标本;阳性对照的细胞可使用 1mol/L 地塞米松经 3～4h 处理的大、小鼠胸腺细胞或人外周血淋巴细胞;阴性对照标本不加 TdT 酶,其余与实验的详细染色步骤相同。当用 FTTC 标记抗地高辛抗体进行染色观察时,在波长为 510～550nm 处,测定的 FTTC 标记的抗地高辛抗体产生的绿色荧光,代表凋亡细胞的数目。在波长大于 620nm 处,测定的碘化丙啶产生的红色荧光,代表其余全部细胞数目。

三、生物素-dUTP/酶标亲和素测定法

生物素标记的 dUTP 在 TdT 酶的作用下,可以掺入凋亡细胞的双链或单链 DNA 的 3'-OH端,并可与连接了过氧化物酶的链霉亲和素特异结合,在存在过氧化物酶底物(H_2O_2)的情况下,可产生很强的颜色反应,特异准确地定位于正在凋亡的细胞内。因而在普通光学显微镜下,即可观察和计数凋亡的细胞。此方法可用于石蜡包埋的组织切片、冰冻组织切片和培养细胞的凋亡研究。

第五节 细胞凋亡相关蛋白质和酶的检测

在凋亡发生的不同阶段,会出现一系列与凋亡调控、执行相关的蛋白质,通过检测这些蛋白质也可证实有无凋亡的发生,同时对凋亡过程中一系列相关蛋白的深入研究对于进一步阐明凋亡的机制也有着重要的意义。根据研究对象和目的的不同,可选择包括免疫化学、免疫印迹、流式细胞术、ELISA 在内的多种检测方法。

在哺乳类动物中,对细胞凋亡调控基因研究较多的有 *bcl-2* 家族、*p53*、*c-myc*、*APO-1/Fas/CD95*、*Rb* 及 *Ras* 等。原癌基因 *bcl-2* 可阻止细胞凋亡的发生。但是,*bcl-2* 家族中的 *bax* 基因则可促进细胞凋亡。*p53* 基因是公认的肿瘤抑制基因,因为其可诱导肿瘤细胞发生凋亡。另一原癌基因 *c-myc* 在缺乏其他细胞因子时,可促进细胞凋亡,但在富含其他细胞因子时,则又可抑制细胞凋亡而促进细胞增殖。*bcl-2* 基因产物 Bcl-2 蛋白在含量高时与 C-myc 蛋白有拮抗作用。*Fas* 可介导细胞凋亡,在各种生理与病理过程中起重要作用。细胞凋亡的酶学分析发现,caspases 和 PARP 在凋亡发生过程中发挥重要作用。分析 caspases 的活性可较许多其他方法更易于检测出细胞凋亡的早期表现。PARP 是 caspases 的裂解靶酶,PARP 的裂解是细胞发生调节最有价值的标志。所以,分析 caspases 和 PARP 的活性可有效地检测细胞凋亡的发生。

一、Fas 抗原的检测

Fas(CD95/APO-1)分子是一种细胞表面受体,其可介导细胞凋亡。Fas 抗原的检测方法是利用生物素化-抗 Fas 抗体通过蛋白质印迹法、流式细胞分析或免疫组化染色检测 Fas/APO-1分子,一般用于单层黏附细胞、细胞悬液、组织切片细胞提取物中 Fas 抗原的检测。

二、Bcl-2 蛋白的检测

Bcl-2 蛋白的检测采用抗 *bcl-2* 原癌基因蛋白抗体,通过免疫组织化学法对组织或细胞进行原位(*in situ*)染色,以检测抑制细胞凋亡的蛋白 Bcl-2。该方法适用于旋转离心细胞、细胞涂片、冰冻组织切片、石蜡包埋组织切片及原始细胞提取物。

三、P53 蛋白的检测

野生型 *p53* 是一种通过诱导细胞凋亡而抑制肿瘤生长的基因,当 *p53* 基因突变则丧失诱

导细胞凋亡的能力，从而增加细胞的恶性转化和永生的可能性，*p53* 基因突变在恶性肿瘤中十分常见。同时，*p53* 还参与癌症治疗，如化疗时诱导癌细胞的凋亡。P53 蛋白的检测一般采用夹心免疫法定量检测野生型或突变型 *p53* 基因产物 P53 蛋白，用抗 P53 蛋白抗体可定量检测人、鼠、兔的组织切片和肿瘤细胞株的 P53 蛋白含量。该方法适用于组织匀浆、细胞溶解液、血清或血浆 P53 蛋白含量的检测。

四、caspase3 活性的检测

caspase3（cysteine-containing aspartate specific protease-3，半胱天冬蛋白酶-3）也称为 CPP32，在细胞凋亡发生过程中扮演关键角色。通过荧光免疫吸附法（fluorimetric immunosorbent enzym eassay，FIENA），caspase3 作用特异底物——乙酰化天冬氨酸-谷氨酸-撷氨酸-天冬氨酰胺（Ac-DEVD）连接的荧光素（Ac-DEVE-AFC），产生发荧光的裂解产物 AFC，而且 caspase3 活性的大小与 Ac-DEVD-AFC 的分解量或 AFC 所发荧光的强弱成正比。该法可用于各种培养细胞凋亡诱导研究，而且特异性强，灵敏度高，无交叉反应。研究表明，1×10^6 个细胞中，只要有 5%的细胞发生凋亡，用该法便可检测出 caspase3 的活性。荧光酶联免疫吸附法（flurometric immunosorbent enzyme assay，FIENA）利用抗 caspase3 的单克隆抗体与一种特异的 caspase 作用底物结合，使分析 caspase3 具有高度特异性。

五、PARP 活性的测定

聚（腺苷二磷酸-核糖）多聚酶（poly ADP-ribose polymerase，PARP）为分子质量为 113kDa 的蛋白质，可与 DNA 断裂末端特异性结合，修复 DNA，是一个参与 DNA 修复的重要的酶。在细胞凋亡发生的早期，PARP 是 caspases（如 caspase3 和 caspase7）的作用底物，其能被 caspases 所裂解，从而丧失 DNA 修复功能。在 PARP 被 caspase 裂解后，产生 89kDa 和 24kDa 两个片段。PARP 活性的测定可以应用抗 PARP 抗体和蛋白印迹法（Western blotting）检测 PARP 裂解后的 89kDa 片段，以作为细胞凋亡早期的标志物。该方法可检测 3×10^5 个凋亡细胞的 PARP 裂解片段。以此法可识别灵长类和啮齿类动物的 PARP，也可识别 caspases 裂解的 PARP 大片段。此外，还可用免疫沉淀法和抗 PARP 抗体检测灵长类和啮齿类动物完整的 PARP。

第六节 细胞凋亡 DNA 裂解的检测

细胞核染色质 DNA 断裂是细胞凋亡的标志特征。在细胞发生凋亡时，核酸内切酶被激活，选择性降解染色质 DNA，依次出现 DNA 单链和双链的断裂，进而形成 50～300kb 的大片段，之后在核小体连接处断裂，形成 180～200bp 或其整倍数的 DNA 片段，因此可通过对断裂 DNA 末端的标记或电泳技术检测 DNA 断裂的发生。

一、凋亡细胞 DNA 裂解的电泳检测法

凋亡发生的后期，DNA 被降解成 180～200bp 或其整倍数的 DNA 片段，这些 DNA 片段可从细胞中提取出来，通过电泳检测，并据此判断细胞凋亡产生。目前市场化的细胞凋亡 DNA Ladder 检测试剂盒提供了一种简便、快速的提取染色质 DNA 的方法，并增加对小片段 DNA 的回收，从而增强了检测的敏感性。

需要注意的是，细胞发生凋亡或坏死，其细胞 DNA 均发生断裂，细胞内小分子质量 DNA

片段增加，高分子 DNA 减少，胞质内出现 DNA 片段。但凋亡细胞 DNA 断裂点均有规律地发生在核小体之间，出现 180～200bp 的 DNA 片段，而坏死细胞的为无特征的杂乱片段，其 DNA 电泳为连续性条带，利用此特征可以确定群体细胞的死亡，并可与坏死细胞区别。

常用的方法有琼脂糖凝胶电泳、聚丙烯酰胺凝胶电泳、Southern blotting 和脉冲场凝胶电泳。

（一）琼脂糖凝胶电泳

琼脂糖凝胶电泳法可测定细胞群染色体 DNA 断裂，凋亡细胞 DNA 断裂包括单链和双链的断裂。对 180～200bp 的 DNA 片段或它的整数倍片段的 DNA 寡聚体进行去组蛋白纯化，将纯化后的双链 DNA 片段点样于含有溴化乙锭（EB）的 1.5%～1.8%琼脂糖凝胶电泳中直接进行电泳分析，电泳出现特征性的阶梯状条带。而坏死细胞的 DNA 电泳则呈模糊的连续条带。利用这种方法可将正在进行凋亡的细胞和其他细胞区分开来。而当单链断裂时，则不出现梯状条带。该法简便、快速、结果可靠，但只能鉴定 DNA 双链断裂。

（二）聚丙烯酰胺凝胶电泳

聚丙烯酰胺凝胶电泳是依据分子质量的大小将蛋白质混合物区分开的有力手段，一般也用于分离小于 1kb 的 DNA 片段，它可原位检测核酸内切酶的活性。通过聚丙烯酰胺凝胶电泳，核酸内切酶作用于预先标记的 DNA，其活性被显示出来。该法灵敏度较高。

（三）Southern blotting

Southern blotting 能确定特异 DNA 片段的大小和位置。这种方法通过电泳分离细胞核基因组的 DNA，然后将它转移至硝酸纤维素膜上。再用带有放射性标记的探针与之杂交，利用放射自显影技术观察结果，它比溴化乙锭染色的敏感度提高了 8 倍。

（四）脉冲场凝胶电泳

脉冲场凝胶电泳法近来用来检测早期细胞凋亡时 DNA 断裂所产生的高分子质量（>300kb）的 DNA 片段。其原理是超过一定分子质量的双链 DNA 分子在琼脂糖凝胶中的迁移速度相同，因此不能用普通琼脂糖凝胶电泳来分离，而脉冲场凝胶电泳是在凝胶上外加不断在两种方向（有一定夹角，而不是相反方向）变动的电动，每当电场方向改变后，大 DNA 分子便滞留在爬行管中，直至新的电场轴向重新定向后，才继续前移，当 DNA 分子变换方向的时间小于电脉冲周期时，DNA 就可以按其分子质量大小分开，其中倒转电场凝胶电泳为较为常用的方法之一。

二、细胞凋亡 DNA 裂解的免疫化学检测法

细胞凋亡时，细胞染色体双链 DNA 裂解产生的核小体 DNA 可与核心蛋白 H_2A、H_2B、H_3、H_4 等结合成复合物，保护其 DNA 不被核酸内切酶降解。在细胞凋亡的早期，只有少数细胞的 DNA 发生断裂，用生化法很难电泳出 DNA Landder。而使用抗组蛋白和抗 DNA 的单克隆抗体的 ELISA 法，不仅可检测早期的细胞凋亡，还可提高检测凋亡细胞的灵敏度。

三、细胞凋亡 DNA 裂解的原位末端标记法

凋亡细胞的原位末端标记法是将标记好的外源性核苷酸在酶的催化下与 DNA 断端结合，

并借助一定的显色系统显示。常用的方法有末端脱氧核糖核苷酸转移酶介导的标记脱氧脲核苷酸缺口末端标记法（TUNEL）和 DNA 聚合酶Ⅰ或 Klenow 大片段介导的原位缺口平移法（*in situ* nick translation，ISNT），这两种方法可用于检测组织切片和培养细胞中的凋亡，其特点是可检测到早期仅有单链 DNA 断裂的凋亡，同时具有很高的敏感性和特异性，但是需要注意的是原位末端标记法本身无法区分凋亡和坏死，因此在实际应用中尚需结合形态学的观察进行综合判定。

（一）末端脱氧核糖核苷酸转移酶介导的标记脱氧脲核苷酸缺口末端标记法

研究证实，DNA 链在内切核酸酶作用下发生断裂，从而产生 3'-OH 端，TUNEL 法是利用 TdT 将标记的 dUPT 接到 DNA 断裂的 3'-OH 端，dUPT 则通过同位素、生物素、地高辛或 FITC 标记，采用不同的检测系统进行检测。研究证实，TUNEL 的敏感性远远高于 ISNT，尤其对早期凋亡的检测更是如此。主要是因为凋亡发生时 DNA 大多为双链同时断裂，而单链断裂少见，ISNT 是依赖于 DNA 聚合酶的单链修复反应，故阳性率较低。细胞凋亡时 DNA 断裂早于形态学改变及 DNA 含量减少，所以该法有较高灵敏性。因此，TUNEL 法是较常用的凋亡定量检测方法，对 TUNEL 方法改进后利用 BrdUTP 代替 dUPT，可同时分析凋亡和非凋亡细胞，并能分析凋亡细胞的循环位置和 DNA 倍数。目前已有很成熟的 TUNEL 商品化试剂盒，只要严格按照说明书操作，均可以得到较满意的结果。

（二）DNA 聚合酶Ⅰ或 Klenow 大片段介导的原位缺口平移法

细胞凋亡时产生 DNA 断链，出现黏性末端，其中一条含有游离 3'-OH，另一端为 5'端，ISNT 的原理是利用 DNA 聚合酶Ⅰ或 Klenow 大片段的 5'→3'聚合酶活性，将标记的核苷酸连接到断裂 DNA 的 3'-OH 端，同时水解 5'端，以修复 DNA，然后根据不同的标记方式而采用不同的检测系统，同 TUNEL 一样，也可采用生物素、荧光素标记核苷酸，并利用光学显微镜、荧光显微镜或流式细胞仪进行观察或检测。

四、彗星分析技术

细胞核中的 DNA 为负超螺旋结构，而且很致密，通常 DNA 双链以组蛋白为核心，盘旋而形成核小体。一般情况下，偶然的 DNA 单链断裂对核酸分子双股结构的连续性影响不大，而且不易释放出来。但是，如果用去污剂破坏细胞膜和核膜，用高浓度盐提取组蛋白，DNA 残留而形成类核。如果类核中的 DNA 有断裂，断裂点将引起 DNA 致密的超螺旋结构松散，在类核外形成一个 DNA 晕圈。将类核置于电场中电泳，DNA 断片可从类核部位向阳极迁移，经荧光染色后，在阳极方向可见形似彗星的特征性图像，故称为"彗星试验"。彗星尾部即迁移出类核的 DNA 片段，此时彗星尾部有可能还与头部以单链或双链的形式相连。DNA 损伤越严重，则 DNA 超螺旋结构越松散，产生的断裂点越多，DNA 片段越小，从而在彗星尾部出现的 DNA 断片越多，则彗星尾部的长度、面积和荧光强度越大。通过测量彗星尾部的长度、面积或荧光强度等指标，可以对 DNA 的损伤程度进行定量分析。

彗星试验是一种敏感的在单细胞水平上检测 DNA 链断裂的方法，具有简便、经济、快速等特点。其缺点是无法区分凋亡细胞和坏死细胞，而且仅限于单细胞分析，具有一定的局限性。

主要参考文献

阿依木古丽·阿不都热依木, 蔡勇. 2016. 分子生物学与生物化学实验技术. 北京: 化学工业出版社.

贲长恩, 李叔庚. 2001. 组织化学. 北京: 人民卫生出版社.

蔡文琴. 2009. 组织化学与细胞化学. 北京: 人民卫生出版社.

陈朱波, 曹雪涛. 2014. 流式细胞术——原理、操作及应用. 2 版. 北京: 科学出版社.

姜泊. 1999. 细胞凋亡基础与临床. 北京: 人民军医出版社.

李甘地. 2002. 组织病理技术. 北京: 人民卫生出版社.

李和, 周莉. 2008. 组织化学与免疫组织化学. 北京: 人民卫生出版社.

李和, 周莉. 2014. 组织化学与细胞化学技术. 2 版. 北京: 人民卫生出版社.

李继承. 2010. 组织学与胚胎学实验技术. 北京: 人民卫生出版社.

梁智辉, 朱慧芬, 陈九武. 2008. 流式细胞术基本原理与实用技术. 武汉: 华中科技大学出版社.

刘能保, 王西明. 2003. 现代实用组织学与组织化学技术. 武汉: 湖北科学技术出版社.

刘世新. 2006. 实用生物组织学技术. 北京: 科学出版社.

孟运莲. 2004. 现代组织学与细胞学技术. 武汉: 武汉大学出版社.

明洪, 黄秉仁, 张闻, 等. 2002. 神经营养因子对 p75NTR 诱导哺乳动物神经细胞凋亡的影响. 中国组织化学与细胞化学杂志, 11(1): 55-58.

彭黎明. 1996. 细胞凋亡检测的研究进展. 中华医学检验杂志, 19(6): 336-338.

彭黎明. 1999. 六种细胞凋亡检测方法的比较. 中华病理学杂志, 28(1): 55-57.

彭黎明, 王曾礼. 2000. 细胞凋亡的基础与临床. 北京: 人民卫生出版社.

邱曙东, 宋天保. 2008. 组织化学与免疫组织化学. 北京: 科学出版社.

施新猷. 1980. 医学动物实验方法. 北京: 人民卫生出版社.

苏兴文, 皮荣标, 林穗珍, 等. 1999. 咖啡因对谷氨酸诱导神经元凋亡的保护作用. 中国药理学通报, 15(6): 509-512.

腾可导. 2014. 彩图动物组织学与胚胎学实验指导. 2 版. 北京: 中国农业大学出版社.

汪克建. 2013. 医学电镜技术及应用. 北京: 科学出版社.

王伯沄, 李玉松, 黄高昇, 等. 2001. 病理学技术. 北京: 人民卫生出版社.

王廷华, 李力燕, Kee LS. 2009. 组织细胞化学理论与技术. 2 版. 北京: 科学出版社.

王文勇. 2010. 免疫细胞(组织)化学和分子病理学技术. 西安: 第四军医大学出版社.

王晓冬, 汤乐民. 2007. 生物光镜标本技术. 北京: 科学出版社.

谢锦玉. 1998. 现代细胞化学技术及其在中西医药中的应用. 北京: 中医古籍出版社.

徐柏森, 杨静. 2008. 实用电镜技术. 南京: 东南大学出版社.

徐维蓉. 2009. 组织学实验技术. 北京: 科学出版社.

杨星宇, 杨建明. 2010. 生物科学显微技术. 武汉: 华中科技大学出版社.

杨勇骥, 汤莹, 叶煦亭, 等. 2012. 医学生物电子显微镜技术. 上海: 第二军医大学出版社.

叶鑫生, 沈倍奋, 汤锡芳, 等. 1999. 细胞调控的探索——细胞信号传导、细胞凋亡和基因调控. 北京: 军事医学科学出版社.

张卓然, 张凤民, 袁小林. 2012. 实用细胞培养技术. 2 版. 北京: 人民卫生出版社.

赵广荣, 杨冬, 财音青格乐, 等. 2008. 现代生命科学与生物技术. 天津: 天津大学出版社.

中国生物技术发展中心, 华中科技大学. 2012. 生物成像方法. 北京: 科学出版社.

钟睿翀, 沈浩贤, 张莉. 2007. 形态学实用技术. 北京: 中国医药科技出版社.

Bancroft JD, Gamble M. 2010. 组织学技术的理论与实践. 周小鸽, 刘勇译. 北京: 北京大学医学出版社.

Carson FL, Hladik C. 2009. Histotechnology: A Self-instructional Text. 3rd ed. Chicago: American Society for Clinical Pathology Press.

Chen G, Goeddel DV. 2002. TNF-R1 signaling: a beautiful pathway. Science, 296(5573): 1634-1635.

Collins KC. 1998. Robbins pathologic basis of disease. Journal of Clinical Patholog, 140(2): 1776-1777.

Dynlacht JR, Henthorn J, O'Nan C, et al. 1996. Flow cytometric analysis of nuclear matrix proteins: method and potential applications. Cytometry, 24(4): 348-359.

Kiernan JA. 2008. Histological and Histochemical Methods: Theory and Practice. 4th ed. Oxford: Scion Publishing Limited.

Sharpe J, Evans KM. 2009. Advances in flow cytometry for sperm sexing. Theriogenology, 71(1): 4-10.

Sugiyama T, Kim SK. 2008. Fluorescence-activated cell sorting purification of pancreatic progenitor cells. Diabetes Obes Metab, 10(14): 179-185.